Verilog-HDL 实用设计与工程制作

刘卫玲　常晓明　编著

北京航空航天大学出版社

内 容 简 介

本书从实践的角度出发,全面介绍硬件描述语言 Verilog-HDL,通过与具体电路实验的结合,使读者能够轻松地掌握 Verilog-HDL 的语法、结构、功能及简单应用。

全书共分 8 章,第 1~5 章,通过应用 Verilog-HDL 描述的各种逻辑电路实例,详细讲解该语言的语法结构和 FPGA 的开发流程;第 6 章,介绍硬件开发应具备的条件;第 7 章,讲解数字电路系统的设计思路;第 8 章,通过列举 12 个简单的应用实例,详细介绍工程应用系统的设计与实现的全过程。书中给出的全部仿真结果和硬件实现均经过验证。全书的所有 Verilog-HDL 实例文件可在北京航空航天大学出版社网站 www.buaapress.com.cn 的"下载专区"进行下载。

本书可作为学习数字设计的初学者和工程技术人员的入门书、工具书和参考资料。

图书在版编目(CIP)数据

Verilog-HDL 实用设计与工程制作 / 刘卫玲,常晓明编著. -- 北京:北京航空航天大学出版社,2016.5
ISBN 978-7-5124-2117-2

Ⅰ. ①V… Ⅱ. ①刘… ②常… Ⅲ. ①硬件描述语言—程序设计 Ⅳ. ①TP312

中国版本图书馆 CIP 数据核字(2016)第 101149 号

版权所有,侵权必究。

Verilog-HDL 实用设计与工程制作
刘卫玲 常晓明 编著
责任编辑 杨 昕
*
北京航空航天大学出版社出版发行

北京市海淀区学院路 37 号(邮编 100191) http://www.buaapress.com.cn
发行部电话:(010)82317024 传真:(010)82328026
读者信箱:emsbook@buaacm.com.cn 邮购电话:(010)82316936
北京泽宇印刷有限公司印装 各地书店经销
*
开本:710×1 000 1/16 印张:25 字数:533 千字
2016 年 7 月第 1 版 2016 年 7 月第 1 次印刷 印数:3 000 册
ISBN 978-7-5124-2117-2 定价:59.00 元

若本书有倒页、脱页、缺页等印装质量问题,请与本社发行部联系调换。联系电话:(010)82317024

前　言

近年来科学技术的发展十分迅猛,特别是电子信息技术的发展更是日新月异。在我们的生活中,已经几乎看不到与电子技术无关的东西了。从各种家电到办公自动化设备、通信设备、多媒体外围设备等,到处都有数字电子技术的应用。与过去的模拟电子技术相比,数字电子技术具有更广阔的应用前景。

数字电子技术的飞速发展得益于大规模集成电路技术的发展和硬件成本的不断下降。在 20 世纪 70 年代,若要买两只用于制作放大器的功率放大晶体管,大约需要花费 10% 的工资,并且还是分立元件。而现在,即使是买一个成品的功率放大器也十分便宜了。如今,良好的外围环境为我们提供了得天独厚的学习条件,可以使我们在短时间内掌握更多的东西。

但另一方面,大量书籍的问世,海量知识的出现,使得当今的人们有时不知从何处下手来获取知识,甚至被知识的海洋冲昏了头脑。这些年,由于社会对人才的需求不断增加,各大专院校也在不断扩招学生,为社会培养了大量的人才。同时,我们也应该注意到:由于存在着学校硬件设施还不能满足需要等问题,使得受教育者仅仅掌握了一些理论知识,而缺乏实践能力。

读书就像吃饭的过程,而实践就像消化的过程。如果学过的东西不付诸实践,那么就不能使学到的知识得到巩固和发展。在学习的过程中,如果能够做到边学习边实践,将会获得更好的学习效果。

正是出于这样一种愿望,作者力求从实践的角度编写了本书。本书不是讲解 Verilog-HDL 的历史、理论和特点,而是以动手为主,通过动手实践,体验 Verilog-HDL 的语法、结构和功能等内涵。第 1~5 章,通过应用 Verilog-HDL 描述的各种逻辑电路实例,详细讲解该语言的语法结构和 FPGA 的开发流程;第 6 章,介绍硬件开发应具备的条件;第 7 章,讲解数字电路系统的设计思路;第 8 章,通过列举 12 个简单的应用实例,详细介绍工程应用系统的设计与实现的全过程。书中给出的全部仿真结果和硬件实现均经过验证。作者力图通过几个实际的例子,给读者以启发,使读者能够通过阅读本书增强系统设计和开发的专业技能,提高获取知识的能力。

本书的第 1 章由常晓明负责编写,第 2~8 章由刘卫玲编写。在全书的编写过程中,常晓明教授给予了审核与指导。全书的所有 Verilog-HDL 实例文件可在北京航空航天大学出版社网站 www.buaapress.com.cn 的"下载专区"进行下载,所有例程均通过实验验证。

前 言

在本书的编写过程中,得到了北京航空航天大学出版社的大力支持,在此表示衷心的感谢!晓明研究室的安浩和师夏珍同学对书中的实验做了大量的验证工作,陈璐、张超颖和刘竖威同学也参与了编辑工作,在此,对他们表示诚挚的谢意!

由于作者水平有限,书中难免存在不足和疏漏,恳请广大读者给予批评指正。

作者邮箱:liuweiling0036@link.tyut.edu.cn,网址:http://www.xiaoming-lab.com。

作 者
2016 年 3 月

目　　录

第 1 章　硬件描述语言 ··· 1
1.1　什么是硬件描述语言 HDL ·· 1
1.2　基本逻辑电路的 Verilog-HDL 描述 ·· 1
1.2.1　与门逻辑电路的描述 ··· 1
1.2.2　与非门逻辑电路的描述 ·· 5
1.2.3　非门逻辑电路的描述 ··· 6
1.2.4　或门逻辑电路的描述 ··· 6
1.2.5　或非门逻辑电路的描述 ·· 7
1.2.6　缓冲器逻辑电路的描述 ·· 8
1.3　逻辑仿真 ·· 8
1.3.1　顶层模块的编写 ··· 9
1.3.2　寄存器类型定义 ··· 10
1.3.3　线网类型定义 ·· 10
1.3.4　底层模块的调用 ··· 10
1.3.5　输入端口波形的描述 ··· 10
1.3.6　二与门逻辑电路的逻辑仿真结果 ································· 11

第 2 章　Altera FPGA 开发板及开发流程简介 ·································· 12
2.1　FPGA 开发板及开发环境 ··· 12
2.1.1　FPGA 开发板简介 ··· 12
2.1.2　FPGA 开发环境 ·· 17
2.2　二与门逻辑电路的开发实例 ·· 20
2.2.1　工程文件的建立 ··· 20
2.2.2　源文件的建立 ·· 23
2.2.3　综合分析 ··· 27
2.2.4　ModelSim 仿真 ··· 27

目 录

- 2.2.5 引脚配置 ……………………………………………………………… 32
- 2.2.6 编译与下载 ……………………………………………………………… 32
- 2.2.7 硬件测试 ………………………………………………………………… 34

第3章 组合逻辑电路 …………………………………………………………… 35

3.1 数据选择器 ……………………………………………………………… 35
- 3.1.1 2–1数据选择器 ………………………………………………………… 35
- 3.1.2 2–1数据选择器的Verilog-HDL描述 ……………………………………… 36
- 3.1.3 4–1数据选择器 ………………………………………………………… 37
- 3.1.4 4–1数据选择器的Verilog-HDL描述 ……………………………………… 37
- 3.1.5 条件操作符的使用方法 ………………………………………………… 38
- 3.1.6 数据选择器的行为描述方式 …………………………………………… 39
- 3.1.7 case语句的使用方法 …………………………………………………… 40
- 3.1.8 if-else语句的使用方法 ………………………………………………… 41
- 3.1.9 function函数的使用方法 ……………………………………………… 42
- 3.1.10 用于仿真的顶层模块 ………………………………………………… 42
- 3.1.11 数据选择器的逻辑仿真结果 …………………………………………… 43

3.2 数据比较器 ……………………………………………………………… 44
- 3.2.1 最简单的数据判断方法 ………………………………………………… 45
- 3.2.2 2位数据比较器 ………………………………………………………… 45
- 3.2.3 2位数据比较器的Verilog-HDL描述 ……………………………………… 48
- 3.2.4 2位数据比较器的逻辑仿真结果 ………………………………………… 49
- 3.2.5 数据比较器的数据宽度扩展 …………………………………………… 50
- 3.2.6 4位数据比较器的Verilog-HDL描述 ……………………………………… 52
- 3.2.7 4位数据比较器的逻辑仿真结果 ………………………………………… 54

3.3 编码器 …………………………………………………………………… 55
- 3.3.1 2位二进制编码器 ……………………………………………………… 55
- 3.3.2 2位二进制编码器的Verilog-HDL描述 …………………………………… 56
- 3.3.3 2位二进制编码器的逻辑仿真结果 ……………………………………… 57

3.4 译码器 …………………………………………………………………… 58
- 3.4.1 BCD码译码器 …………………………………………………………… 58
- 3.4.2 非完全描述的逻辑函数和逻辑表达式的简化 …………………………… 60
- 3.4.3 BCD码译码器的Verilog-HDL描述 ……………………………………… 61
- 3.4.4 BCD码译码器的逻辑仿真结果 ………………………………………… 63

第 4 章 触发器 …… 64

4.1 异步 RS 触发器 …… 64
4.1.1 异步 RS 触发器的逻辑符号 …… 64
4.1.2 异步 RS 触发器的 Verilog-HDL 描述 …… 65
4.1.3 异步 RS 触发器的逻辑仿真结果 …… 66
4.1.4 always 块语句的使用方法 …… 67

4.2 同步 RS 触发器 …… 67
4.2.1 同步 RS 触发器的逻辑符号 …… 67
4.2.2 同步 RS 触发器的 Verilog-HDL 描述 …… 68
4.2.3 同步 RS 触发器的逻辑仿真结果 …… 69

4.3 异步 T 触发器 …… 69
4.3.1 异步 T 触发器的逻辑符号 …… 69
4.3.2 异步 T 触发器的 Verilog-HDL 描述 …… 70
4.3.3 异步 T 触发器的逻辑仿真结果 …… 71

4.4 同步 T 触发器 …… 72
4.4.1 同步 T 触发器的逻辑符号 …… 72
4.4.2 同步 T 触发器的 Verilog-HDL 描述 …… 72
4.4.3 同步 T 触发器的逻辑仿真结果 …… 73

4.5 同步 D 触发器 …… 74
4.5.1 同步 D 触发器的逻辑符号 …… 74
4.5.2 同步 D 触发器的 Verilog-HDL 描述 …… 75
4.5.3 同步 D 触发器的逻辑仿真结果 …… 76

4.6 带有复位端的同步 D 触发器 …… 76
4.6.1 带有复位端的同步 D 触发器的逻辑符号 …… 76
4.6.2 带有复位端的同步 D 触发器的 Verilog-HDL 描述 …… 77
4.6.3 带有复位端的同步 D 触发器的逻辑仿真结果 …… 78

4.7 同步 JK 触发器 …… 79
4.7.1 同步 JK 触发器的逻辑符号 …… 79
4.7.2 同步 JK 触发器的 Verilog-HDL 描述 …… 80
4.7.3 同步 JK 触发器的逻辑仿真结果 …… 82

第 5 章 时序逻辑电路 …… 83

5.1 寄存器 …… 83
5.1.1 寄存器的组成原理 …… 83
5.1.2 寄存器的 Verilog-HDL 描述 …… 85

目 录

    5.1.3 寄存器的逻辑仿真结果 ……………………………… 86
  5.2 移位寄存器 ……………………………………………… 86
    5.2.1 串行输入/并行输出移位寄存器的组成原理 ……………… 86
    5.2.2 并行输入/串行输出移位寄存器的组成原理 ……………… 87
    5.2.3 移位寄存器的 Verilog-HDL 描述 ………………………… 89
    5.2.4 移位寄存器的逻辑仿真结果 ……………………………… 91
  5.3 计数器 …………………………………………………… 92
    5.3.1 二进制非同步计数器 ……………………………………… 92
    5.3.2 四进制非同步计数器 ……………………………………… 93
    5.3.3 下降沿触发型计数器及 2^N 进制非同步计数器的组成原理 …… 94
    5.3.4 非同步计数器的 Verilog-HDL 描述 ……………………… 96
    5.3.5 多层次结构的 Verilog-HDL 设计 ………………………… 98
    5.3.6 非同步计数器的逻辑仿真结果 …………………………… 99
    5.3.7 四进制同步计数器 ………………………………………… 100
    5.3.8 四进制同步计数器的 Verilog-HDL 描述 ………………… 100
    5.3.9 任意进制同步计数器的 Verilog-HDL 描述 ……………… 101
    5.3.10 同步计数器的逻辑仿真结果 …………………………… 103

第 6 章 硬件开发应具备的条件 ……………………………… 105

  6.1 贴片元件的手工焊接 …………………………………… 105
    6.1.1 什么是贴片元件？ ………………………………………… 105
    6.1.2 为什么要采用贴片元件？ ………………………………… 108
    6.1.3 如何进行贴片元件的手工焊接？ ………………………… 108
  6.2 一些常用贴片元件的封装 ……………………………… 112
    6.2.1 贴片电阻 …………………………………………………… 112
    6.2.2 贴片电容 …………………………………………………… 113
    6.2.3 贴片三极管 ………………………………………………… 115
    6.2.4 贴片集成电阻 ……………………………………………… 118
    6.2.5 贴片集成电路 ……………………………………………… 118
  6.3 硬件开发应具备的工具和材料 ………………………… 122
    6.3.1 必备的工具和材料 ………………………………………… 122
    6.3.2 更方便工作的工具和材料 ………………………………… 126
  6.4 硬件开发应具备的仪器仪表 …………………………… 131
    6.4.1 必备的仪器仪表 …………………………………………… 131
    6.4.2 更方便工作的仪器仪表 …………………………………… 132
  6.5 硬件开发应具备的基本常识 …………………………… 134

- 6.5.1 常用电路符号的表示方法 …… 134
- 6.5.2 电子电路的基本单位 …… 135
- 6.5.3 逻辑门的正确描述法 …… 136
- 6.5.4 其他知识 …… 137

第7章 数字电路系统的实用设计 …… 139

- 7.1 简单的可编程单脉冲发生器 …… 139
  - 7.1.1 由系统功能描述时序关系 …… 139
  - 7.1.2 流程图的设计 …… 140
  - 7.1.3 系统功能描述 …… 140
  - 7.1.4 逻辑框图 …… 141
  - 7.1.5 延时模块的详细描述及仿真 …… 142
  - 7.1.6 功能模块 Verilog-HDL 描述的模块化方法 …… 146
  - 7.1.7 输入检测模块的详细描述及仿真 …… 147
  - 7.1.8 计数模块的详细描述 …… 151
  - 7.1.9 可编程单脉冲发生器的系统仿真 …… 151
  - 7.1.10 电路设计中常用的几个有关名词 …… 156
- 7.2 脉冲计数 …… 162
  - 7.2.1 脉冲计数器的设计 …… 162
  - 7.2.2 parameter 的使用方法 …… 165
  - 7.2.3 repeat 循环语句的使用方法 …… 165
  - 7.2.4 系统函数 $random 的使用方法 …… 165
  - 7.2.5 特定脉冲序列的发生 …… 166
- 7.3 脉冲频率的测量 …… 171
  - 7.3.1 脉冲频率测量的原理 …… 172
  - 7.3.2 频率测量模块的设计 …… 172
  - 7.3.3 while 循环语句的使用方法 …… 178
- 7.4 脉冲周期的测量 …… 178
  - 7.4.1 脉冲周期测量的原理 …… 179
  - 7.4.2 周期测量模块的设计(一) …… 179
  - 7.4.3 forever 循环语句的使用方法 …… 185
  - 7.4.4 disable 禁止语句的使用方法 …… 185
  - 7.4.5 周期测量模块的设计(二) …… 186
  - 7.4.6 两种周期测量模块设计的对比 …… 191
- 7.5 脉冲高电平和低电平持续时间的测量 …… 192
  - 7.5.1 脉冲高电平和低电平持续时间测量的工作原理 …… 192

目 录

  7.5.2 高低电平持续时间测量模块的设计 ……………………… 192
  7.5.3 改进型高低电平持续时间测量模块的设计 ……………… 201
  7.5.4 begin 声明语句的使用方法 ……………………………… 208
  7.5.5 initial 语句和 always 语句的使用方法 …………………… 209

第 8 章 实用设计与工程制作 …………………………………………… 211

 8.1 手脉单脉冲发生器 ……………………………………………… 211
  8.1.1 手脉单脉冲发生器的功能描述及系统构建 ……………… 212
  8.1.2 输入检测模块的设计与实现 ……………………………… 214
  8.1.3 计数模块的设计与实现 …………………………………… 219
  8.1.4 时标信号发生模块的实现 ………………………………… 222
  8.1.5 手脉单脉冲发生器的硬件实现 …………………………… 231
 8.2 手脉脉冲串发生器 ……………………………………………… 234
  8.2.1 手脉脉冲串发生器的功能描述及系统构建 ……………… 234
  8.2.2 反馈模块的设计与实现 …………………………………… 236
  8.2.3 手脉脉冲串发生器的硬件实现 …………………………… 239
 8.3 手脉有效沿和转向识别 ………………………………………… 242
  8.3.1 手脉有效沿和转向识别模块的功能描述 ………………… 242
  8.3.2 手脉有效沿和转向识别模块的设计与仿真 ……………… 243
  8.3.3 手脉有效沿和转向识别模块的硬件实现 ………………… 246
 8.4 手脉脉冲串计数器 ……………………………………………… 247
  8.4.1 手脉脉冲串计数器的功能描述及系统构建 ……………… 247
  8.4.2 计数模块的设计与仿真实现 ……………………………… 249
  8.4.3 手脉脉冲串计数器的仿真实现 …………………………… 252
 8.5 具有 LCD 显示单元的手脉脉冲串计数器 …………………… 254
  8.5.1 LCD 显示单元的工作原理 ……………………………… 254
  8.5.2 系统硬件实现 ……………………………………………… 257
 8.6 频率可调的方波发生器 ………………………………………… 267
  8.6.1 频率可调的方波发生器的功能描述及系统构建 ………… 267
  8.6.2 分频模块的设计与实现 …………………………………… 270
  8.6.3 频率可调的方波发生器的 Verilog-HDL 描述 …………… 274
  8.6.4 频率可调的方波发生器的硬件实现 ……………………… 276
 8.7 脉宽可调的方波发生器 ………………………………………… 276
  8.7.1 脉宽可调的方波发生器的功能描述及系统构建 ………… 276
  8.7.2 高电平持续时间调节模块的设计与实现 ………………… 279
  8.7.3 PWM 发生器的 Verilog-HDL 描述 ……………………… 283

- 8.7.4 PWM 发生器的硬件实现 …… 285
- 8.8 电动窗帘的控制 …… 285
  - 8.8.1 电动窗帘控制系统的设计原理 …… 285
  - 8.8.2 FPGA 控制电机驱动系统的仿真实现 …… 288
  - 8.8.3 FPGA 控制电机驱动系统的硬件测试 …… 289
- 8.9 基于 FPGA-IP 核的正弦波发生器 …… 290
  - 8.9.1 系统设计与时序分析 …… 290
  - 8.9.2 分频模块的详细描述 …… 292
  - 8.9.3 寻址模块的详细描述 …… 292
  - 8.9.4 数据存储模块的详细描述 …… 293
  - 8.9.5 正弦波发生器的 Verilog-HDL 描述 …… 302
  - 8.9.6 正弦波发生器的硬件实现 …… 302
- 8.10 具有数码管显示单元的 A/D 转换系统 …… 304
  - 8.10.1 A/D 转换系统的功能描述 …… 304
  - 8.10.2 A/D 采样时钟发生模块 …… 305
  - 8.10.3 数码管显示模块 …… 306
  - 8.10.4 A/D 转换系统的 Verilog-HDL 描述 …… 313
  - 8.10.5 A/D 转换系统的硬件实现 …… 314
- 8.11 串口通信 …… 316
  - 8.11.1 串口接收模块的设计与实现 …… 316
  - 8.11.2 串口发送模块的设计与实现 …… 343
  - 8.11.3 串口通信的硬件实现 …… 360
- 8.12 磁致伸缩位移传感器数据采集系统的应用设计与开发 …… 362
  - 8.12.1 磁致伸缩位移传感器数据采集系统的构建 …… 362
  - 8.12.2 1μs 单脉冲输出模块的设计与实现 …… 366
  - 8.12.3 信号处理模块的设计与实现 …… 370
  - 8.12.4 串口发送部分的设计与实现 …… 376
  - 8.12.5 系统集成及功能实现 …… 385

参考文献 …… 388

第 1 章

硬件描述语言

1.1 什么是硬件描述语言 HDL

简单地说,硬件描述语言 HDL(Hardware Description Language)是一种记述数字电路的功能和结构的语言。硬件描述语言至少可列出 4 种,如表 1.1.1 所列,其中最常用的是 VHDL 和 Verilog-HDL。

表 1.1.1 硬件描述语言 HDL 的种类

种 类	功 能
VHDL	1981 年以美国国际部为中心提出的,是最早的标准化(IEEE 1067)HDL,语法丰富且严谨
Verilog-HDL	1985 年由 Gateway Design Automation 公司(现在的 Cadence 公司)开发,1995 年12 月作为 IEEE 1364—1955 被承认。它类似于 C 语言的语法体系,库文件丰富,已被广泛使用。 在日本与美国,该语言的应用要比 VHDL 广泛。但 Verilog-HDL 的描述能力并不像 VHDL 那么强
UDL/I	1990 年起由日本电子工业振兴协会开发,但因没有实用的仿真及合成工具,故未能达到实用化
SFL	由日本 NTT 开发,仅在 NTT 及一部分大学的研究室中使用

1.2 基本逻辑电路的 Verilog-HDL 描述

本节将通过最简单的例子来讨论 Verilog-HDL 的用法。

1.2.1 与门逻辑电路的描述

1. 模块的定义

硬件描述语言 HDL 一开始所要做的就是模块(module)定义。所谓模块可以理解为是 Verilog-HDL 的基本描述单位。以图 1.2.1 为例来说明,它是一个二与门逻辑电路的模块定义,设其模块名为"AND_G2",输入为"A"和"B",输出为"F"。

第 1 章 硬件描述语言

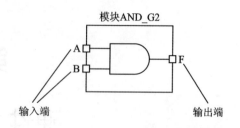

图 1.2.1 二与门逻辑电路的模块定义

2. 模块的描述

模块的结构如图 1.2.2 所示，module 与 endmodule 总是成对出现。此外，还有端口参数定义、寄存器定义、线网定义和行为功能调用及定义等。

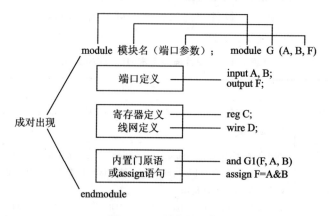

图 1.2.2 模块的结构

用 Verilog-HDL 来描述图 1.2.1，可以有如下两种描述方法(在例 1.2.1 中)：

【例 1.2.1】 二与门逻辑电路的描述(exp1-2-01.v,exp1-2-02.v)

方法一：

```
/*    AND_G2    */
module  AND_G2  (A, B, F);      //模块名 AND_G2 及端口参数定义,范围至 endmodule
   input    A, B;               //输入端口定义
   output   F;                  //输出端口定义
   and   U1   (F, A, B);        //门实例语句,此行实现输出为 F,输入为 A 和 B 的二
                                //输入与门
endmodule                       //模块 AND_G2 结束
```

方法二：

```
/*    AND_G2    */
module  AND_G2  (A, B, F);      //模块名 AND_G2 及端口参数定义,范围至 endmodule
   input    A, B;               //输入端口定义
```

```
    output    F;                    //输出端口定义
    assign    F = A & B;            //assign 语句,此行实现二输入与门的功能
    endmodule                       //模块 AND_G2 结束
```

例 1.2.1 中的方法一称为门级描述方式或结构级的建模,方法二称为数据流描述方式或数据流级的建模。对一个逻辑电路,用硬件描述语言对其描述,或者说对其用一个模型来描述,这个过程称为建模。

3. 门级描述方式

例 1.2.2 给出了一个门级描述方式的 HDL 结构,这是一个二与门逻辑的实例。

【例 1.2.2】 门级描述方式

```
语句 1:    /*    AND_G2    */
语句 2:    module  AND_G2  (A, B, F);
语句 3:    input A, B;              //输入端口定义
语句 4:    output F;                //输出端口定义
语句 5:    and  U2  (F, A, B);
语句 6:    endmodule
```

语句说明:

语句 1:注释行。注释语句要写在"/*"和"*/"之间,或在行后加"//",如语句 3 和语句 4。注释行不被编译,仅起注释的作用。

语句 2:该语句中的"AND_G2"是所定义的模块名,模块名可用下画线"_",但开始不可使用数字,如可以写为"AND_G2",而不能写为"2AND"的形式。此外,模块名的字母可以是大写,也可以是小写。例如写为"AND_G2"或"and_g2"都可以,但"AND_G2"和"and_g2"表示的不是同一模块。

模块名后紧跟的是端口参数,即括号所包含的部分,参数间以逗号","来区分。在此,对参数的顺序没有规定,先后自由。在端口参数行的最后要写入分号";"。

注意:在保留字(HDL 中已规定使用的字被称为保留字,如 **module** 即为保留字,本例及全书中的保留字都用小写字母)与模块名之间要留有空格。

语句 3:描述了输入端口 A 和 B,由保留字 **input** 说明,参数间以逗号","区分,行末写入分号";",该行的另一种描述形式可写为

```
input  A;
input  B;
```

语句 4:描述了输出端口 F,以保留字 **output** 说明,行末写入";"。

端口参数的书写顺序不受限制,既可以是本例中的顺序,也可以是如下顺序:

```
output  F;
input   A, B;
```

语句 5：括号内是二与门的输出端口及输入端口参数，由于内置门实例语句规定其顺序必须是（输出，输入，输入）的形式，所以必须写成（F，A，B）的形式，最后以";"结束该语句。

在门级描述方式中，调用了 Verilog-HDL 所具有的内置门实例语句，例如语句 5 的 **and** 即为内置门实例语句。它调用 AND 逻辑功能，其后的"U2"称为实例名。实例名在具有行为功能的描述行里也可以省略，即可将语句 5 表现为如下两种形式。

注意：内置门实例语句与实例名之间要留有空格。

and　G1(F, A, B);
and　(F, A, B);

语句 6：结束语句，与语句 1 的 **module** 相呼应，要写为 **endmodule** 的形式。
注意：行末不要加写分号";"。

以上讲述了门级描述方式。比较图 1.2.2 和例 1.2.2 的语法结构，即可初步理解端口定义和内置门实例语句的用法。

在 Verilog-HDL 中，属于内置门实例语句的有以下 8 种：and，nand，or，nor，not，xor，xnor，buf。

4. 数据流描述方式

还可以用数据流描述方式来对前述同样功能的逻辑门进行描述。用数据流描述方式对一个逻辑门描述的最基本的方法就是连续使用连续赋值语句，即 **assign** 语句。例 1.2.3 给出了这种例子。

【例 1.2.3】 数据流描述方式

```
/*     AND_G2      */
module  AND_G2   (A, B, F);    //模块名 AND_G2 及端口参数定义，范围至 endmodule
    input    A, B;             //输入端口定义
    output   F;                //输出端口定义

    assign   F = A & B;        //assign 语句，此行实现二输入与门的功能
endmodule                       //模块 AND_G2 结束
```

本例中，仅有第 5 条语句与门级描述方式不同，这里是用 **assign** 语句来描述电路的逻辑功能，即输出信号"F"的逻辑表达式为"A·B"。在此，用了位运算符"&"。位运算符的种类及功能有以下几种：

～：　NOT
|：　OR
～^：　XNOR
&：　AND
^：　XOR

5. Verilog-HDL 的语法总结

① 注释要用"/ * "与" * /",或在注释前加"//"。

② 标识符(如例 1.2.2 中的模块名和实例名均属于标识符)可用英文及下画线"_",标识符的开始不可用数字,对标识符的长度没有限制,字母大小写有区别。

③ **module** 与 **endmodule** 互相呼应,成对出现,其间有端口定义、寄存器定义以及后述的线网定义等。

④ **input** 定义输入端口。

⑤ **output** 定义输出端口。

⑥ 在门级描述方式中,调用 Verilog-HDL 具有的内置门实例语句,描述顺序为"(输出,输入 1,输入 2,……);"的形式。**注意**:输出在前,输入在后。实例名也可省略。

⑦ 在数据流描述形式中,以保留字 **assign** 和位运算符来描述逻辑表达式。

⑧ 最后写入 **endmodule**。**注意**:行末没有";"。

⑨ 为阅读方便,在本书中保留字全部用小写加粗的形式,其余均采用大写的形式。

1.2.2 与非门逻辑电路的描述

以二与非门逻辑电路为例,其模块定义如图 1.2.3 所示。在此,定义模块名为"NAND_G2",输入为"A"和"B",输出为"F"。

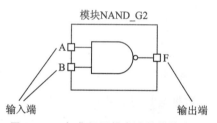

图 1.2.3 与非门逻辑电路的模块定义

图 1.2.3 的门级描述方式和数据流描述方式如例 1.2.4 所示,位运算的优先顺序如下(由高到低):~, &, ^,~^, |。

例如:"F=~(A & B);"与"F=~A & B;"的含义是完全不同的。

【例 1.2.4】 与非门逻辑电路的描述(exp1-2-03.v,exp1-2-04.v)

门级描述方式:

```
/*     NAND_G2     */
module  NAND_G2  (A,B,F);      //模块名 NAND_G2 及端口参数定义,范围至 endmodule
   input    A,B;               //输入端口定义
   output   F;                 //输出端口定义
   nand    U4  (F,A,B);        //门实例语句,此行实现输出为 F,输入为 A 和 B 的二
                               //输入与非门
endmodule                      //模块 NAND_G2 结束
```

数据流描述方式:

```
/*     NAND_G2     */
```

第1章 硬件描述语言

```
module  NAND_G2  (A,B,F);      //模块名 NAND_G2 及端口参数定义,范围至 endmodule
  input   A,B;                  //输入端口定义
  output  F;                    //输出端口定义
  assign  F = ~(A&B);           //assign 语句,此行实现二输入与非门的功能
endmodule                       //模块 NAND_G2 结束
```

1.2.3 非门逻辑电路的描述

非门逻辑电路的模块定义如图 1.2.4 所示。定义模块名为"NOT_G",输入为"A",输出为"F"。例 1.2.5 为其门级描述方式和数据流描述方式。

【例 1.2.5】 非门逻辑电路的描述(exp1-2-05.v,exp1-2-06.v)

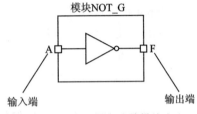

图 1.2.4 非门逻辑电路的模块定义

门级描述方式:

```
/*    NOT_G     */
module  NOT_G  (A,F);          //模块名 NOT_G 及端口参数定义,范围至 endmodule
  input   A;                    //输入端口定义
  output  F;                    //输出端口定义
  not U5 (F,A);                 //门实例语句,此行实现输出为 F,输入为 A 的非门
endmodule                       //模块 NOT_G 结束
```

数据流描述方式:

```
/*    NOT_G     */
module  NOT_G  (A,F);          //模块名 NOT_G 及端口参数定义,范围至 endmodule
  input   A;                    //输入端口定义
  output  F;                    //输出端口定义
  assign  F = ~A;               //assign 语句,此行实现非门的功能
endmodule                       //模块 NOT_G 结束
```

1.2.4 或门逻辑电路的描述

或门逻辑电路的模块定义如图 1.2.5 所示。在此,定义其模块名为"OR_G2",输入为"A"和"B",输出为"F"。

对该逻辑电路可用门级和数据流两种方式描述。与前述的二与门逻辑电路相比,在此只是用到了"或"的逻辑表达式"or"。

【例 1.2.6】 或门逻辑电路的描述(exp1-2-07.v,exp1-2-08.v)

门级描述方式:

```
/*    OR_G2     */
```

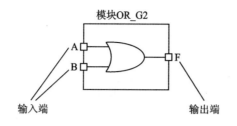

图 1.2.5 或门逻辑电路的模块定义

```
module  OR_G2  (A,B,F);      //模块名 OR_G2 及端口参数定义,范围至 endmodule
   input   A,B;              //输入端口定义
   output  F;                //输出端口定义
   or  U6  (F,A,B);          //门实例语句,此行实现输出为 F,输入为 A 和 B 的二
                             //输入或门
endmodule                    //模块 OR_G2 结束
```

数据流描述方式:

```
/*   OR_G2    */
module  OR_G2  (A,B,F);      //模块名 OR_G2 及端口参数定义,范围至 endmodule
   input   A,B;              //输入端口定义
   output  F;                //输出端口定义
   assign  F = A | B;        //assign 语句,此行实现二输入或门的功能
endmodule                    //模块 OR_G2 结束
```

1.2.5 或非门逻辑电路的描述

或非门逻辑电路的模块定义如图 1.2.6 所示。在此,定义模块名为"NOR_G2",输入为"A"和"B",输出为"F"。例 1.2.7 为其门级描述方式和数据流描述方式。

【例 1.2.7】 或非门逻辑电路的描述 (exp1-2-09.v,exp1-2-10.v)

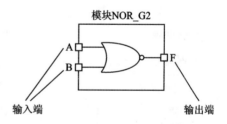

图 1.2.6 或非门逻辑电路的模块定义

门级描述方式:

```
/*   NOR_G2   */
module  NOR_G2  (A,B,F);     //模块名 NOR_G2 及端口参数定义,范围至 endmodule
   input   A,B;              //输入端口定义
   output  F;                //输出端口定义
   nor  U7  (F,A,B);         //门实例语句,此行实现输出为 F,输入为 A 和 B 的二
                             //输入或非门功能
endmodule                    //模块 NOR_G2 结束
```

第1章 硬件描述语言

数据流描述方式：

```
/*     NOR_G2      */
module  NOR_G2  (A,B,F);      //模块名 NOR_G2 及端口参数定义,范围至 endmodule
  input   A,B;                //输入端口定义
  output  F;                  //输出端口定义
  assign  F = ~(A|B);         //assign 语句,此行实现二输入或非门的功能
endmodule                     //模块 NOR_G2 结束
```

1.2.6 缓冲器逻辑电路的描述

缓冲器逻辑电路的模块定义如图 1.2.7 所示。在此,定义其模块名为"BUF_G",输入为"A",输出为"F"。例 1.2.8 为其门级描述方式和数据流描述方式。

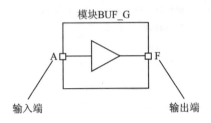

图 1.2.7 缓冲器逻辑电路的模块定义

【例 1.2.8】 缓冲器(BUF)逻辑电路的描述(exp1-2-11.v,exp1-2-12.v)

门级描述方式：

```
/*     BUF_G       */
module  BUF_G  (A,F);         //模块名 BUF_G 及端口参数定义,范围至 endmodule
  input   A;                  //输入端口定义
  output  F;                  //输出端口定义
  buf     U8 (F,A);           //门实例语句,此行实现输出为F,输入为A的缓冲器
endmodule                     //模块 BUF_G 结束
```

数据流描述方式：

```
/*     BUF_G       */
module  BUF_G  (A,F);         //模块名 BUF_G 及端口参数定义,范围至 endmodule
  input   A;                  //输入端口定义
  output  F;                  //输出端口定义
  assign  F = A;              //assign 语句,此行实现缓冲器的功能
endmodule                     //模块 BUF_G 结束
```

1.3 逻辑仿真

假设制作了一个电子设备,例如一个信号放大器,那么,在放大器装完之后一定会想到以下几个问题:这个放大器的放大倍数如何,放大器频响特性如何,放大器瞬态特性如何,放大器的失真度如何,等。为了得到这些数据,就需要用各种信号发生

装置去测试这个放大器,如图 1.3.1(a)所示。

同样的道理,某一功能的模块用硬件描述语言写好后,并不能保证它的完整性,应该用某种方法对其进行测试和验证。如图 1.3.1(b)所示为对硬件描述语言的测试验证方法。与放大器相对应,具有某种功能的硬件描述语言模块要接受来自验证测试程序的信息,然后将输出信息传递给显示模块。

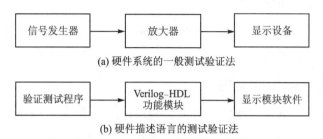

(a) 硬件系统的一般测试验证法

(b) 硬件描述语言的测试验证法

图 1.3.1　系统的测试方法比较

验证测试程序就是要产生模拟的激励数据序列,并将其加于功能模块,然后把功能模块的输出信息由显示模块软件显示出来。验证程序也称为测试程序、测试文件、测试模块或顶层模块,本书称为顶层模块。

1.3.1　顶层模块的编写

用 Verilog-HDL 进行仿真时,需要有一个顶层模块,即图 1.3.1(b)中的验证测试程序。例 1.3.1 是一个二与门逻辑电路底层模块的顶层模块。在本书的后续章节中,将"底层模块的顶层模块"全部简称为"顶层模块"。

【例 1.3.1】　二与门逻辑电路底层模块的顶层模块(exp1-3-01.v)

```
/*      AND_G2_TEST      */
02  `timescale  1ns/1ns           //将仿真的时延单位和时延精度都设定为 1 ns
03  module    AND_G2_TEST;         //测试模块名 AND_G2_TEST,范围至 endmodule
04    reg   A, B;                  //寄存器类型定义,输入端口定义
05    wire  F;                     //线网类型定义,输出端口定义
06    AND_G2  AND_G2 ( A, B, F );  //底层模块名,实例名及参数定义
07    initial  begin               //从 initial 开始,输入信号波形变化
08      A = 0;  B = 0;             //参数初始化
09      #100   A = 1;              //100 ns 后,A = "1",B 不变
10      #100   A = 0;  B = 1;      //200 ns 后,A = "0",B = "1"
11      #100   A = 1;              //300 ns 后,A = "1",B 不变
12      #200   $finish;            //仿真结束
13      end                        //与 begin 呼应
14  endmodule                      //模块 AND_G2_TEST 结束
```

为阅读方便,在上述程序中增加了行标 01~14。

1.3.2 寄存器类型定义

被测试模块的输入信号定义为 **reg** 型,如例 1.3.1 中的第 04 行所示,其使用方法与 input 和 output 相同。

1.3.3 线网类型定义

被测试模块的输出信号定义为 **wire** 型,如例 1.3.1 中的第 05 行所示,其使用方法也与 input 和 output 相同。

1.3.4 底层模块的调用

所谓底层模块即被测试模块,可由顶层模块调用,如例 1.3.1 的第 06 行。在该行中,依次出现了"AND_G2"、"AND_G2"和"(A,B,F)"。其中,第一个"AND_G2"为底层模块名,第二个"AND_G2"为实例名,而"(A,B,F)"为端口定义,即在 Verilog-HDL 中,调用底层模块的语法结构为

底层模块名　　实例名　　端口参数定义

注意:在本例中,底层模块的模块名要与 1.2.1 节中所述的模块名一致。实例名可以自由起名,在此使用了相同的名字"AND_G2。"

端口参数的定义也很重要。在参数定义中,有"A,B,F",相应地在底层模块 AND_G2 中也有"A,B,F",它与顶层模块的"A,B,F"一一呼应,形成了一个实体,如图 1.3.2 所示。

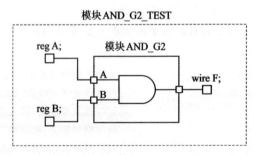

图 1.3.2 顶层模块 AND_G2_TEST 与底层模块 AND_G2 的关系

由于这种原因,端口参数的书写顺序也是很重要的。如双方都应是"A,B,F"和"A,B,F",而不能是"A,B,F"和"B,A,F"。不过,由于这种结合只是顶层和底层模块间信号的结合,所以不一定一致。例如:在例 1.3.1 中,如果将 04 行写为"**reg** INA,INB;",应同时将 06 行写为"AND_G2　AND_G2　(INA,INB,F_OUT);"。

1.3.5 输入端口波形的描述

例 1.3.1 中 07 行保留字"**initial**"以下的语句描述了波形的变化情况,所描述的

内容在"**begin**"（07 行）和"**end**"（13 行）之间。**注意在**"**initial**"、"**begin**"、"**end**"之后没有"；"。

本例所要仿真的是一个二与门逻辑电路，输入端口为 A、B。这里，令 A 和 B 做如下变化：

开始	A＝"0"，B＝"0"
100 ns 后	A＝"1"，B＝"0"
200 ns 后	A＝"0"，B＝"1"
300 ns 后	A＝"1"，B＝"1"

例 1.3.1 中 02 行的编译器指令，它将延时单位与实际时间相关联。保留字"\$ finish"表明仿真结束。在本例中，仿真的时间长度总共为 500 ns。另外，在 09 行之后，以"♯100"表示 100 ns 的延时。例 1.3.1 单独为一个文件，作为仿真的输入文件之一。

1.3.6 二与门逻辑电路的逻辑仿真结果

二与门逻辑电路的逻辑仿真结果如图 1.3.3 所示，波形清楚地表明了输入与输出的逻辑关系。

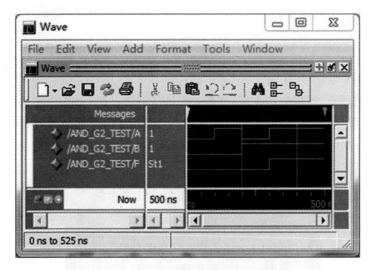

图 1.3.3 二与门逻辑电路的逻辑仿真结果

第 2 章

Altera FPGA 开发板及开发流程简介

2.1 FPGA 开发板及开发环境

2.1.1 FPGA 开发板简介

1. Altera DE2-115 开发板

Altera DE2-115 开发平台所配备的 Cyclone Ⅳ EP4CE115 为 Cyclone Ⅳ FPGA 系列器件,此芯片具有 114 480 个逻辑单元(LEs)、3.9 Mbits 的随机存储器,内嵌 266 个乘法器,具有低功耗的特点。图 2.1.1 所示为 Altera DE2-115 开发板实物图。

图 2.1.1 Altera DE2-115 开发板实物图

Cyclone IV E 芯片的 DE2-115 开发平台具有低功耗的特点,逻辑资源丰富,具有大容量存储器以及 DSP 功能,且有丰富的外围接口,如移动视频、语音、数据接入及高品质图像,满足各类型开发的需求。图 2.1.2 所示为 Altera DE2-115 开发板的外围模块。

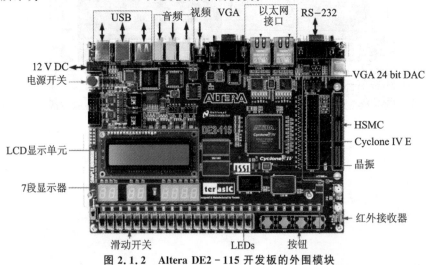

图 2.1.2 Altera DE2-115 开发板的外围模块

第 2 章 Altera FPGA 开发板及开发流程简介

表 2.1.1 所列为 Altera DE2-115 开发板的基本特性。

表 2.1.1　Altera DE2-115 开发板的基本特性

NO.	模　块	基本特性
1	Cyclone Ⅳ EP4CE115	114 480 logic elements (LEs)
		3 888 Embedded memory (Kbits)
		266 Embedded 18×18 multipliers
		4 General-purpose PLLs
		528 User I/Os
2	配置芯片与 USB Blaster 电路	EPCS64 配置芯片
		内建 USB Blaster 电路
		支持 JTAG 与 AS 模式
3	内存	128 MB (32M×32 bit) SDRAM
		2 MB (1M×16 bit) SRAM
		8 MB (4M×16 bit) Flash with 8 bit mode
		32 Kbit EEPROM
4	滑动开关	18 个滑动开关和 4 个按钮
5	LED 指示器	9 个绿色 LEDs，18 个红色 LEDs
		8 个七段显示器
6	Audio	24 bit CD 质量编码器与解码器
		输入、输出与麦克风输入接头
7	Display	16×2 LCD module
8	On-Board Clocking Circuitry	3 个 50 MHz 的振荡器时钟输入
		SMA 接头 (external clock input/output)
9	SD Card Socket	支持 SPI 以及 SD 1 bit 两种 SD Card 读取模式
10	2 个千兆以太网接口	高度集成的 10M/100M/1000M 网络芯片
		支持工业以太网 IP 核
11	172 pin High Speed Mezzanine Card (HSMC)	用户可配置的 I/O 标准； 电压标准：3.3/2.5/1.8/1.5 V
12	USB Type A and B	支持 USB 2.0 标准的 USB 主/从控制器
		支持全速和低速数据传输
		立即可用的 PC 端驱动程序
13	40 引脚 GPIO 扩充槽	用户可配置的 I/O 标准； 电压标准：3.3/2.5/1.8/1.5 V
14	VGA 输出	VGA DAC (high speed triple DACs)

第 2 章　Altera FPGA 开发板及开发流程简介

续表 2.1.1

NO.	模　块	基本特性
15	DB-9 Serial Connector	带传输控制信号的全功能 RS-232 端口
16	PS/2 Connector	提供 PS/2 鼠标和键盘到 DE-115 的连接
17	Remote Control	红外接收模块
18	TV in Connector	TV 全制式解码芯片（NTSC/PAL/SECAM）
19	Power	桌面型 DC 适配器
19	Power	开关型降压稳压芯片 LM3150MH
20	晶振	50 MHz

2. Storm IV EP4CE6 开发板

Storm IV EP4CE6 开发板配套的外设丰富，通过该开发板可掌握 FPGA、ASIC 芯片的逻辑代码设计，RTL 代码编写规范以及层次设计等方法，其外围模块如图 2.1.3 所示。

图 2.1.3　Storm IV EP4CE6 开发板的外围模块

表 2.1.2 所列为 Storm IV EP4CE6 开发板的基本特性。

表 2.1.2　Storm IV EP4CE6 开发板的基本特性

NO.	模　块	基本特性
1	配置芯片	EPCS4 芯片 1 片
2	Flash	4 Mbit 容量

第 2 章　Altera FPGA 开发板及开发流程简介

续表 2.1.2

NO.	模　块	基本特性
3	晶振	50MHz 有源晶振 1 个
4	LED	LED 发光二极管 8 个
5	按键	通用按键 4 个,复位按键 1 个
6	SDRAM	1 片 64 Mbit
7	开关	4 位拨码开关 1 个
8	数码管	4 位七段数码管 1 个
9	时钟芯片	DS1302 时钟芯片 1 个
10	接口	红外遥控接口 1 个
		MAX485 接口 1 个
		电机接口 1 个,支持 1 路步进电机、1 路直流电机
		I^2C 接口的 E^2PROM 一片,AT24C16,16 Kbit 容量
		PS/2 接口 1 个,可以接键盘或者鼠标
		VGA 接口 1 个,可以接电脑显示器
		1602 液晶接口 1 个,引脚兼容 1.8 inTFT 彩屏液晶
		12864 液晶接口 1 个
		专用时钟输入接口 1 个,专用时钟输出接口 1 个
		40 引脚扩展接口(排针)2 个,16 引脚扩展接口(排母)1 个
		JTAG 接口 1 个
		AS 接口 1 个
		SDCARD 接口 1 个
		RS－232 UART 串口 1 个
11	Flash	串行 Flash 16 Mbit 容量 1 片
12	蜂鸣器	1 个
13	温度传感器	LM75A 温度传感器 1 个

3. Cyclone EP1C3T144C8N 开发板

Cyclone EP1C3T144C8N 开发板是青创电子自主设计的一种 FPGA 开发板,采用 Altera 公司推出的 Cyclone 系列芯片 EP1C3T144 作为核心处理器,扩展了多种外设,适合于产品原型的快速开发,电子设计大赛的平台,毕业设计、课程设计的通用平台。图 2.1.4 所示为 Cyclone EP1C3T144C8N 开发板的外围模块。

表 2.1.3 所列为 Altera DE2－115 开发板的基本特性。

第 2 章 Altera FPGA 开发板及开发流程简介

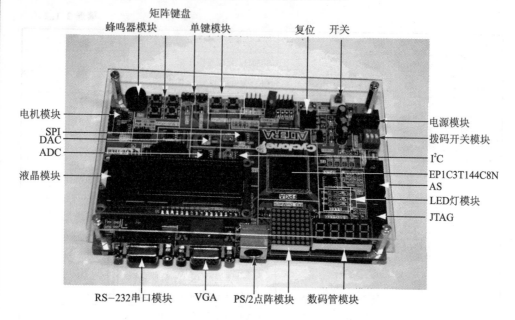

图 2.1.4 Cyclone EP1C3T144C8N 开发板外围模块

表 2.1.3 Altera DE2-115 开发板的基本特性

NO.	模 块	基本特性
1	Cyclone EP1C3T144C8N	2 910 个逻辑单元(LE)
		13 个 M4K RAM 块(128×36 bits),RAM 总量 59 904 bits
2	LED 灯	3 个
3	拨码开关	3 个
4	蜂鸣器	1 个无源蜂鸣器
5	数码管	1 个 4 位 8 段的共阳数码管
6	点阵	8×8 的共阳点阵
7	矩阵键盘	2×2 的键盘
8	RS-232 串口	通过 DB-9 接口可实现与 PC 串口的通信
9	DAC 模块	12 位串行的数/模转换器
10	ADC 模块	8 位串行的模/数转换器
11	实时时钟(RTC)	采用 32.768 kHz 晶振对其提供工作时钟
12	PS/2 鼠标键盘	PS/2 接口 1 个
13	VGA 显示器	VGA 接口 1 个
14	SPI 存储器	SPI 接口的 E^2PROM 存储器 1 个
15	I^2C 存储器	I^2C 接口的 E^2PROM 存储器 1 个
16	红外模块	红外接收器 1 个

第 2 章 Altera FPGA 开发板及开发流程简介

续表 2.1.3

NO.	模 块	基本特性
17	温度传感器	温度传感器 1 个
18	电机模块	1 个 H 桥驱动电路,可驱动 2 路直流电机或 1 路 4 相步进电机
19	SD 卡	SD 卡座,可采用 SPI 模式访问 SD 卡
20	液晶显示模块	1602 和 12864 液晶共用同一插座
21	TFT 彩屏	使用 2.4 in/3.2 in 的彩屏模块

2.1.2 FPGA 开发环境

1. QUARTUS Ⅱ 软件的安装

QUARTUS Ⅱ 软件是 Altera DE2-115 进行编码、综合、布局布线、时序分析、产生可执行文件、程序下载的软件,其安装步骤如下:

① 取出 FPGA 开发板套件中的光盘,插入计算机驱动器中,双击或右击 DVD 驱动器图标,选择"打开"。

② 单击 Install free package 按钮,接下来一直单击 Next 按钮,当桌面出现"Quartus Ⅱ 10.0 Web Eedition"图标时,表明软件安装完成。FPGA 开发板光盘及安装界面如图 2.1.5 所示。

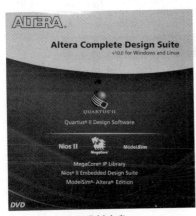

(a) 开发板光盘

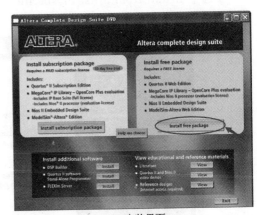

(b) 安装界面

图 2.1.5 FPGA 开发板光盘及安装界面

2. USB-Blaster 驱动的安装

USB Blaster 提供对 Altera FPGA 器件的下载支持,其驱动程序的安装步骤如下:

第 2 章　Altera FPGA 开发板及开发流程简介

① 在 USB Blaster 首次连接到 PC 后，会提示发现新硬件，在出现的对话框中选中"No,not this time"单选按钮，然后单击 Next 按钮，如图 2.1.6 所示。

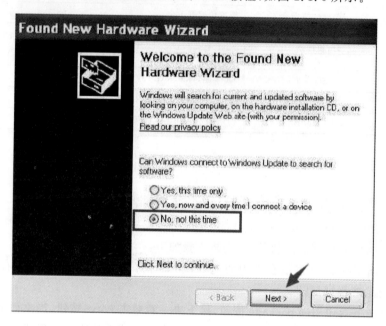

图 2.1.6　USB-Blaster 驱动安装界面(一)

②选中 Install from a list or specific location（Advanced）单选按钮，然后单击 Next 按钮，界面如图 2.1.7 所示。

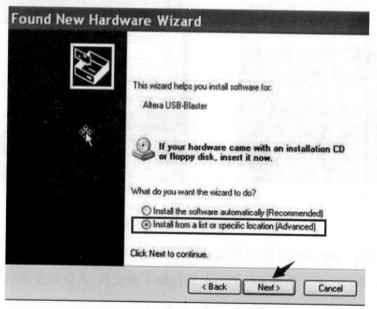

图 2.1.7　USB-Blaster 驱动安装界面(二)

第 2 章　Altera FPGA 开发板及开发流程简介

③单击 Browse 按钮,界面如图 2.1.8 所示。

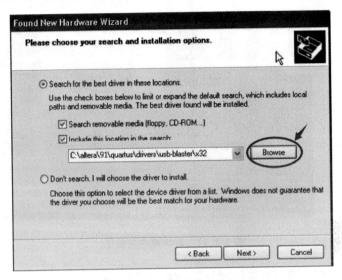

图 2.1.8　USB-Blaster 驱动安装界面(三)

④根据计算机的实际情况,选择相应的驱动,界面如图 2.1.9 所示。

⑤ 驱动安装成功界面如图 2.1.10 所示。

图 2.1.9　USB-Blaster 驱动安装界面(四)　　图 2.1.10　USB-Blaster 驱动安装界面(五)

3. 系统硬件连接

Altera DE2-115 开发板的硬件连接方法如下:

① 取出 USB 下载线,将其方形接口端插入开发板的 USB-Blaster 接口,然后将 USB 下载线的另一端插入计算机的 USB 接口。

② 取出电源适配器,将其一端与开发板连接,接口在红色电源开关附近,此时硬

第2章 Altera FPGA 开发板及开发流程简介

件系统连接就绪,如图 2.1.11 所示。

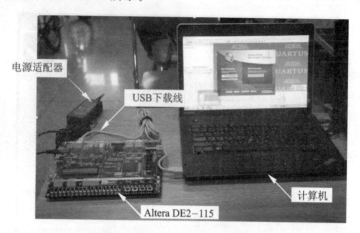

图 2.1.11　系统硬件连接图

2.2　二与门逻辑电路的开发实例

采用 QUARTUS Ⅱ 软件对 Altera FPGA 进行开发,其一般开发流程如图 2.2.1 所示。

图 2.2.1　Altera FPGA 一般开发流程

2.2.1　工程文件的建立

Altera FPGA 的一般开发流程首先是建立工程文件,其具体步骤如下：

① 打开 QUARTUS Ⅱ 软件,在弹出的对话框中单击 Creat a new Project 按钮,界面如图 2.2.2 所示。

② 新建的工程文件 Introduction 页面打开,出现用户指南,单击 Next 按钮,界面如图 2.2.3 所示。

③ 填写工程文件信息。注意所有的名称必须是英文的,当输入工程文件名时,该软件会自动完成工程顶层文件实体名信息,且与工程文件名一致；接着会弹出一对话框,询问"Directory'E:\altera_AND' does not exist. Do you want to creat it?"此时单击该对话框的 Yes 按钮,则会在相关目录下创建工程文件；然后在填写工程文件信息对话框中单击 Next 按钮,界面如图 2.2.4 所示。

第 2 章　Altera FPGA 开发板及开发流程简介

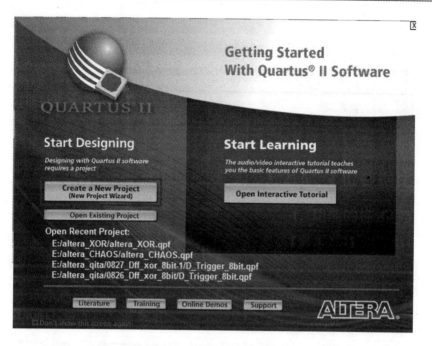

图 2.2.2　新建工程文件对话框

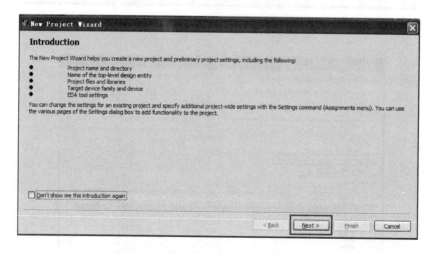

图 2.2.3　新建工程文件 Introduction 页面

④ 设置开发板信息。以 Altera DE2-115 开发板为例,进行如下设置:Device family选择"Cyclone Ⅳ E",Target device 选择"Specific device selected in 'Available devices' list",Available devices 选择"EP4CE115F29C7",单击 Next 按钮,界面如图 2.2.5 所示。

⑤ 设置仿真工具信息。如需仿真,则在 Simulation 一栏中的 ToolName 选择"ModelSim-Altera",其 Format(s)选择"Verilog HDL",单击 Next 按钮,界面如

图 2.2.6 所示。

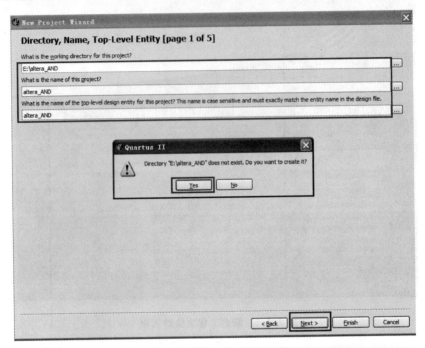

图 2.2.4　填写工程文件信息

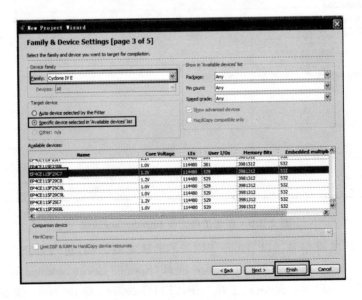

图 2.2.5　设置开发板信息

⑥ 显示工程文件相关信息。Page5 显示了此工程文件的相关信息，单击 Finish 按钮，则完成了 QuartusⅡ FPGA 工程文件的创建，界面如图 2.2.7 所示。

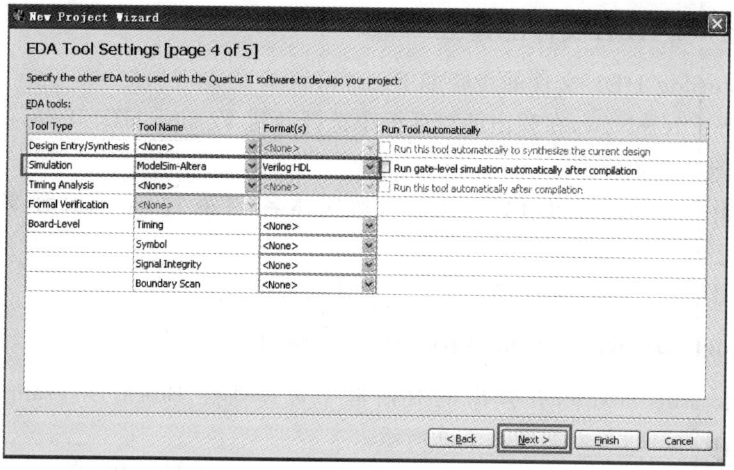

第 2 章 Altera FPGA 开发板及开发流程简介

图 2.2.6 设置仿真工具

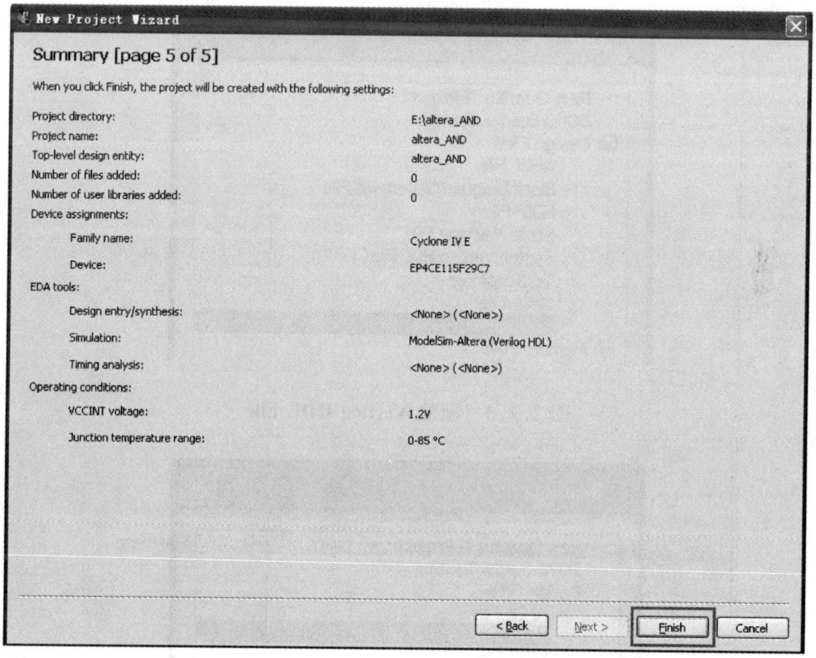

图 2.2.7 工程文件相关信息

2.2.2 源文件的建立

源文件的种类较多,在此仅列举两种常用文件的建立方法,即 Verilog HDL 文件和 Block Diagram/Schematic 文件。

第2章 Altera FPGA 开发板及开发流程简介

1. Verilog HDL 文件的建立

新建 Verilog HDL 文件的步骤如下：

① 选择 File→New,在弹出的对话框中选择新建 Verilog HDL File,单击 OK 按钮,界面如图 2.2.8 所示。

② 编辑 Verilog-HDL 代码,注意代码实体名（主程序）应与工程文件名保持一致。

③ 编辑完后,单击"保存"按钮,文件名默认为代码实体名。

2. Block Diagram/Schematic 文件的建立

① 选择 File→New,在弹出的对话框中选择新建 Block Diagram/Schematic File,单击 OK 按钮,界面如图 2.2.9 所示。

② 在文件空白处双击或单击 Symbol Tool 相应的工具按钮,弹出一对话框,在软件自带的库中选择二与门,界面如图 2.2.10 所示。

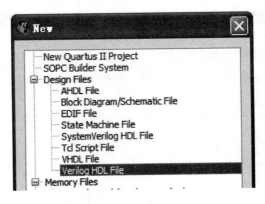

图 2.2.8 新建 Verilog HDL File

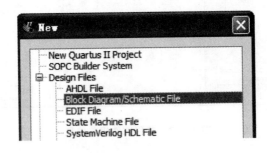

图 2.2.9 新建 Block Diagram/Schematic File

③ 添加输入、输出引脚。在文件空白处双击或单击"Symbol Tool",选择输入、输出引脚,界面如图 2.2.11 所示。

④ 连接器件与引脚。将光标放置在器件一端,当光标变成十字形时,长按左键

第 2 章　Altera FPGA 开发板及开发流程简介

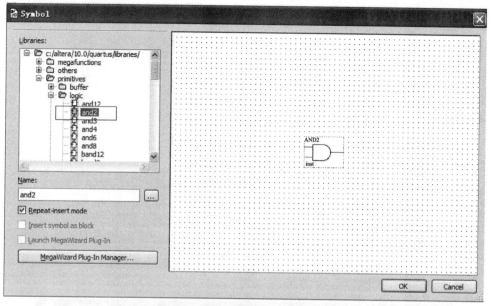

图 2.2.10　选择二与逻辑门

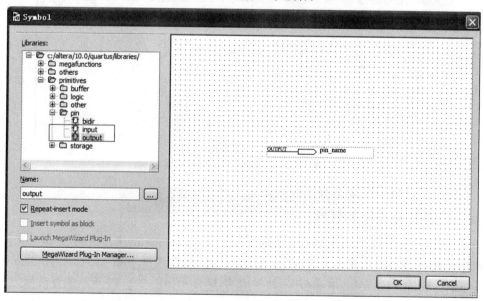

图 2.2.11　选择输入、输出引脚

并拖动光标至连线的另一端,当小方框出现时,表明线路已连接,此时,可松开左键,用同样的方式依次连接其他接线端,完成后界面如图 2.2.12 所示。

⑤ 双击输入/输出引脚,在 Pin name 文本框内输入自定义的引脚名称。引脚名称以 Pin name 为例,若有 $n+1$ 位数据输入或输出,则输入"Pin_name[n..0]"。输

第 2 章 Altera FPGA 开发板及开发流程简介

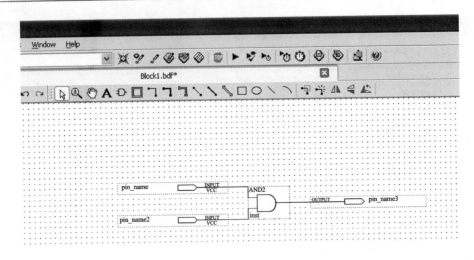

图 2.2.12 原理图编程效果

入、输出引脚属性如图 2.2.13 所示。

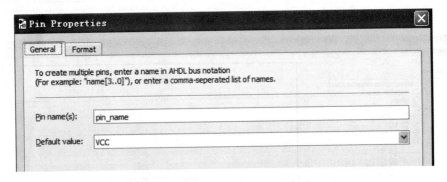

图 2.2.13 输入、输出引脚属性

⑥单击"保存"按钮,保存文件。

3. 源文件类型的转换

以 Verilog-HDL 文件转换为 Block Diagram/Schematic 文件为例,介绍源文件类型的转换方法。首先编辑 Verilog-HDL 代码,然后选择 File→Create/Update→create symbol files for current file,如果成功,则显示如图 2.2.14 所示的对话框。

图 2.2.14 创建 Block Diagram/Schematic 文件成功

2.2.3 综合分析

源文件编辑完成后,进行综合分析,检查设计的语法错误,单击 Task 中的 Analysis & Synthesis,如图 2.2.15 所示。

2.2.4 ModelSim 仿真

仿真是指在软件环境下验证电路的行为和设计意图是否一致。下面以一个二与门逻辑电路为例,介绍 ModelSim 仿真过程。

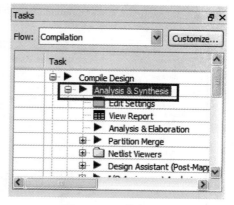

图 2.2.15 综合分析

若首次使用 ModelSim-Altera 6.5e(Quartus Ⅱ 10.0)进行仿真时,应先查看 ModelSim-Altera 软件的路径,具体步骤如下:

① 在"开始"→"所有程序"→Altera→ModelSim-Altera 6.5e(Quartus Ⅱ 10.0) Starter Edition 目录下,找到 ModelSim-Altera 软件,如图 2.2.16 所示。

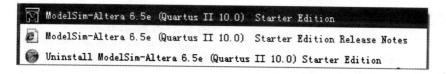

图 2.2.16 ModelSim-Altera 软件图标

② 在图 2.2.16 中的 ModelSim-Altera 软件标识处右击,查看其属性,并复制目标一栏中的内容(即 ModelSim-Altera 软件的路径),如图 2.2.17 所示。

图 2.2.17 ModelSim-Altera 软件属性

③ 在菜单栏中选择 Tools→Options,在出现的对话框左侧选择 EDA Tool Options,粘贴 ModelSim-Altera 软件路径,如图 2.2.18 所示。

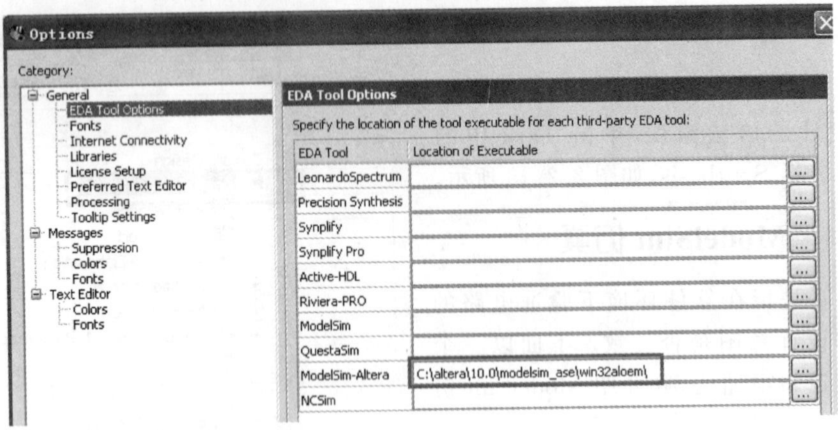

第 2 章 Altera FPGA 开发板及开发流程简介

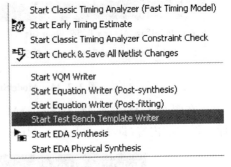

图 2.2.18 ModelSim – Altera 软件路径设置

路径设置无误后，进行仿真设置，具体步骤如下：

① 在菜单栏中选择 Processing→Start→Start Test Bench Template Writer，生成 TestBench 文件(.vt)，如图 2.2.19 所示。

(a) 选择 Start　　　　　　　　　　　(b) 选择 Start Test Bench Template Writer

图 2.2.19 生成 TestBench 文件的设置方法

② TestBench 文件生成后，弹出对话框，如图 2.2.20 所示。

图 2.2.20 生成 TestBench 文件

第 2 章　Altera FPGA 开发板及开发流程简介

③ 单击 Open File 工具按钮，弹出一对话框，将对话框中的文件类型设置为 All Files(*.*)，在工程文件目录 E:\altera_AND\simulation\modelsim 下打开文件 altera_AND.vt，即可看到编辑测试程序即顶层模块，编辑完成后保存该文件，如图 2.2.21 所示。

```
`timescale 1 ps/ 1 ps
module altera_AND_vlg_tst();
reg    A, B;
   wire   F;

   altera_AND  altera_AND (A, B, F);

   initial  begin
      A=0; B=0;
      #100   A=1;
      #100   A=0;   B=1;
      #100   A=1;
      #200   $finish;
   end
endmodule
```

图 2.2.21　顶层模块

顶层模块编辑完成后，进行仿真设置。具体步骤如下：
① 复制测试模块名 altera_AND_vlg_tst，如图 2.2.22 所示。

```
`timescale 1 ps/ 1 ps
module altera_AND_vlg_tst();
reg    A, B;
   wire   F;

   altera_AND  altera_AND (A, B, F);
```

图 2.2.22　复制测试模块名

② 在菜单栏中选择 Assignments→Settings，弹出一对话框，在其左侧 Category 目录下选择 EDA Tool Settings→Simulation，Time scale 默认为 1 ps，在 Nativelink settings 中选择 Compile test bench，如图 2.2.23 所示。

③ 单击图 2.2.23 中 Compile test bench 一栏右侧的 Test Benches 按钮，出现如图 2.2.24 所示界面。

④ 单击图 2.2.24 中右上角的 New 按钮，在弹出的界面中粘贴 Test bench name:altera_AND_vlg_tst，同时，软件会在 Top level module in test bench 一栏自动添加 altera_AND_vlg_tst，如图 2.2.25 所示。

⑤ 单击图 2.2.25 中 File name 右侧的 ⋯ 按钮，将文件 altera_AND.vt 添加进来，并单击右侧的 Add 按钮，则出现如图 2.2.26 所示界面。

⑥ 连续单击前面所弹出的 3 个 OK 按钮，完成设置。

在菜单栏中选择 Tools→Run EDA Simulation→EDA RTL Simulation，即可启动 ModelSim 进入仿真，仿真结果如图 2.2.27 所示。

第 2 章 Altera FPGA 开发板及开发流程简介

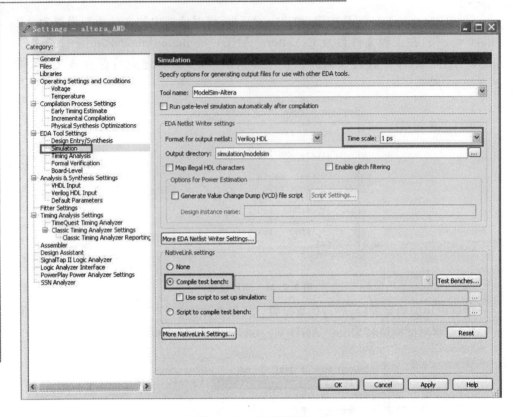

图 2.2.23 仿真设置(一)

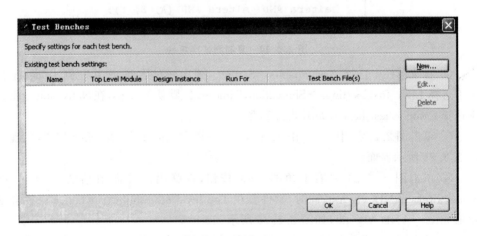

图 2.2.24 仿真设置(二)

至此,一个二与门的逻辑运算仿真就完成了。

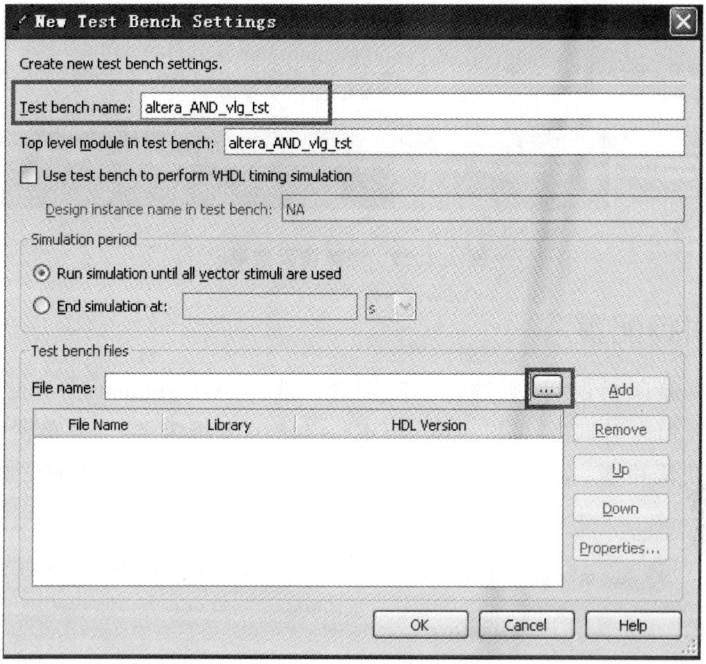

图 2.2.25 仿真设置(三)

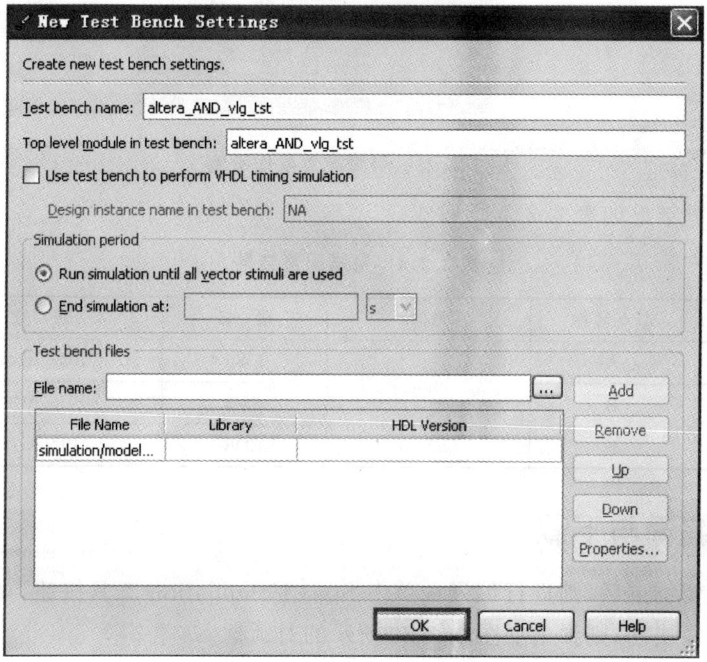

图 2.2.26 仿真设置(四)

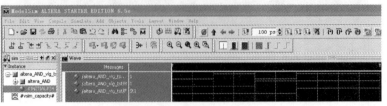

图 2.2.27　逻辑仿真结果

2.2.5　引脚配置

如果仿真验证无误后,则进行引脚配置。选择 Assignments→Pin Planner,在 Location 选择相应引脚(此处以 Altera DE2-115 开发板为例)。菜单栏中的其余选项一般采用默认设置,如有需要,可按照同样的方式逐个进行选择,如图 2.2.28 所示。

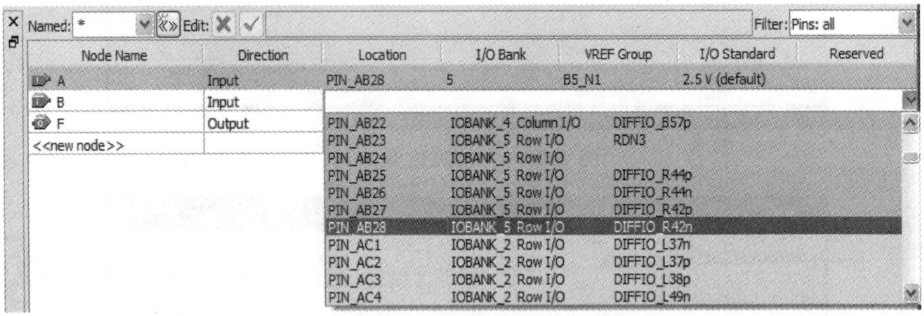

图 2.2.28　引脚配置操作举例

引脚配置结果如表 2.2.1 所列。

表 2.2.1　引脚配置结果

NO.	节点名称	方向	端口	位置
1	A	Input	SW0	PIN_AB28
2	B	Input	SW1	PIN_AC28
3	F	Output	LEDR0	PIN_G19

2.2.6　编译与下载

引脚配置结束后,则进行编译。单击 Start Compilation 工具按钮,如图 2.2.29 所示。若编译成功,则弹出如图 2.2.30 所示的对话框。

编译成功后进行编程下载。首先打开开发板电源开关,并将开发板的 USB-Blaster 与 PC 的 USB 端口相连,单击 Programmer 工具按钮,如图 2.2.31 所示。

第 2 章　Altera FPGA 开发板及开发流程简介

图 2.2.29　开始编译

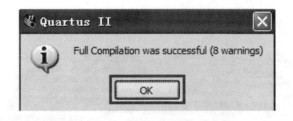

图 2.2.30　编译成功

图 2.2.31　单击 Programmer 工具按钮

单击 Programmer 工具按钮后，弹出如图 2.2.32 所示的对话框。

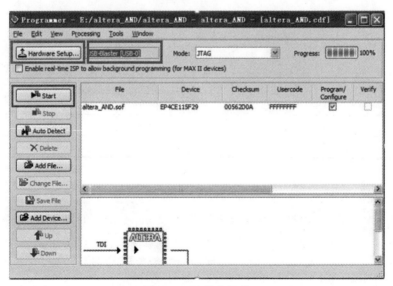

图 2.2.32　编程下载

第 2 章　Altera FPGA 开发板及开发流程简介

若对话框中的 Start 按钮为灰色,则单击 Hardware Setup 按钮,选择 USB-Blaster[USB-0]选项,单击 Close 按钮。然后单击图 2.2.32 中的 Start 按钮,开始下载,当右上角的进度条到 100%时,表明下载完成。

2.2.7　硬件测试

下载完成后,拨动开关 SW0、SW1,发现 LEDR0 的亮灭符合 SW0"与"SW1 的逻辑功能,如图 2.2.33 所示。

图 2.2.33　硬件测试

第 3 章

组合逻辑电路

数字系统总是由若干个逻辑电路组成。逻辑电路按功能的不同,可以分为组合逻辑电路和时序逻辑电路两大类。如果一个逻辑电路在任意时刻产生的输出只取决于该时刻的输入,而与电路过去的输入无关,则这种逻辑电路就称为组合逻辑电路。

3.1 数据选择器

3.1.1 2-1 数据选择器

数据选择器又称为多路开关,简称 MUX(Multiplexer)。它的逻辑功能是在地址选择信号的控制下,从多路输入数据中选择某一路数据作为输出。一个 2-1 数据选择器的逻辑符号如图 3.1.1 所示。

2-1 数据选择器是一种最简单的数据选择器,它具有 1 位选择信号和 2 位输入信号。表 3.1.1 列出了 2-1 数据选择器的真值表。

表 3.1.1 2-1 数据选择器的真值表

输入			输出
SEL	B	A	F
0	0	0	0
0	0	1	1
0	1	0	0
0	1	1	1
1	0	0	0
1	0	1	0
1	1	0	1
1	1	1	1

由真值表可知其卡诺图如图 3.1.2 所示。

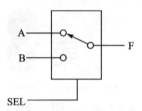
图 3.1.1　2-1 数据选择器的逻辑符号

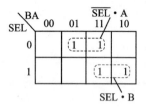
图 3.1.2　2-1 数据选择器的卡诺图

由图 3.1.2 可求逻辑函数为

$$F = \overline{SEL} \cdot A + SEL \cdot B \tag{3.1.1}$$

由逻辑函数又可以画出用基本门电路组成的逻辑电路图,如图 3.1.3 所示。

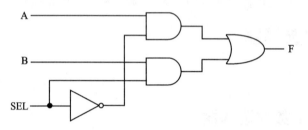

图 3.1.3　基本门电路组成的 2-1 数据选择器的逻辑电路图

3.1.2　2-1 数据选择器的 Verilog-HDL 描述

1. 门级描述方式

【例 3.1.1】门级描述方式的 2-1 数据选择器(exp3-1-01.v)

```
/*      2-1 SELECTOR      */
    module  SELE  ( A, B, SEL, F );    //模块名 SELE 及端口参数定义,范围至 endmodule
      input   A, B, SEL;               //输入端口定义
      output  F;                       //输出端口定义
      wire    SEL_NOT, AND1, AND2;     //线网定义
      not     U1 ( SEL_NOT, SEL );     //门实例语句,实现输出为 SEL_NOT,输入为 SEL
                                       //的非门
      and     U2 ( AND1, B, SEL ),     //门实例语句,实现输出为 AND1,输入为 B 和 SEL
                                       //的二输入与门
              U3 (AND2, A, SEL_NOT);   //门实例语句,实现输出为 AND2,输入为 A 和
                                       //SEL_NOT 的二输入与门
      or      U4 ( F , AND1, AND2 );   //门实例语句,实现输出为 F,输入为 AND1 和 AND2
                                       //的二输入或门
    endmodule                          //模块 SELE 结束
```

2. 数据流描述方式

【例 3.1.2】 数据流描述方式的 2-1 数据选择器(exp3-1-02.v)

```
/*     2-1 SELECTOR      */
module  SELE    ( A, B, SEL, F );        //模块名 SELE 及端口参数定义,范围至 endmodule
    input     A, B, SEL;                 //输入端口定义
    output    F ;                        //输出端口定义
    assign    F = ~SEL & A|SEL & B;      //assign 语句,实现功能:F = ($\overline{SEL}$·A)+(SEL·B)
endmodule                                //模块 SELE 结束
```

3.1.3　4-1 数据选择器

4-1 数据选择器的逻辑函数为

$$F = \overline{SEL_1} \cdot \overline{SEL_0} \cdot A + \overline{SEL_1} \cdot SEL_0 \cdot B + SEL_1 \cdot \overline{SEL_0} \cdot C + SEL_1 \cdot SEL_0 \cdot D \tag{3.1.2}$$

4-1 数据选择器的逻辑电路如图 3.1.4 所示。

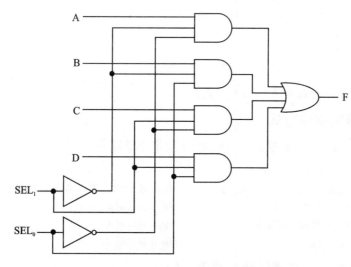

图 3.1.4　4-1 数据选择器的逻辑电路图

3.1.4　4-1 数据选择器的 Verilog-HDL 描述

1. 门级描述方式

【例 3.1.3】 门级描述方式的 4-1 数据选择器(exp3-1-03.v)

```
/*     4-1 SELECTOR      */
module  SELE    (A,B,C,D,SEL,F);         //模块名 SELE 及端口参数定义,范围至 endmodule
    input     A, B, C, D;                //输入端口定义
```

```
    input     [1:0] SEL;              //输入端口定义,[1:0]表示 SEL 的数据宽度
    output    F;                      //输出端口定义
    wire      SEL1_NOT, SEL0_NOT, AND1, AND2, AND3, AND4;   //线网定义
    not       U1 ( SEL1_NOT, SEL[1] ),
//门实例语句,实现输出为 SEL_NOT,输入为 SEL[1]的非门
              U2 ( SEL0_NOT, SEL[0] );
    and       U3 ( AND1, A, SEL1_NOT, SEL0_NOT ),
//门实例语句,实现输出为 AND1,输入为 A、SEL1_NOT 和 SEL0_NOT 的三输入与门
              U4 ( AND2, B, SEL1_NOT, SEL[0] ),
              U5 ( AND3, C, SEL[1], SEL0_NOT ),
              U6 ( AND4, D, SEL[1], SEL[0] );
    or        U7 ( F, AND1, AND2, AND3, AND4 );
//门实例语句,实现输出为 F,输入为 AND1、AND2、AND3 和 AND4 的四输入或门
endmodule                             //模块 SELE 结束
```

在上例中,U3~U7 也可写成如下形式:

```
    and       U3 ( AND1, A, SEL1_NOT, SEL0_NOT );
    and       U4 ( AND2, B, SEL1_NOT, SEL[0] );
    and       U5 ( AND3, C, SEL[1], SEL0_NOT );
    and       U6 ( AND4, D, SEL[1], SEL[0] );
    or        U7 ( F, AND1, AND2, AND3, AND4 );
```

注意:此处每行最后为";",而不是","。

2. 数据流描述方式

【例 3.1.4】 数据流描述方式的 4-1 数据选择器(exp3-1-04.v)

```
/*    4-1 SELECTOR    */
module    SELE  (A, B, C, D, SEL, F);   //模块名 SELE 及端口参数定义,范围至 endmodule
    input     A, B, C, D;               //输入端口定义
    input     [1:0] SEL;                //输入端口定义
    output    F;                        //输出端口定义
    assign    F = ~SEL[1] & ~SEL[0] & A
                | ~SEL[1] &  SEL[0] & B
                |  SEL[1] & ~SEL[0] & C
                |  SEL[1] &  SEL[0] & D;
                                        //assign 语句,实现功能:
//F = (SEL[1]·SEL[0]·A)+(SEL[1]·SEL[0]·B)+(SEL[1]·SEL[0]·C)+(SEL[1]·SEL[0]·D)
endmodule                               //模块 SELE 结束
```

3.1.5 条件操作符的使用方法

条件操作符是根据条件表达式的值来选择表达式的,其一般表达形式如下:

CON_EXPR ? EXPR1 : EXPR2

上述表达式的意思:如果 CON_EXPR 为真(即值为 1),则选择 EXPR1;如果 CON_EXPR 为假(即值为 0),则选择 EXPR2。例 3.1.5 和例 3.1.6 说明了条件操作符的使用方法。从描述方式上来说,它们都属于数据流描述方式。

【例 3.1.5】 使用条件操作符的 2-1 数据选择器(exp3-1-05.v)

```
/*     2-1 SELECTOR     */
module  SELE   (A,B,SEL,F);    //模块名 SELE 及端口参数定义,范围至 endmodule
    input     A,B,SEL;         //输入端口定义
    output    F;               //输出端口定义
    assign    F = (SEL == 0)? A: B;
    //assign 语句,实现功能:如果 SEL=0,则 F=A;否则,F=B
endmodule                      //模块 SELE 结束
```

【例 3.1.6】 使用条件操作符的 4-1 数据选择器(exp3-1-06.v)

```
/*     4-1 SELECTOR     */
module  SELE   (A,B,C,D,SEL,F);  //模块名 SELE 及端口参数定义,范围至 endmodule
    input     A,B,C,D;           //输入端口定义
    input     [1:0] SEL;         //输入端口定义
    output    F;                 //输出端口定义
    assign    F = (SEL[1] == 0)? ((SEL[0] == 0)? A: B):((SEL[0] == 0)? C: D);
    //assign 语句,实现功能:如果 SEL[1]=0 且 SEL[0]=0,则 F=A;
    //如果 SEL[1]=0 且 SEL[0]=1,则 F=B;如果 SEL[1]=1 且 SEL[0]=0,
    //则 F=C;如果 SEL[1]=1 且 SEL[0]=1,则 F=D
endmodule                        //模块 SELE 结束
```

3.1.6 数据选择器的行为描述方式

第 1 章已经介绍过门级描述方式和数据流描述方式。在此,再介绍一种描述方式,即行为描述方式。

行为描述在设计过程的初期十分有用。用一个软件设计的例子来说,可以这样理解:行为描述相当于软件设计过程中的流程图描述和算法描述,它着重表达的是工作的抽象或者说是软件功能的行为表现,而不是具体的实现手段和方法。在行为描述的基础上,经过论证是可行的,才考虑用哪种语言来实现。

对于行为描述方式的数据选择器来说,在描述其输出时只需描述与输入的关系,而无需费力地像门级描述方式那样说明究竟是怎样实现的。Verilog-HDL 提供了行为描述的手段,并且可以直接转换为目标代码下载到芯片,使硬件动作。

本章下面给出的例子,均属于行为描述方式。

3.1.7 case 语句的使用方法

case 语句是一种多分支选择语句。Verilog-HDL 提供的 case 语句可以直接处理多分支选择,其一般形式如下:

case(表达式)
　　<case 分支项>
endcase

分支项的一般格式如下:

分支表达式:语句
默认项(default):语句

下面以行为描述方式的形式给出两个实例。

【例 3.1.7】 使用 case 语句的 2-1 数据选择器(exp3-1-07.v)

```
/*    2-1 SELECTOR    */
module  SELE  ( A, B, SEL, F );        //模块名 SELE 及端口参数定义,范围至 endmodule
    input    A, B, SEL;                //输入端口定义
    output   F;                        //输出端口定义
    assign   F = SEL2_1_FUNC ( A, B, SEL );  //assign 语句,实现 function 函数调用
    function  SEL2_1_FUNC;             //function 函数及函数名,至 endfunction 为止
      input   A, B, SEL;               //端口定义
        case ( SEL )                   //case 语句,至 endcase 为止
          0:SEL2_1_FUNC = A;           //当 SEL = 0 时,返回 A
          1:SEL2_1_FUNC = B;           //当 SEL = 1 时,返回 B
        endcase                        //case 语句结束
    endfunction                        //function 函数结束
endmodule                              //模块 SELE 结束
```

【例 3.1.8】 使用 case 语句的 4-1 数据选择器(exp3-1-08.v)

```
/*    4-1 SELECTOR    */
module  SELE  (A,B,C,D,SEL,F);         //模块名 SELE 及端口参数定义,范围至 endmodule
    input    A, B, C, D;               //输入端口定义
    input    [1:0] SEL;                //输入端口定义
    output   F;                        //输出端口定义
    assign   F = SEL4_1_FUNC (A, B, C, D, SEL);
                                       //用 assign 语句,实现 function 函数调用
    function  SEL4_1_FUNC;             //function 函数及函数名,至 endfunction 为止
      input   A, B, C, D;              //端口定义
      input   [1:0] SEL;               //端口定义
```

```
        case ( SEL )                     //case 语句,至 endcase 为止
            0:SEL4_1_FUNC = A;           //当 SEL = 0 时,返回 A
            1:SEL4_1_FUNC = B;           //当 SEL = 1 时,返回 B
            2:SEL4_1_FUNC = C;           //当 SEL = 2 时,返回 C
            3:SEL4_1_FUNC = D;           //当 SEL = 3 时,返回 D
        endcase                          //case 语句结束
    endfunction                          //function 函数结束
endmodule                                //模块 SELE 结束
```

3.1.8 if – else 语句的使用方法

if – else 语句用来先判定所给的条件是否满足,然后根据判定的结果(真或假)来执行所给出的两种操作中的一种。

下面以行为描述方式的形式给出两个实例。

【例 3.1.9】 使用 if – else 语句的 2 – 1 数据选择器(exp3 – 1 – 09.v)

```
/*   2 – 1 SELECTOR    */
module SELE  ( A, B, SEL, F );           //模块名 SELE 及端口参数定义,范围至 endmodule
    input    A, B, SEL;                  //输入端口定义
    output   F;                          //输出端口定义

    assign   F = SEL2_1_FUNC ( A, B, SEL );   //用 assign 语句,实现 function 函数调用

    function SEL2_1_FUNC;                //function 函数及函数名,至 endfunction 为止
        input A, B, SEL;                 //端口定义
        if ( SEL == 0 )                  //if 语句,与 else 配合使用
            SEL2_1_FUNC = A;             //如果 SEL = 0,则返回 A
        else                             //与 if 语句相呼应
            SEL2_1_FUNC = B;             //如果 SEL = 1,则返回 B
    endfunction                          //function 函数结束
endmodule                                //模块 SELE 结束
```

【例 3.1.10】 使用 if – else 语句的 4 – 1 数据选择器(exp3 – 1 – 10.v)

```
/*   4 – 1 SELECTOR    */
module SELE  ( A, B, C, D, SEL, F );     //模块名 SELE 及端口参数定义,范围至 endmodule
    input    A, B, C, D;                 //输入端口定义
    input    [1:0] SEL;                  //输入端口定义
    output   F;                          //输出端口定义

    assign   F = SEL4_1_FUNC ( A, B, C, D, SEL );   //用 assign 语句,实现 function 函数调用

    function SEL4_1_FUNC;                //function 函数及函数名,至 endfunction 为止
        input A, B, C, D;                //端口定义
        input [1:0] SEL;                 //端口定义
```

```
        if ( SEL[1] == 0 )         //if 语句,与其后第五行的 else 配合使用
            if(SEL[0]==0)           //if 语句,与随后的 else 配合使用
                SEL4_1_FUNC = A;    //如果 SEL[1]＝0 且 SEL[0]＝0,则返回 A
            else                     //与前一个 if 语句相呼应
                SEL4_1_FUNC = B;    //如果 SEL[1]＝0 且 SEL[0]＝1,则返回 B
        else                         //与前数第五行的 if 语句相呼应
            if ( SEL[0] == 0 )       //if 语句,与随后的 else 配合使用
                SEL4_1_FUNC = C;    //如果 SEL[1]＝1 且 SEL[0]＝0,则返回 C
            else                     //与前一个 if 语句相呼应
                SEL4_1_FUNC = D;    //如果 SEL[1]＝1 且 SEL[0]＝1,则返回 D
    endfunction                      //function 函数结束
endmodule                            //模块 SELE 结束
```

3.1.9 function 函数的使用方法

function 函数的目的是返回一个用于表达式的值。函数的定义格式为

function ＜返回值位宽或类型说明＞ 函数名；
　　端口定义；
　　局部变量定义；
　　其他语句；
endfunction

例 3.1.7～例 3.1.10 中,都用到了 function 函数。

3.1.10 用于仿真的顶层模块

以上所举的例子都需要有一个测试验证程序对其验证,以测试和验证设计的正确性。

下面是 2－1 数据选择器和 4－1 数据选择器的顶层模块。

【例 3.1.11】 2－1 数据选择器的顶层模块(exp3－1－11.v)

```
/*    2-1 SELECTOR_TEST      */
`timescale 1ns/1ns                   //将仿真时延单位和时延精度都设定为 1 ns
module  SELE_TEST;                   //测试模块名 SELE_TEST,范围至 endmodule
    reg     [1:0] IN;                //寄存器类型定义,输入端口定义
    reg     SEL_IN;                  //寄存器类型定义,输入端口定义
    wire    F;                       //线网类型定义,输出端口定义
    SEL  SEL ( IN[0], IN[1], SEL_IN, F );  //底层模块名,实例名及参数定义
    always  #150    SEL_IN = ~SEL_IN;   //每隔 150 ns,SEL_IN 翻转一次
    always  #50     IN = IN + 1;        //每隔 50 ns,IN 便加 1
    initial    begin                    //从 initial 开始,输入信号波形变化
```

```
            SEL_IN = 0; IN = 0;        //参数初始化
          #450      $finish;           //450 ns 后,仿真结束
       end                              //与 begin 呼应
     endmodule                          //模块 SELE_TEST 结束
```

Verilog-HDL 提供了许多方法来编写顶层模块。上例中的 **always** 语句意指反复执行。例如"**always** #50 IN = IN + 1;"是指每隔一个仿真单位(在此为 50 ns),"IN"便加 1;而"**always** #150 SEL_IN = ~SEL_IN;"是指每隔一个仿真单位(在此为 150 ns),SEL_IN 便翻转一次。在 **initial** 程序段中,将"SEL_IN"和"IN"初始化为 0,并用"#450 $finish"表示仿真在 450 ns 时结束。

【例 3.1.12】 4-1 数据选择器的顶层模块(exp3-1-12.v)

```
/*      4-1 SELECTOR_TEST      */
`timescale  1ns/1ns                    //将仿真时延单位和时延精度都设定为 1 ns
module  SELE_TEST;                     //测试模块名 SELE_TEST,范围至 endmodule
  reg     [3:0] IN;                    //寄存器类型定义,输入端口定义
  reg     [1:0] SEL_IN;                //寄存器类型定义,输入端口定义
  wire    F;                           //线网类型定义,输出端口定义
  SEL  SEL  (IN[0], IN[1], IN[2], IN[3], SEL_IN, F);
                                       //底层模块名,实例名及参数定义
  always  #150   SEL_IN = SEL_IN + 1;  //每隔 150 ns,SEL_IN 翻转一次
  always  #50    IN = IN + 1;          //每隔 50 ns,IN 便加 1
  initial  begin                       //从 initial 开始,输入信号波形变化
     IN = 0; SEL_IN = 0;               //参数初始化
     #1200   $finish;                  //1 200 ns 后,仿真结束
  end                                  //与 begin 呼应
endmodule                              //模块 SELE_TEST 结束
```

在上述顶层模块中,与 2-1 数据选择器所不同的是信号"IN"的数据宽度。在此"IN"的数据宽度为 4 位,用"[3:0]"表示。同样,"SEL_IN"也采用了总线的表达形式。在 **initial** 程序段中,"SEL_IN"和"IN"被初始化为 0,仿真在 1 200 ns 时结束。

3.1.11 数据选择器的逻辑仿真结果

2-1 数据选择器的逻辑仿真结果如图 3.1.5 所示。

通过图 3.1.5 可以验证用 Verilog-HDL 描述的数据选择器是否正确。例如:随机抽取 $t=128$ ns 时,即光标指向处,此时,SEL_IN=0,IN[0]=0,IN[1]=1。对照表 3.1.1 中 2-1 数据选择器的真值表,可得 F=0。这与仿真的界面显示完全吻合。这样,我们将状态相同的不同时刻看成一段,通过上述方法,逐段去验证,即可得知数据选择器的 Verilog-HDL 描述的正确与否了。

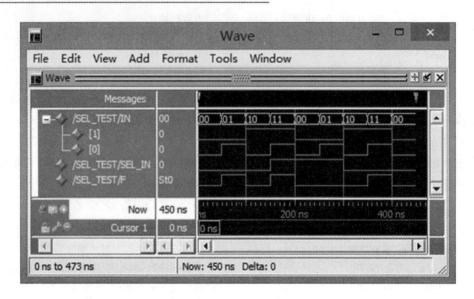

图 3.1.5　2－1 数据选择器的逻辑仿真结果

4－1 数据选择器的仿真结果如图 3.1.6 所示,其验证方法与 2－1 数据选择器完全相同。

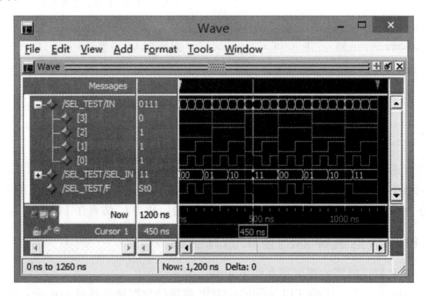

图 3.1.6　4－1 数据选择器的逻辑仿真结果

3.2　数据比较器

数据比较器是用来对两个二进制数的大小进行比较或是检测是否相等的逻辑电

路,在数字逻辑的设计中占有重要的位置。数据比较器包含两部分:一是比较两个数的大小;二是检测两个数是否相等。

3.2.1 最简单的数据判断方法

提出这样一个问题:一个什么样的逻辑电路,可以使两个一位二进制数 A 与 B 相等时,电路的输出为"1"。为此,依题意可列出表 3.2.1 的真值表。

其实这个问题很简单。由真值表可以看出,它就是"同或"门(即"异或非"门)所具有的性质。因此,用一个"同或"门便可以实现判断两个一位二进制数 A 与 B 是否相等的功能,如图 3.2.1 所示。

表 3.2.1 判断 A、B 是否相同的真值表

输入		输出
A	B	F
0	0	1
0	1	0
1	0	0
1	1	1

图 3.2.1 相同数据的检测(同或逻辑门)

3.2.2 2 位数据比较器

下面考虑具有两个数据输入端口且每个端口的数据宽度为 2 位的比较器。设其输入分别为 A_1、A_0 和 B_1、B_0,A_1、B_1 为高位,A_0、B_0 为低位,设其输出分别为 A=B、A>B 和 A<B。首先,可列出真值表,如表 3.2.2 所列。

表 3.2.2 2 位数据比较器的真值表

输入				输出		
B_1	B_0	A_1	A_0	A=B	A>B	A<B
0	0	0	0	1	0	0
0	0	0	1	0	1	0
0	0	1	0	0	1	0
0	0	1	1	0	1	0
0	1	0	0	0	0	1
0	1	0	1	1	0	0
0	1	1	0	0	1	0
0	1	1	1	0	1	0
1	0	0	0	0	0	1
1	0	0	1	0	0	1

续表 3.2.2

输入				输出		
B_1	B_0	A_1	A_0	A=B	A>B	A<B
1	0	1	0	1	0	0
1	0	1	1	0	1	0
1	1	0	0	0	0	1
1	1	0	1	0	0	1
1	1	1	0	0	0	1
1	1	1	1	1	0	0

由真值表可画出如图 3.2.2(a)~(c)所示的卡诺图。

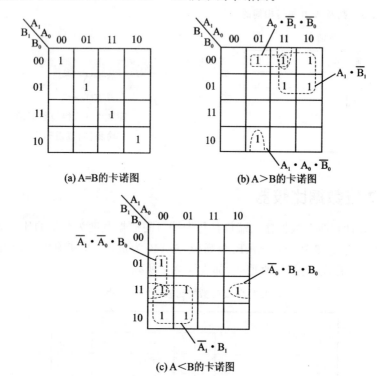

图 3.2.2　2 位数据比较器的卡诺图

由图 3.2.2 的卡诺图可写出其逻辑表达式如下：

A=B 的逻辑表达式为

$$\overline{A_1} \cdot \overline{A_0} \cdot \overline{B_1} \cdot \overline{B_0} + \overline{A_1} \cdot A_0 \cdot \overline{B_1} \cdot B_0 + A_1 \cdot \overline{A_0} \cdot B_1 \cdot \overline{B_0} + A_1 \cdot A_0 \cdot B_1 \cdot B_0 \quad (3.2.1)$$

A>B 的逻辑表达式为

$$A_0 \cdot \overline{B_1} \cdot \overline{B_0} + A_1 \cdot A_0 \cdot \overline{B_0} + A_1 \cdot \overline{B_1} \quad (3.2.2)$$

A<B 的逻辑表达式为

$$\overline{A}_0 \cdot B_1 \cdot B_0 + \overline{A}_1 \cdot \overline{A}_0 \cdot B_0 + \overline{A}_1 \cdot B_1 \qquad (3.2.3)$$

根据式(3.2.1)～式(3.2.3),即可画出逻辑电路图。

另外,A=B 的逻辑表达式还可写为

$$\overline{A}_1 \cdot \overline{A}_0 \cdot \overline{B}_1 \cdot \overline{B}_0 + \overline{A}_1 \cdot A_0 \cdot \overline{B}_1 \cdot B_0 + A_1 \cdot \overline{A}_0 \cdot B_1 \cdot \overline{B}_0 + A_1 \cdot A_0 \cdot B_1 \cdot B_0$$
$$= \overline{A}_1 \cdot \overline{B}_1 \cdot (\overline{A}_0 \cdot \overline{B}_0 + A_0 \cdot B_0) + A_1 \cdot B_1 \cdot (\overline{A}_0 \cdot \overline{B}_0 + A_0 \cdot B_0)$$
$$= (\overline{A}_1 \cdot \overline{B}_1 + A_1 \cdot B_1) + (\overline{A}_0 \cdot \overline{B}_0 + A_0 \cdot B_0)$$
$$= (A_1 \odot B_1) \cdot (A_0 \odot B_0) \qquad (3.2.4)$$

至此,可以画出一个 2 位数据比较器的逻辑电路图,如图 3.2.3 所示。

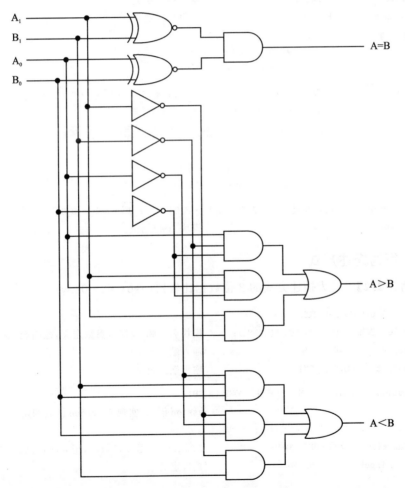

图 3.2.3　2 位数据比较器的逻辑电路图

3.2.3 2位数据比较器的 Verilog-HDL 描述

1. 数据流描述方式

【例3.2.1】 数据流描述方式的2位数据比较器(exp3-2-01.v)
为使描述方便起见,令 A=B、A>B、A<B 分别为 EQ、LG 和 SM。

```
/*     2 bit COMPARATOR     */
module   COMP   ( A, B, LG, EQ, SM );    //模块名 COMP 及端口参数定义,范围至 endmodule
  input      [1:0] A, B;                 //输入端口定义
  output     LG, EQ, SM;                 //输出端口定义
  assign     LG = A[0]& ~B[1] & ~B[0]
                | A[1] & A[0] & ~B[0]
                | A[1] & ~B[1];
//assign 语句,实现功能:LG=(A[0]·$\overline{B[1]}$·$\overline{B[0]}$)+(A[1]·A[0]·$\overline{B[0]}$)+(A[1]·$\overline{B[1]}$)
  assign     EQ = ( A[1] ~^ B[1] ) & ( A[0] ~^ B[0] );
           //assign 语句,实现功能:EQ=$\overline{(A[1]\oplus B[1])}$·$\overline{(A[0]\oplus B[0])}$
  assign     SM = ~A[0] & B[1] & B[0]
                | ~A[1] & ~A[0] & B[0]
                | ~A[1] & B[1];
//assign 语句,实现功能:SM=($\overline{A[0]}$·B[1]·B[0]) + ($\overline{A[1]}$·$\overline{A[0]}$·B[0]) + ($\overline{A[1]}$·B[1])
endmodule                                //模块 COMP 结束
```

2. 行为描述方式

【例3.2.2】 行为描述方式的2位数据比较器(exp3-2-02.v)

```
/*     2 bit COMPARATOR     */
module   COMP   ( A, B, LG, EQ, SM );    //模块名 COMP 及端口参数定义,范围至 endmodule
  input      [1:0] A, B;                 //输入端口定义
  output     LG, EQ, SM;                 //输出端口定义
  assign     {LG, EQ, SM} = FUNC_COMP (A, B);
                                         //assign 语句,实现 function 函数调用

  function   [2:0] FUNC_COMP;            //function 函数及函数名,至 endfunction 为止
    input      [1:0] A, B;               //端口定义

      if ( A > B )                       //if-else 语句,其作用是根据指定的判断条件是
                                         //否满足,来确定下一步要执行的操作
          FUNC_COMP = 3'b100;            //如果 A > B,则 FUNC_COMP = 3'b100
      else if ( A < B )
          FUNC_COMP = 3'b001;            //如果 A < B,则 FUNC_COMP = 3'b001
```

```
            else
                FUNC_COMP = 3'b010;        //如果 A = B,则 FUNC_COMP = 3'b010
    endfunction                            //function 函数结束
endmodule                                  //模块 COMP 结束
```

在此,用到了位拼接运算符和数值常量。

(1) 位拼接运算符

位拼接运算符用"{ LG, EQ, SM }"的形式描述。在此,它将3位数据连成一个统一体,故 FUNC_COMP 的数据宽度也相应地定义为"[2:0]",即数据宽度为3。返回值分别为 bit0=「SM」、bit1=「EQ」、bit2=「LG」。

(2) 数值常量

数值常量的表现形式为"ss⋯s'fnn⋯n"。其中,ss⋯s 为数值的位数(比特数),默认值为32位。f 表示进制(d:十进制,h:十六进制,o:八进制,b:二进制,默认时为十进制),n 表示常量。例如:"3'b100"表示具有3位数据宽度的二进制数,其值为「100」。

3. 顶层模块

【例 3.2.3】 2 位数据比较器的顶层模块(exp3-2-03.v)

```
/*     2 bit COMPARATOR_TEST     */
`timescale    1ns/1ns                      //将仿真时延单位和时延精度都设定为 1 ns
module   COMP_TEST;                        //测试模块名 COMP_TEST,范围至 endmodule
    reg      [1:0] A, B;                   //寄存器类型定义,输入端口定义
    wire     LG, EQ, SM;                   //线网类型定义,输出端口定义
    COMP     COMP (A, B, LG, EQ, SM);      //底层模块名,实例名及参数定义

    always   #50     A = A + 1;            //每隔 50 ns,A 翻转一次
    always   #200    B = B + 1;            //每隔 200 ns,B 翻转一次

    initial   begin                        //从 initial 开始,输入信号波形变化
        A = 0; B = 0;                      //参数初始化
        #800     $finish;                  //800 ns 后,仿真结束
    end                                    //与 begin 呼应
endmodule                                  //模块 COMP_TEST 结束
```

3.2.4 2 位数据比较器的逻辑仿真结果

2 位数据比较器的仿真结果如图 3.2.4 所示。在图中,数据 A 和数据 B 都按照"00,01,10,11"这 4 种状态做着周期性的变化。数据 A 每隔 50 ns 改变一次状态,而数据 B 每隔 200 ns 才改变一次状态。通过观察,可知仿真结果与设计所期望的结果完全相同,即当 A > B 时,LG=1,EQ=0,SM=0;当 A = B 时,EQ=1,LG=0,SM=0;当 A < B 时,SM=1,EQ=0,LG=0。这就表明 2 位数据比较器的设计

完全正确。

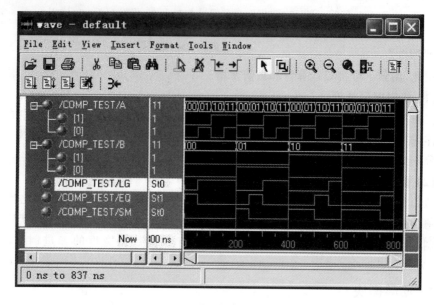

图 3.2.4　2 位数据比较器的逻辑仿真结果

3.2.5　数据比较器的数据宽度扩展

前面讨论了 1 位和 2 位数据宽度的比较器。而在实际情况下,数据宽度往往是 8 位,有时甚至更宽。那么,如何考虑具有任意数据宽度的数据比较器呢?是否也如同前面的做法,即按真值表、卡诺图、逻辑表达式、逻辑电路图的顺序进行呢?回答是否定的。可以想象,数据宽度为 8 位时,真值表就需要 256 行,显然这样的设计已经不现实。在此,可以对只有 1 位数据宽度的比较器进行扩展,从而形成所需宽度的数据比较器。

1. 1 位数据比较器

设 1 位数据比较器有两个输入端,其输入变量为 A 和 B。输出为 3 位数据宽度,各位分别是「LG(A>B)」、「EQ(A=B)」、「SM(A<B)」。真值表如表 3.2.3 所列。

1 位数据比较器的逻辑表达式可写为

$$LG = \overline{B} \cdot A \qquad (3.2.5)$$
$$EQ = B \odot A \qquad (3.2.6)$$
$$SM = B \cdot \overline{A} \qquad (3.2.7)$$

由式(3.2.5)～式(3.2.7)可画出逻辑电路图。由于前面已举出过同类的例子,故在此省略。本书称式(3.2.5)～式(3.2.7)所描述的比较器为半比较器,其逻辑符号如图 3.2.5 所示。

表 3.2.3 1 位数据比较器真值表

输入		输出		
B	A	LG	EQ	SM
0	0	0	1	0
0	1	1	0	0
1	0	0	0	1
1	1	0	1	0

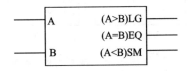

图 3.2.5 半比较器的逻辑符号

2. 全比较器的结构

为使半比较器可以方便地扩展为任意数据宽度的比较器,将图 3.2.5 所示的半比较器进行如图 3.2.6 所示的改进,可形成所谓的全比较器。

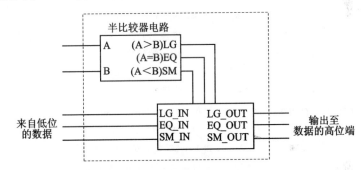

图 3.2.6 全比较器的逻辑框图

在全比较器的逻辑框图中,如果半比较器逻辑电路的 LG=1,就与"来自低位的数据"无关,有 LG_OUT=1,EQ_OUT=0;如果 SM=1,则同样与"来自低位的数据"无关,有 SM_OUT=1,EQ_OUT=0;如果 EQ=1,则与"来自低位的数据"存在如下关系:

① 若 LG_IN=1,则 LG_OUT=1,EQ_OUT=0;
② 若 SM_IN=1,则 SM_OUT=1,EQ_OUT=0;
③ 若 EQ_IN=1,则 EQ_OUT=1。

全比较器的逻辑符号如图 3.2.7 所示。

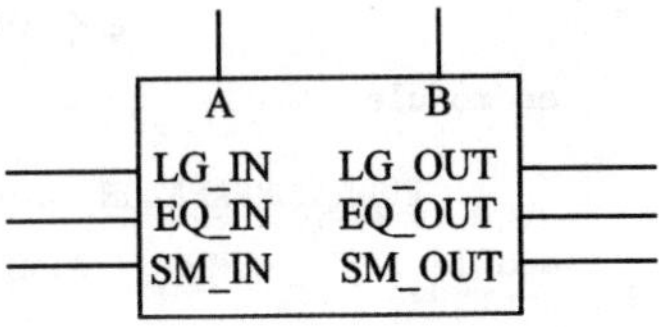

图 3.2.7 全比较器的逻辑符号

3. 由全比较器组成的 4 位数据比较器

图 3.2.8 给出了由全比较器组成的 4 位数据比较器,输入的数据 A=11(二进制数为:1011)、B=5(二进制数为:0101)。作为第一级的比较器 CMP0,其 LG_IN、EQ_IN 和 SM_IN 显然应分别设为 0、1、0。比较过程的中间结果如图 3.2.8 所示。

由该例子可知,理论上用全比较器可以组成任意宽度的数据比较器。

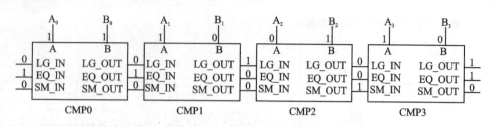

图3.2.8 由全比较器组成的4位数据比较器

3.2.6 4位数据比较器的Verilog-HDL描述

1. 功能的描述(方式一)

【例3.2.4】 4位数据比较器(exp3-2-04.v)

```
/*    4 bit COMPARATOR    */
module  COMP  ( A, B, LG_OUT, EQ_OUT, SM_OUT );
                              //模块名COMP及端口参数定义,范围至endmodule
    input     [3:0] A, B;            //输入端口定义
    output    LG_OUT, EQ_OUT, SM_OUT;  //输出端口定义
    wire      [2:0] LG, EQ, SM;      //线网定义
    FULL_COMP   COMP0    ( A[0], B[0], 1'b0, 1'b1, 1'b0,
                           LG[0], EQ[0], SM[0] ),
                COMP1    ( A[1], B[1], LG[0], EQ[0], SM[0],
                           LG[1], EQ[1], SM[1] ),
                COMP2    ( A[2], B[2], LG[1], EQ[1], SM[1],
                           LG[2], EQ[2], SM[2] ),
                COMP3    ( A[3], B[3], LG[2], EQ[2], SM[2],
                           LG_OUT, EQ_OUT, SM_OUT );
              //4个模块实例语句,实现在模块COMP中4次引用模块FULL_COMP
endmodule                           //模块COMP结束
/*    FULL COMPARATOR    */
module  FULL_COMP  ( A, B, LG_IN, EQ_IN, SM_IN, LG_OUT, EQ_OUT, SM_OUT );
                     //模块名FULL_COMP及端口参数定义,范围至endmodule
    input    A, B;                      //输入端口定义
    input    LG_IN, EQ_IN, SM_IN;       //输入端口定义
    output   LG_OUT, EQ_OUT, SM_OUT;    //输出端口定义
    assign   { LG_OUT, EQ_OUT, SM_OUT }
              = FUNC_COMP ( A, B, LG_IN, EQ_IN, SM_IN );
                              //assign语句,实现function函数调用
    function  [2:0] FUNC_COMP;    //function函数及函数名,至endfunction为止
        input   A, B;                   //端口定义
```

```verilog
        input  LG_IN, EQ_IN, SM_IN;         //端口定义
        if ( A > B )                         //if-else 语句,其作用是根据指定的判断条
                                             //件是否满足,来确定下一步要执行的操作
            FUNC_COMP = 3'b100;              //如果 A > B,则 FUNC_COMP = 3'b100
        else if ( A < B )
            FUNC_COMP = 3'b001;              //如果 A < B,则 FUNC_COMP = 3'b001
        else if ( LG_IN )
            FUNC_COMP = 3'b100;
                                             //如果 A = B 且 LG_IN = 1,则 FUNC_COMP = 3'b100
        else if ( SM_IN )
            FUNC_COMP = 3'b001;
                                             //如果 A = B 且 SM_IN = 1,则 FUNC_COMP = 3'b001
        else  FUNC_COMP = 3'b010;
                                             //除上述情况外,FUNC_COMP = 3'b010
    endfunction                              //function 函数结束
endmodule                                    //模块 FULL_COMP 结束
```

2. 功能的描述(方式二)

【例 3.2.5】 4 位数据比较器(exp3-2-05.v)

```verilog
/*    4 bit COMPARATOR     */
module  COMP  ( A, B, LG, EQ, SM );     //模块名 COMP 及端口参数定义,范围至 endmodule
   input    [3:0] A, B;                 //输入端口定义
   output   LG, EQ, SM;                 //输出端口定义
   assign   {LG, EQ, SM} = FUNC_COMP (A, B);  //用 assign 语句,实现 function 函数调用
   function [2:0] FUNC_COMP;            //function 函数及函数名,至 endfunction 为止
      input [3:0] A, B;                 //端口定义
      if ( A > B )                      //if-else 语句,其作用是根据指定的判断条
                                        //件是否满足,来确定下一步要执行的操作
         FUNC_COMP = 3'b100;            //如果 A > B,则 FUNC_COMP = 3'b100
      else if ( A < B )
         FUNC_COMP = 3'b001;            //如果 A < B,则 FUNC_COMP = 3'b001
      else
         FUNC_COMP = 3'b010;            //如果 A = B,则 FUNC_COMP = 3'b010
   endfunction                          //function 函数结束
endmodule                               //模块 COMP 结束
```

3. 顶层模块

【例 3.2.6】 4 位数据比较器的顶层模块(exp3-2-06.v)

```verilog
/*    4 bit COMPARATOR_TEST     */
```

第3章 组合逻辑电路

```
`timescale   1ns/1ns                        //将仿真时延单位和时延精度都设定为 1 ns
module       COMP_TEST;                     //测试模块名 COMP_TEST,范围至 endmodule
   reg       [3:0] A, B;                    //寄存器类型定义,输入端口定义
   wire      LG, EQ, SM;                    //线网类型定义,输出端口定义
   COMP      COMP (A,B,LG,EQ,SM);           //底层模块名,实例名及参数定义
   always #50       A = A + 1;              //每隔50 ns,A 翻转一次
   initial   begin                          //从 initial 开始,输入信号波形变化
             A = 0; B = 4'b0110;            //参数初始化
             #800    $finish;               //800 ns 后,仿真结束
   end                                      //与 begin 呼应
endmodule                                   //模块 COMP_TEST 结束
```

3.2.7 4位数据比较器的逻辑仿真结果

4位数据比较器的仿真结果如图 3.2.9 所示。

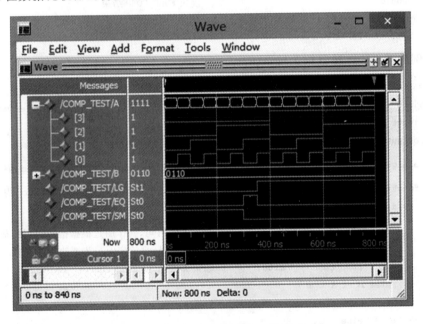

图 3.2.9 4位数据比较器的逻辑仿真结果

由图 3.2.9 所示的仿真结果可知它与设计所期望的结果完全吻合。例如:当 326 ns 时,A 的值为 0110,B 的值为 0110,依据设计应得 A=B。观察波形可知, LG=0,EQ=1,SM=0,即由 EQ=1 可知 A=B。

3.3 编码器

在数字系统中,经常需要将特定意义的信息编成若干二进制代码,这个过程称为编码。实现编码的数字电路称为编码器。

3.3.1 2位二进制编码器

一个2位二进制编码器的逻辑符号如图3.3.1所示。

二进制编码器有4个输入端,即IN_0、IN_1、IN_2和IN_3,2个输出端Y_0和Y_1。在此,设图中的4个开关在同一时刻只有一个闭合,并规定开关处于打开状态时,对应的输入为逻辑"0",闭合时为逻辑"1"。

上述2位二进制编码器的真值表如表3.3.1所列。

表3.3.1 2位二进制编码器的真值表

输		入		输	出
IN_3	IN_2	IN_1	IN_0	Y_1	Y_0
0	0	0	1	0	0
0	0	1	0	0	1
0	1	0	0	1	0
1	0	0	0	1	1

由此可知其逻辑表达式为

$$Y_0 = IN_1 + IN_3 \tag{3.3.1}$$

$$Y_1 = IN_2 + IN_3 \tag{3.3.2}$$

由逻辑关系式(3.3.1)和式(3.3.2)便可以很容易地画出逻辑电路图,如图3.3.2所示。由逻辑电路图可知,当Y_0和Y_1均为逻辑"0"时,与输入IN_0没有任何关系。因此,当4个开关都打开时,输出Y_0和Y_1也都为逻辑"0"。这在实际应用问题中是需要考虑的,但在此不作进一步讨论。

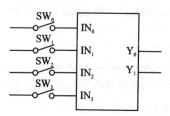

图3.3.1 2位二进制编码器的逻辑符号

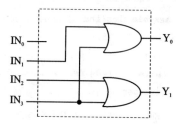

图3.3.2 2位二进制编码器的逻辑电路图

3.3.2 2位二进制编码器的 Verilog-HDL 描述

1. 2位二进制编码器描述

【例3.3.1】 2位二进制编码器(exp3-3-01.v)

```
/*    Data Difinision    */
'define    SW_IN0    4'b0001        //编译时,将 SW_IN0 转换为 4 bit 的二进制数 0001
'define    SW_IN1    4'b0010        //编译时,将 SW_IN1 转换为 4 bit 的二进制数 0010
'define    SW_IN2    4'b0100        //编译时,将 SW_IN2 转换为 4 bit 的二进制数 0100
'define    SW_IN3    4'b1000        //编译时,将 SW_IN3 转换为 4 bit 的二进制数 1000
/*    ENCORDER    */
module  ENC  ( IN, Y );             //模块名 ENC 及端口参数定义,范围至 endmodule
    input     [3:0]     IN;         //输入端口定义
    output    [1:0]     Y;          //输出端口定义
    assign    Y = FUNC_ENC ( IN );  //assign 语句,实现 function 函数调用
    function  [1:0] FUNC_ENC;       //function 函数及函数名,至 endfunction 为止
        input    [3:0] IN;          //端口定义
        case ( IN )                 //case 语句,至 endcase 为止
            'SW_IN0: FUNC_ENC = 0;  //当 IN = SW_IN0 时,返回 0
            'SW_IN1: FUNC_ENC = 1;  //当 IN = SW_IN1 时,返回 1
            'SW_IN2: FUNC_ENC = 2;  //当 IN = SW_IN2 时,返回 2
            'SW_IN3: FUNC_ENC = 3;  //当 IN = SW_IN3 时,返回 3
        endcase                     //case 语句结束
    endfunction                     //function 函数结束
endmodule                           //模块 ENC 结束
```

2. 2位二进制编码器的顶层模块

【例3.3.2】 2位二进制编码器的顶层模块(exp3-3-02.v)

```
/*    ENCORDER_TEST    */
'timescale 1ns/1ns                  //将仿真时延单位和时延精度都设定为 1 ns
module  ENC_TEST;                   //测试模块名 ENC_TEST,范围至 endmodule
    reg    [3:0] IN;                //寄存器类型定义,输入端口定义
    wire   [1:0] Y;                 //线网类型定义,输出端口定义
    integer i, j;                   //定义 i,j 为抽象型整型数
    ENC   ENC   ( IN, Y );          //底层模块名,实例名及参数定义
    initial   begin                 //从 initial 开始,输入信号波形变化
        j = {2'b10, 2'b00, 1'b1};   //位拼接运算,表明 j 由 10、00 和 1 拼接而成
        for(i = 0; i <= 3; i = i + 1)  //for 语句,在 begin 与 end 之间
```

```
            begin                       //begin 与"$finish"前的 end 呼应
                j=j>>1;                 //右移 1 位
                IN = j[3:0];            //将 j 的低 4 位赋值给 IN
                #200;                   //经过 200 ns
            end                         //与"for 语句"后的 begin 呼应
        $finish;                        //仿真结束
    end                                 //与"initial"后的 begin 呼应
endmodule                               //模块 ENC_TEST 结束
```

3.3.3　2 位二进制编码器的逻辑仿真结果

2 位二进制编码器的逻辑仿真结果如图 3.3.3 所示。

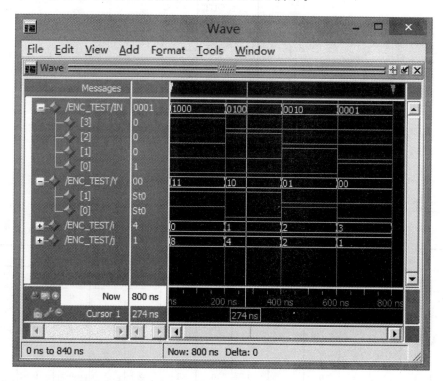

图 3.3.3　2 位二进制编码器的逻辑仿真结果

在图 3.3.3 中,IN 表示编码器的输入,Y 表示输出。通过观察,可以得到仿真结果和前述设计的 2 位二进制编码器完全一致,即当 IN 为"1000、0100、0010、0001"时,Y 对应为"11、10、01、00"。

3.4 译码器

译码是编码的逆过程,实现译码的逻辑电路称为译码器。

3.4.1 BCD 码译码器

一个 BCD 码译码器的逻辑符号如图 3.4.1 所示,其输入为一组 BCD 代码。输入端的 IN_0 表示最低位,IN_3 表示最高位;输出端的 OUT_0 表示最低位,OUT_9 表示最高位。

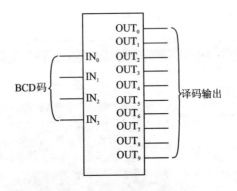

图 3.4.1 BCD 码译码器的逻辑符号

上述 BCD 码译码器的真值如表 3.4.1 所列。

表 3.4.1 BCD 码译码器的真值表

输入				输出									
IN_3	IN_2	IN_1	IN_0	OUT_9	OUT_8	OUT_7	OUT_6	OUT_5	OUT_4	OUT_3	OUT_2	OUT_1	OUT_0
0	0	0	0	0	0	0	0	0	0	0	0	0	1
0	0	0	1	0	0	0	0	0	0	0	0	1	0
0	0	1	0	0	0	0	0	0	0	0	1	0	0
0	0	1	1	0	0	0	0	0	0	1	0	0	0
0	1	0	0	0	0	0	0	0	1	0	0	0	0
0	1	0	1	0	0	0	0	1	0	0	0	0	0
0	1	1	0	0	0	0	1	0	0	0	0	0	0
0	1	1	1	0	0	1	0	0	0	0	0	0	0
1	0	0	0	0	1	0	0	0	0	0	0	0	0
1	0	0	1	1	0	0	0	0	0	0	0	0	0
1	0	1	0	ϕ	ϕ	ϕ	ϕ	ϕ	ϕ	ϕ	ϕ	ϕ	ϕ
1	0	1	1	ϕ	ϕ	ϕ	ϕ	ϕ	ϕ	ϕ	ϕ	ϕ	ϕ
1	1	0	0	ϕ	ϕ	ϕ	ϕ	ϕ	ϕ	ϕ	ϕ	ϕ	ϕ
1	1	0	1	ϕ	ϕ	ϕ	ϕ	ϕ	ϕ	ϕ	ϕ	ϕ	ϕ
1	1	1	0	ϕ	ϕ	ϕ	ϕ	ϕ	ϕ	ϕ	ϕ	ϕ	ϕ
1	1	1	1	ϕ	ϕ	ϕ	ϕ	ϕ	ϕ	ϕ	ϕ	ϕ	ϕ

由真值表可知,各输出的逻辑表达式为

$$\left.\begin{aligned}
\mathrm{OUT}_0 &= \overline{\mathrm{IN}}_3 \cdot \overline{\mathrm{IN}}_2 \cdot \overline{\mathrm{IN}}_1 \cdot \overline{\mathrm{IN}}_0 \\
\mathrm{OUT}_1 &= \overline{\mathrm{IN}}_3 \cdot \overline{\mathrm{IN}}_2 \cdot \overline{\mathrm{IN}}_1 \cdot \mathrm{IN}_0 \\
\mathrm{OUT}_2 &= \overline{\mathrm{IN}}_3 \cdot \overline{\mathrm{IN}}_2 \cdot \mathrm{IN}_1 \cdot \overline{\mathrm{IN}}_0 \\
\mathrm{OUT}_3 &= \overline{\mathrm{IN}}_3 \cdot \overline{\mathrm{IN}}_2 \cdot \mathrm{IN}_1 \cdot \mathrm{IN}_0 \\
\mathrm{OUT}_4 &= \overline{\mathrm{IN}}_3 \cdot \mathrm{IN}_2 \cdot \overline{\mathrm{IN}}_1 \cdot \overline{\mathrm{IN}}_0 \\
\mathrm{OUT}_5 &= \overline{\mathrm{IN}}_3 \cdot \mathrm{IN}_2 \cdot \overline{\mathrm{IN}}_1 \cdot \mathrm{IN}_0 \\
\mathrm{OUT}_6 &= \overline{\mathrm{IN}}_3 \cdot \mathrm{IN}_2 \cdot \mathrm{IN}_1 \cdot \overline{\mathrm{IN}}_0 \\
\mathrm{OUT}_7 &= \overline{\mathrm{IN}}_3 \cdot \mathrm{IN}_2 \cdot \mathrm{IN}_1 \cdot \mathrm{IN}_0 \\
\mathrm{OUT}_8 &= \mathrm{IN}_3 \cdot \overline{\mathrm{IN}}_2 \cdot \overline{\mathrm{IN}}_1 \cdot \overline{\mathrm{IN}}_0 \\
\mathrm{OUT}_9 &= \mathrm{IN}_3 \cdot \overline{\mathrm{IN}}_2 \cdot \overline{\mathrm{IN}}_1 \cdot \mathrm{IN}_0
\end{aligned}\right\} \quad (3.4.1)$$

由式(3.4.1)即可画出逻辑电路图,如图3.4.2所示。

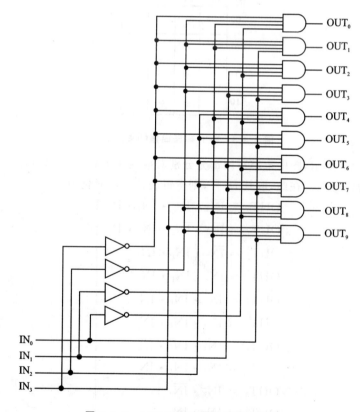

图 3.4.2　BCD 码译码器的逻辑电路图

3.4.2 非完全描述的逻辑函数和逻辑表达式的简化

逻辑问题可以分为完全描述和非完全描述两种。如果对应于逻辑变量的每一种取值组合，逻辑函数都有定义，即逻辑函数都有一个确定的值"1"或"0"，那么它就是一个完全描述的逻辑函数。如果对应于输入变量的某些取值组合，逻辑函数的值未做规定，即函数值既可以是"1"，也可以是"0"，那么这种函数就是非完全描述的逻辑函数或称未完全规定的逻辑函数。

表 3.4.1 中的输入变量为 1010～1111 时，未对输出变量做规定。因此，它是一组非完全描述的逻辑函数。实际问题中，在图 3.4.3 的输入变量为 1010～1111 的情况下，即使假设输出都为"1"，对输出 $OUT_0 \sim OUT_9$ 也无任何影响，因此，可以对逻辑电路进行简化。

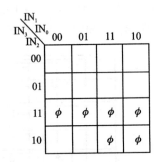

图 3.4.3 BCD 码译码器的卡诺图

如图 3.4.3 所示，图中未填写的部分分别对应输出 $OUT_0 \sim OUT_9$。ϕ 表示可取任意值，称为任意项。在此，取其为"1"，则逻辑表达式可简化为

$$\left.\begin{aligned}
OUT_0 &= \overline{IN_3} \cdot \overline{IN_2} \cdot \overline{IN_1} \cdot \overline{IN_0} \\
OUT_1 &= \overline{IN_3} \cdot \overline{IN_2} \cdot \overline{IN_1} \cdot IN_0 \\
OUT_2 &= \overline{IN_2} \cdot IN_1 \cdot \overline{IN_0} \\
OUT_3 &= \overline{IN_2} \cdot IN_1 \cdot IN_0 \\
OUT_4 &= IN_2 \cdot \overline{IN_1} \cdot \overline{IN_0} \\
OUT_5 &= IN_2 \cdot \overline{IN_1} \cdot IN_0 \\
OUT_6 &= IN_2 \cdot IN_1 \cdot \overline{IN_0} \\
OUT_7 &= IN_2 \cdot IN_1 \cdot IN_0 \\
OUT_8 &= IN_3 \cdot \overline{IN_0} \\
OUT_9 &= IN_3 \cdot IN_0
\end{aligned}\right\} \quad (3.4.2)$$

由此而得到简化的逻辑电路图，如图 3.4.4 所示。

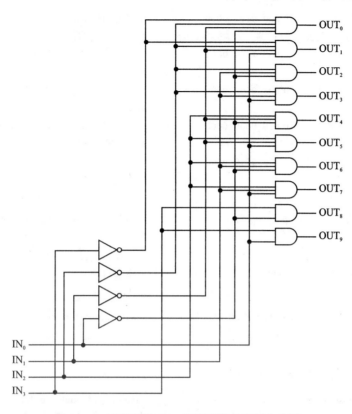

图 3.4.4 简化后的 BCD 码译码器的逻辑电路图

3.4.3 BCD 码译码器的 Verilog-HDL 描述

1. BCD 码译码器的描述

【例 3.4.1】 BCD 码译码器(exp3-4-01.v)

```
`define  OUT_0   10'b00_0000_0001    //编译时,将 OUT0 转换为 10 bit 的二进制
                                     //数 00_0000_0001
`define  OUT_1   10'b00_0000_0010    //编译时,将 OUT1 转换为 10 bit 的二进制
                                     //数 00_0000_0010
`define  OUT_2   10'b00_0000_0100    //编译时,将 OUT2 转换为 10 bit 的二进制
                                     //数 00_0000_0100
`define  OUT_3   10'b00_0000_1000    //编译时,将 OUT3 转换为 10 bit 的二进制
                                     //数 00_0000_1000
`define  OUT_4   10'b00_0001_0000    //编译时,将 OUT4 转换为 10 bit 的二进制
                                     //数 00_0001_0000
`define  OUT_5   10'b00_0010_0000    //编译时,将 OUT5 转换为 10 bit 的二进制
                                     //数 00_0010_0000
```

第 3 章 组合逻辑电路

```verilog
`define OUT_6    10'b00_0100_0000   //编译时,将 OUT6 转换为 10 bit 的二进制
                                    //数 00_0100_0000
`define OUT_7    10'b00_1000_0000   //编译时,将 OUT7 转换为 10 bit 的二进制
                                    //数 00_1000_0000
`define OUT_8    10'b01_0000_0000   //编译时,将 OUT8 转换为 10 bit 的二进制
                                    //数 01_0000_0000
`define OUT_9    10'b10_0000_0000   //编译时,将 OUT9 转换为 10 bit 的二进制
                                    //数 10_0000_0000
`define OUT_ERR  10'b00_0000_0000   //编译时,将 OUT_ERR 转换为 10 bit 的二进
                                    //制数 00_0000_0000
/*      DECORDER     */
module DEC ( IN, OUT, ERR );        //模块名 DEC 及端口参数定义,范围至 endmodule 为止
    input  [3:0] IN;                //输入端口定义
    output [9:0] OUT;               //输出端口定义
    output ERR;                     //输出端口定义
    assign {ERR, OUT} = FUNC_DEC(IN); //assign 语句,实现 function 函数调用
    function [10:0] FUNC_DEC;       //function 函数及函数名,至 endfunction 为止
        input [3:0] IN;             //端口定义
        case ( IN )                 //case 语句,至 endcase 为止
          0:FUNC_DEC = { 1'b0, `OUT_0 }; //当 IN = 0 时,ERR 返回 0,OUT 返回 OUT_0
          1:FUNC_DEC = { 1'b0, `OUT_1 }; //当 IN = 1 时,ERR 返回 0,OUT 返回 OUT_1
          2:FUNC_DEC = { 1'b0, `OUT_2 }; //当 IN = 2 时,ERR 返回 0,OUT 返回 OUT_2
          3:FUNC_DEC = { 1'b0, `OUT_3 }; //当 IN = 3 时,ERR 返回 0,OUT 返回 OUT_3
          4:FUNC_DEC = { 1'b0, `OUT_4 }; //当 IN = 4 时,ERR 返回 0,OUT 返回 OUT_4
          5:FUNC_DEC = { 1'b0, `OUT_5 }; //当 IN = 5 时,ERR 返回 0,OUT 返回 OUT_5
          6:FUNC_DEC = { 1'b0, `OUT_6 }; //当 IN = 6 时,ERR 返回 0,OUT 返回 OUT_6
          7:FUNC_DEC = { 1'b0, `OUT_7 }; //当 IN = 7 时,ERR 返回 0,OUT 返回 OUT_7
          8:FUNC_DEC = { 1'b0, `OUT_8 }; //当 IN = 8 时,ERR 返回 0,OUT 返回 OUT_8
          9:FUNC_DEC = { 1'b0, `OUT_9 }; //当 IN = 9 时,ERR 返回 0,OUT 返回 OUT_9
          default:FUNC_DEC = { 1'b1, `OUT_ERR };
          //实现功能:除上述情况外,ERR 返回 1,OUT 返回 OUT_ERR
        endcase                     //case 语句结束
    endfunction                     //function 函数结束
endmodule                           //模块 DEC 结束
```

2. BCD 码译码器的顶层模块

【例 3.4.2】 BCD 码译码器的顶层模块(exp3 - 4 - 02.v)

```verilog
/*         DECORDER_TEST      */
```

```
`timescale 1ns/1ns                    //将仿真时延单位和时延精度都设定为 1 ns
module   DEC_TEST;                    //测试模块名 DEC_TEST,范围至 endmodule
    reg    [3:0]  IN;                 //寄存器类型定义,输入端口定义
    wire   [9:0]  OUT;                //线网类型定义,输出端口定义
    wire   ERR;                       //线网类型定义,输出端口定义
    integer i;                        //定义 i 为抽象型整型数
    DEC    DEC    ( IN, OUT, ERR );   //底层模块名,实例名及参数定义
    initial  begin                    //从 initial 开始,输入信号波形变化
        IN = 0;                       //参数初始化
        for(i=0;i<=15;i=i+1)          //for 语句,在 begin 与 end 之间
            #50   IN = IN + 1;        //每隔 50 ns,IN 反向一次
    end                               //与 begin 呼应
endmodule                             //模块 DEC_TEST 结束
```

3.4.4 BCD 码译码器的逻辑仿真结果

BCD 码译码器的逻辑仿真结果如图 3.4.5 所示。

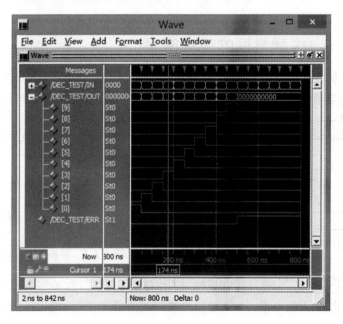

图 3.4.5 BCD 码译码器的逻辑仿真结果

在图 3.4.5 中,IN 表示输入,OUT 表示输出,ERR 为标志位。通过观察仿真结果可以看到,当 ERR=0 时,译码器进行工作,输入和输出的对应状态与表 3.4.1 所列的 BCD 码译码器的真值表完全相同;当 ERR=1 时,译码器输出的结果为 0。

第 4 章

触发器

在第 3 章中,已经介绍了组合逻辑电路。组合逻辑电路的特点是:在任意时刻,电路产生的稳定输出仅与当前时刻的输入有关。而本章及第 5 章所讨论的是时序逻辑电路,其特点是:在任意时刻电路产生的稳定输出不仅与当前时刻的输入有关,而且还与电路过去的输入有关。时序逻辑电路的基本单元电路是触发器。本章将讨论几种常见的触发器。

4.1 异步 RS 触发器

4.1.1 异步 RS 触发器的逻辑符号

异步 RS 触发器可以用与门组成,也可以用或门组成。用或门组成的异步 RS 触发器的逻辑电路图如图 4.1.1 所示,异步 RS 触发器的逻辑符号如图 4.1.2 所示。

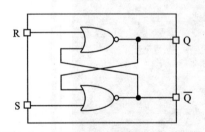

图 4.1.1 用或门组成的异步 RS 触发器的逻辑电路图

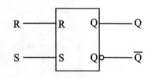

图 4.1.2 异步 RS 触发器的逻辑符号

当 R 端为低电平、S 端为高电平时,输出 Q 为高电平;当 S 端为低电平、R 端为高电平时,输出 Q 为低电平;当 R 端和 S 端同时为低电平时,输出不变;同时为高电平时,输出不确定。

因此,这种触发器不允许给 R 端和 S 端同时加高电平。设 Q_n 和 $\overline{Q}_n$ 为现态,Q_{n+1} 和 $\overline{Q}_{n+1}$ 为次态,其真值表如表 4.1.1 所列。

表 4.1.1 异步 RS 触发器的真值表

输入		输出	
R	S	Q_{n+1}	$\overline{Q}_{n+1}$
0	0	Q_n	$\overline{Q}_n$
0	1	1	0
1	0	0	1
1	1	—	—

4.1.2 异步 RS 触发器的 Verilog-HDL 描述

1. 门级描述方式

【例 4.1.1】 异步 RS 触发器的门级描述方式(exp4-1-01.v)

```
/*    RS_FF    */
module RS_FF   ( R, S, Q, QB );      //模块名 RS_FF 及端口参数定义,范围至 endmodule
    input    R, S;                   //输入端口定义
    output   Q, QB;                  //输出端口定义
    nor    (Q,R,QB);                 //门实例语句,实现输出为 Q,输入为 R 和 QB 的二输入或非门
    nor    (QB,S,Q);                 //门实例语句,实现输出为 QB,输入为 S 和 Q 的二输入或非门
endmodule                            //模块 RS_FF 结束
```

2. 行为描述方式

【例 4.1.2】 异步 RS 触发器的行为描述方式(exp4-1-02.v)

```
/*    RS_FF    */
module    RS_FF    (R,S,Q,QB);       //模块名 RS_FF 及端口参数定义,范围至 endmodule
   input    R, S;                    //输入端口定义
   output   Q, QB;                   //输出端口定义
   reg      Q, QB;                   //寄存器定义
   always  @ (R or S)                //always 语句,当 R 或 S 中有一个发生变化时,执行
                                     //以下语句
     case ({R,S})                    //case 语句,至 endcase 为止
       0:begin Q<=Q;QB<=QB; end
                                     //当 R、S 的组合为 00 时,则触发器保持原有状态不变
       1:begin Q<=1; QB<=0; end      //当 R、S 的组合为 01 时,则触发器为置位状态
       2:begin Q<=0;QB<=1; end       //当 R、S 的组合为 10 时,则触发器为复位状态
       3:begin Q<=1'bx; QB<=1'bx; end
                                     //当 R、S 的组合为 11 时,则触发器的状态不确定
     endcase                         //case 语句结束
```

第 4 章 触发器

endmodule   //模块 RS_FF 结束

【例 4.1.3】 异步 RS 触发器的顶层模块(exp4-1-03.v)

```
/*      RS_FF_TEST        */
'timescale    1ns/1ns              //将仿真时延单位和时延精度都设定为 1 ns
module  RS_FF_TEST;                //测试模块名 RS_FF_TEST,范围至 endmodule
  reg   R, S;                      //寄存器类型定义,输入端口定义
  wire  Q, QB;                     //线网类型定义,输出端口定义
  parameter   STEP = 200;          //定义 STEP 为 200,其后,凡 STEP 均视为 200
  RS_FF    RS_FF    ( R, S, Q, QB );   //底层模块名,实例名及参数定义
  initial  begin                   //从 initial 开始,输入信号波形变化
     R = 0; S = 0;                 //参数初始化
     #(STEP)   S = 1;              //200 ns 后,S = 1,R 保持不变,即 R = 0
     #(STEP)   S = 0;              //200 ns 后,S = 0,R 保持不变,即 R = 0
     #(STEP)   R = 1;              //200 ns 后,R = 1,S 保持不变,即 S = 0
     #(STEP)   R = 0;              //200 ns 后,R = 0,S 保持不变,即 S = 0
     #(STEP)   S = 1; R = 1;       //200 ns 后,S = 1,R = 1
     #(STEP)   $finish;            //200 ns 后,仿真结束
  end                              //与 begin 呼应
endmodule                          //模块 RS_FF_TEST 结束
```

4.1.3 异步 RS 触发器的逻辑仿真结果

异步 RS 触发器的逻辑仿真结果如图 4.1.3 所示。

从图 4.1.3 中可以看出,当 R 端与 S 端同时为高电平时,即当 t 为 1 μs～1 200 ns

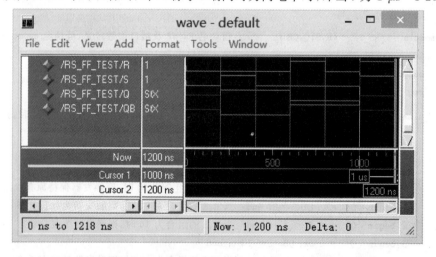

图 4.1.3 异步 RS 触发器的逻辑仿真结果

时,输出为不确定值。因此,图 4.1.2 所示的异步 RS 触发器不可使 R 端和 S 端同时为高电平。

4.1.4　always 块语句的使用方法

在例 4.1.2 中用到了 always 块语句。always 块内的语句是不断重复执行的,其表达方式如下:

always@(＜敏感信号表达式 event – expression＞)

敏感信号表达式又称事件表达式或敏感表。每当表达式的值改变时,都会执行一次块内的语句。因此,在敏感信号表达式中应列出影响块内取值的所有信号。若有多个信号,可用"**or**"连接。如在例 4.1.2 中,有"**always** @ (R or S)"语句,它表示当 R 或 S 中有一个发生变化时,则会执行 **case** 之后的语句。

4.2　同步 RS 触发器

4.2.1　同步 RS 触发器的逻辑符号

与异步 RS 触发器不同,同步 RS 触发器有一个时钟端 CLK。只有在时钟端的信号电平发生上升(正触发)或下降(负触发)时,触发器的输出才发生变化。图 4.2.1 为正触发型同步 RS 触发器的逻辑符号。

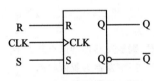

图 4.2.1　正触发型同步 RS 触发器的逻辑符号

图 4.2.1 中,R 和 S 为输入端,CLK 为时钟端,Q 和 $\overline{Q}$ 是互为反相的输出端。图 4.2.1 与图 4.1.2 的不同之处是多了一个时钟输入端 CLK;另外,R 端和 S 端均为正逻辑有效。CLK 端的三角表示在时钟脉冲的上升沿到来时电路才动作,即上升沿触发。图 4.2.2 为正触发型同步 RS 触发器的时序图。

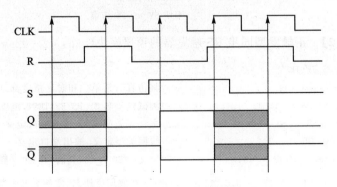

图 4.2.2　正触发型同步 RS 触发器的时序图

从图4.2.2中可以看出,只有当时钟脉冲CLK的上升沿到来时,电路的输出状态才有可能发生变化,而变化与否又取决于R端和S端。当R端和S端均为低电平时,输出保持电路原有状态(在图4.2.2中,原有状态为"不定");当R端和S端分别为高电平和低电平时,输出Q为低电平;当R端和S端分别为低电平和高电平时,输出Q为高电平;当R端和S端均为高电平时,输出为"不定"。在实际应用中,应避免这种R端和S端均为高电平的情况出现。

有时需要有负触发型的同步RS触发器,这种功能的逻辑符号如图4.2.3所示,与图4.2.1相比,它只是在CLK处多了一个圆圈。

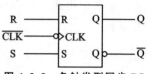

图4.2.3 负触发型同步RS触发器的逻辑符号

4.2.2 同步RS触发器的Verilog-HDL描述

【例4.2.1】 正触发型同步RS触发器的Verilog-HDL描述(exp4-2-01.v)

```
/*      SY_RS_FF       */
module  SY_RS_FF   ( R, S, CLK, Q, QB );
                               //模块名SY_RS_FF及端口参数定义,范围至endmodule
    input      R, S, CLK;      //输入端口定义
    output     Q, QB;          //输出端口定义
    reg        Q;              //寄存器定义
    assign     QB = ~Q;        //assign语句,实现功能:QB=Q̄
    always     @( posedge CLK )  //always语句,当CLK的上升沿到来时,执行以下语句
        case ({R,S})           //case语句,至endcase为止
            0: Q <= 0;         //当R、S的组合为00时,则触发器保持原有状态不变
            1: Q <= 1;         //当R、S的组合为01时,则触发器为置位状态
            2: Q <= 0;         //当R、S的组合为10时,则触发器为复位状态
            3: Q <= 1'bx;      //当R、S的组合为11时,则触发器的状态不确定
        endcase                //case语句结束
endmodule                      //模块SY_RS_FF结束
```

【例4.2.2】 正触发型同步RS触发器的顶层模块(exp4-2-02.v)

```
/*      SY_RS_FF_TEST       */
`timescale   1ns/1ns           //将仿真时延单位和时延精度都设定为1 ns
module   SY_RS_FF_TEST;        //测试模块名SY_RS_FF_TEST,范围至endmodule
    reg      R, S, CLK;        //寄存器类型定义,输入端口定义
    wire     Q, QB;            //线网类型定义,输出端口定义
    parameter    STEP = 40;    //定义STEP为40,其后,凡STEP都视为40
    SY_RS_FF   SY_RS_FF  (R,S,CLK,Q,QB);  //底层模块名,实例名及参数定义
    always      #( STEP/2 ) CLK = ~CLK;   //每隔20 ns,CLK就翻转一次
```

```
    initial  begin                       //从 initial 开始,输入信号波形变化
        CLK = 1; R = 0; S = 0;           //参数初始化
        #( STEP - 10 )     R = 1;        //30 ns 后,R = 1,S 保持不变,即 S = 0
        #( STEP )          R = 0;        //40 ns 后,R = 0,S 保持不变,即 S = 0
        #( 2 * STEP - 30 ) S = 1;        //50 ns 后,S = 1,R 保持不变,即 R = 0
        #( STEP - 20 )     R = 1;        //20 ns 后,R = 1,S 保持不变,即 S = 1
        #( 2 * STEP - 10 ) $finish;      //70 ns 后,仿真结束
    end                                  //与 begin 呼应
endmodule                                //模块 SY_RS_FF_TEST 结束
```

4.2.3 同步 RS 触发器的逻辑仿真结果

同步 RS 触发器的逻辑仿真结果如图 4.2.4 所示。

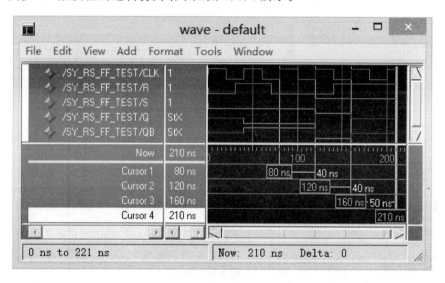

图 4.2.4 同步 RS 触发器的逻辑仿真结果

由图 4.2.4 可以看出,当 R 端和 S 端均为相同电平时,即当 t 为 80～120 ns 和 160～210 ns 时,输出波形为"不变"和"不定"。

4.3 异步 T 触发器

4.3.1 异步 T 触发器的逻辑符号

异步 T 触发器的逻辑符号如图 4.3.1 所示。

异步 T 触发器的逻辑功能是:当 T 由"0"变为"1"时,触发器翻转;而当 T 由"1"变为"0"时,触发器的状态保持不变。该触发器的 T 为 Toggle(翻转)或 Trigger(触

发器)之意。异步 T 触发器的时序如图 4.3.2 所示。

设 Q_n 为现态，Q_{n+1} 为次态，其真值表如表 4.3.1 所列。

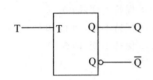

图 4.3.1 异步 T 触发器的逻辑符号

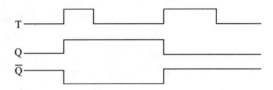

图 4.3.2 异步 T 触发器的时序图

图 4.3.1 所示的异步 T 触发器，其初始状态是不确定的。为此，需要给该触发器增加必要的端子。图 4.3.3 所示的即为带有 R 端的异步 T 触发器。

表 4.3.1 异步 T 触发器的真值表

T	Q_n	Q_{n+1}
0	0	0
0	1	1
1	0	1
1	1	0

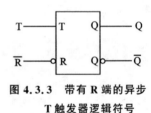

图 4.3.3 带有 R 端的异步 T 触发器逻辑符号

4.3.2 异步 T 触发器的 Verilog-HDL 描述

【例 4.3.1】 异步 T 触发器的 Verilog-HDL 描述(exp4-3-01.v)

```
/*    T_FF    */
module  T_FF  ( R, T, Q, QB );       //模块名 T_FF 及端口参数定义,范围至 endmodule
    input     R, T;                  //输入端口定义
    output    Q, QB;                 //输出端口定义
    reg       Q;                     //寄存器定义
    assign    QB = ~Q;               //assign 语句,实现功能:QB = Q̄
    always    @ ( negedge R or posedge T )
    //always 语句,当 T 的上升沿到来时或者 R 为低电平时,执行以下语句
              Q <= ( !R ) ? 0 : ~Q;  //当 R 为低电平时,Q = 0;当 T 的上升沿到来时,Q = Q̄
endmodule                            //模块 T_FF 结束
```

【例 4.3.2】 异步 T 触发器的顶层模块(exp4-3-02.v)

/*   T_FF_TEST   */

```
`timescale  1ns/1ns              //将仿真时延单位和时延精度都设定为 1 ns
module    T_FF_TEST;              //测试模块名 T_FF_TEST,范围至 endmodule
  reg    R, T;                    //寄存器类型定义,输入端口定义
  wire   Q, QB;                   //线网类型定义,输出端口定义
  parameter  STEP = 150;          //定义 STEP 为 150 其后凡 STEP 都视为 150
  T_FF T_FF  ( R, T, Q, QB );     //底层模块名,实例名及参数定义
  initial   begin                 //从 initial 开始,输入信号波形变化
    R = 1;    T = 0;              //参数初始化
    #( STEP/5 )    R = 0;         //30 ns 后,R = 0
    #( STEP/5 )    R = 1;         //30 ns 后,R = 1
    #( STEP )      T = 1;         //150 ns 后,T = 1
    #( STEP/2 )    T = 0;         //75 ns 后,T = 0
    #( 2 * STEP )  T = 1;         //300 ns 后,T = 1
    #( STEP )      T = 0;         //150 ns 后,T = 0
    #( STEP )      $finish;       //150 ns 后,仿真结束
  end                             //与 begin 呼应
endmodule                         //模块 T_FF_TEST 结束
```

4.3.3 异步 T 触发器的逻辑仿真结果

带有 R 端的异步 T 触发器的逻辑仿真结果如图 4.3.4 所示。

观察图 4.3.4 可知:当 t 为 30 ns 时,R 端的低电平使得触发器清 0,随后,触发

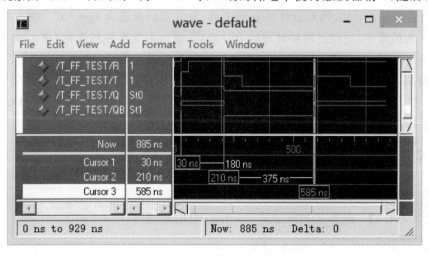

图 4.3.4　异步 T 触发器的逻辑仿真结果

器状态的变化受 T 端脉冲控制,即每当 T 端有脉冲到来时,其上升沿使得触发器状态发生翻转,例如:当 t 为 210 ns 和 585 ns 时。

4.4 同步 T 触发器

4.4.1 同步 T 触发器的逻辑符号

同步 T 触发器的逻辑符号如图 4.4.1 所示。

与异步 T 触发器相比,同步 T 触发器多了一个时钟端,其逻辑功能为:当时钟 CLK 到来时,如果 T="1",则触发器翻转;如果 T="0",则触发器的状态保持不变。R 为复位端,当其为高电平时,输出与输入的时钟无关,即 Q="0"。同步 T 触发器的时序图如图 4.4.2 所示。

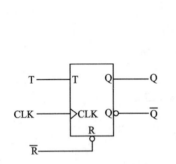
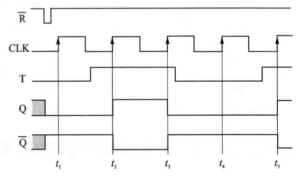

图 4.4.1　同步 T 触发器的逻辑符号　　　图 4.4.2　同步 T 触发器的时序图

由图 4.4.2 可知,当复位脉冲 $\overline{R}$ 到来后,触发器的状态为 Q="0"。在 t_1 时刻,由于 T 为低电平,故经过时钟脉冲的上升沿后,输出不发生任何变化;在 t_2 时刻,由于 T 为高电平,故时钟脉冲上升沿到来时,输出发生状态翻转,即 Q 由"0"变为"1";在 t_3 时刻,由于 T 仍为高电平,故时钟到来时输出状态又发生翻转,即 Q 由"1"变化为"0";在 t_4 时刻,T 为低电平,输出状态保持不变;在 t_5 时刻,T 为高电平,故输出再次发生状态翻转。

4.4.2 同步 T 触发器的 Verilog-HDL 描述

1. 同步 T 触发器的描述

【例 4.4.1】 同步 T 触发器的 Verilog-HDL 描述(exp4-4-01.v)

```
/*      SY_T_FF     */
module  SY_T_FF    (R,T,CLK,Q,QB);
                        //模块名 SY_T_FF 及端口参数定义,范围至 endmodule
```

```verilog
    input     R, T, CLK;            //输入端口定义
    output    Q, QB;                //输出端口定义
    reg       Q;                    //寄存器定义
    assign    QB = ~Q;              //assign 语句,实现功能:QB = Q̄
    always    @ (posedge CLK or negedge R )
                    //always 语句,当 CLK 的上升沿到来时或者 R 为低电平时,执行以下语句
        if (!R)                     //if-else 语句,其作用是根据指定的判断条件是否满
                                    //足,来确定下一步要执行的操作
            Q <= 0;                 //当 R 为低电平时,Q = 0
        else if (T)
            Q <= ~Q;                //当 CLK 的上升沿到来时,如果 T 为高电平,则 Q = Q̄
endmodule                           //模块 SY_T_FF 结束
```

2. 同步 T 触发器的顶层模块

【例 4.4.2】 同步 T 触发器的顶层模块(exp4-4-02.v)

```verilog
/*       SY_T_FF_TEST       */
`timescale 1ns/1ns                  //将仿真时延单位和时延精度都设定为 1 ns
module      SY_T_FF_TEST;           //测试模块名 SY_T_FF_TEST,范围至 endmodule
    reg     R, T, CLK;              //寄存器类型定义,输入端口定义
    wire    Q, QB;                  //线网类型定义,输出端口定义
    parameter    STEP = 100;        //定义 STEP 为 100,其后,凡 STEP 都视为 100
    SY_T_FF  SY_T_FF  ( R, T, CLK, Q, QB );    //底层模块名,实例名及参数定义
    always    #( STEP/2 )  CLK = ~CLK;    //每隔 50 ns,CLK 就翻转一次

    initial  begin                  //从 initial 开始,输入信号波形变化
        CLK = 1; R = 1; T = 0;      //参数初始化
        #(STEP/2)      R = 0;       //50 ns 后,R = 0
        #(STEP/4)      R = 1;       //25 ns 后,R = 1
        #(STEP)        T = 1;       //100 ns 后,T = 1
        #(1.5*STEP)    T = 0;       //150 ns 后,T = 0
        #(1.5*STEP)    T = 1;       //150 ns 后,T = 1
        #(STEP/2)      $finish;     //50 ns 后,仿真结束
    end                             //与 begin 呼应
endmodule                           //模块 SY_T_FF_TEST 结束
```

4.4.3 同步 T 触发器的逻辑仿真结果

同步 T 触发器的逻辑仿真结果如图 4.4.3 所示。

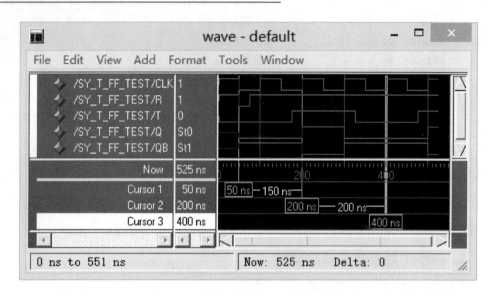

图 4.4.3 同步 T 触发器的逻辑仿真结果

从图 4.4.3 中可以看到,当 t 为 50 ns 时,因为 R="0",所以 Q="0";当 t 分别为 200 ns 和 400 ns 时,因为 R="1",所以 Q 随着 CLK 和 T 的变化而变化,即当 CLK 到来时,若 T="1",则 Q 变化;若 T="0",则 Q 保持原来的状态。

4.5 同步 D 触发器

4.5.1 同步 D 触发器的逻辑符号

同步 D 触发器的逻辑符号如图 4.5.1 所示。

图 4.5.1 中,D 为数据输入端,CLK 为时钟端,Q 为输出端。这种触发器的逻辑功能是:不论触发器原来的状态如何,输入端的数据 D(无论 D="0"还是 D="1")都将由时钟 CLK 的上升沿将其送入触发器,使得 Q=D。其特征方程可描述为 $Q^{n+1}=D^n$。

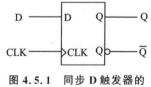

图 4.5.1 同步 D 触发器的逻辑符号

同步 D 触发器的时序如图 4.5.2 所示。

从图 4.5.2 中可以看出:在 t_1 时刻,D 端为低电平,因此在该时刻之后的输出为低电平,一直持续到 t_2 时刻;在 t_2 时刻,D 端为高电平,因此在该时刻之后的输出为高电平,一直持续到 t_3 时刻。以此类推,其真值表如表 4.5.1 所列。

第 4 章 触发器

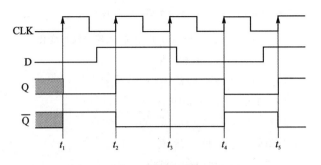

表 4.5.1 同步 D 触发器的真值表

D	Q_n	Q_{n+1}
0	0	0
0	1	0
1	0	1
1	1	1

图 4.5.2 同步 D 触发器的时序图

4.5.2 同步 D 触发器的 Verilog-HDL 描述

1. 同步 D 触发器的描述

【例 4.5.1】同步 D 触发器的 Verilog-HDL 描述(exp4-5-01.v)

```
/*      SY_D_FF      */
module  SY_D_FF    ( D, CLK, Q, QB );
                                //模块名 SY_D_FF 及端口参数定义,范围至 endmodule
    input    D, CLK;            //输入端口定义
    output   Q, QB;             //输出端口定义
    reg      Q;                 //寄存器定义
    assign   QB = ~Q;           //assign 语句,实现功能:QB = Q̄
    always  @( posedge CLK )    //always 语句,当 CLK 的上升沿到来时,执行以下语句
        Q <= D;                 //在 CLK 的上升沿到来时,Q 变化为与 D 相同的状态
endmodule                       //模块 SY_D_FF 结束
```

2. 同步 D 触发器的顶层模块

【例 4.5.2】同步 D 触发器的顶层模块(exp4-5-02.v)

```
/*      SY_D_FF_TEST      */
`timescale   1ns/1ns                //将仿真时延单位和时延精度都设定为 1 ns
module    SY_D_FF_TEST;             //测试模块名 SY_D_FF_TEST,范围至 endmodule
    reg     D, CLK;                 //寄存器类型定义,输入端口定义
    wire    Q, QB;                  //线网类型定义,输出端口定义
    parameter   STEP = 60;          //定义 STEP 为 60,其后凡 STEP 都视为 60
    SY_D_FF   SY_D_FF   (D,CLK,Q,QB);    //底层模块名,实例名及参数定义
```

第4章 触发器

```
    always    #(STEP/2)    CLK = ~CLK;       //每隔30 ns,CLK就翻转一次
    initial   begin                           //从initial开始,输入信号波形变化
        CLK = 0; D = 0;                       //参数初始化
        #(1.5*STEP-10)   D = 1;               //80 ns后,D=1
        #(2*STEP)        D = 0;               //120 ns后,D=0
        #(STEP)          D = 1;               //60 ns后,D=1
        #(STEP/2)        $finish;             //30 ns后,仿真结束
    end                                       //与begin呼应
endmodule                                     //模块SY_D_FF_TEST结束
```

4.5.3 同步D触发器的逻辑仿真结果

同步D触发器的逻辑仿真结果如图4.5.3所示。

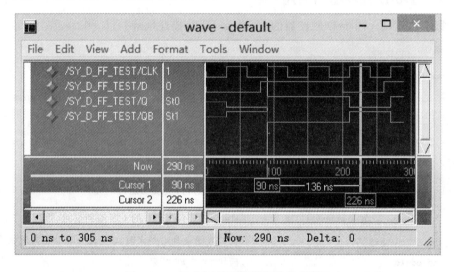

图4.5.3 同步D触发器的逻辑仿真结果

从图4.5.3中可以清楚地看到:当CLK的上升沿到来时,Q就变化为和D相同的状态,例如:$t=90$ ns;当处于上升沿以外的其他时刻时,Q的状态保持不变,例如:$t=226$ ns。

4.6 带有复位端的同步D触发器

4.6.1 带有复位端的同步D触发器的逻辑符号

在同步D触发器的实际应用中,有时需要有一个非同步的复位端。带有复位端

的同步 D 触发器的逻辑符号如图 4.6.1 所示,其时序图如图 4.6.2 所示。

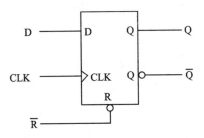

图 4.6.1　带有复位端的同步 D 触发器的逻辑符号

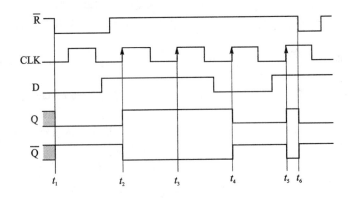

图 4.6.2　带有复位端的同步 D 触发器的时序图

从图 4.6.2 中可以看出,在初始状态下,电路的逻辑处于"不定"状态,复位脉冲的到来将电路初始化为 Q="0"的状态。随后,在 D 端的控制下,电路的状态做相应的翻转。图 4.6.2 中,$t_1 \sim t_6$ 时刻说明了电路的逻辑状态。

4.6.2　带有复位端的同步 D 触发器的 Verilog-HDL 描述

1. 带有复位端的同步 D 触发器的描述

【例 4.6.1】　带有复位端的同步 D 触发器的 Verilog-HDL 描述(exp4-6-01.v)

```
/*      R_SY_D_FF       */
module  R_SY_D_FF   ( RB, D, CLK, Q, QB);
                            //模块名 R_SY_D_FF 及端口参数定义,范围至 endmodule
    input    RB, D, CLK;    //输入端口定义
    output   Q, QB;         //输出端口定义
    reg      Q;             //寄存器定义

    assign   QB = ~Q;       //assign 语句,实现功能:QB = Q̄

    always   @ ( posedge CLK or negedge RB)
```

第4章 触发器

```
                    //always语句,当CLK的上升沿到来时或者RB为低电平时,执行以下语句
        Q <= (!RB)?0:D;            //当RB为低电平时,Q=0;当CLK的上升沿到来时,Q=D
endmodule                          //模块 R_SY_D_FF 结束
```

2. 带有复位端的同步D触发器的顶层模块

【例4.6.2】 带有复位端的同步D触发器的顶层模块(exp4-6-02.v)

```
`timescale  1ns/1ns                     //将仿真时延单位和时延精度都设定为1 ns
module      R_SY_D_FF_TEST;             //测试模块名 R_SY_D_FF_TEST,范围至 endmodule
    reg     RB, D, CLK;                 //寄存器类型定义,输入端口定义
    wire    Q, QB;                      //线网类型定义,输出端口定义
    parameter STEP = 40;                //定义 STEP 为 40,其后凡 STEP 都视为 40

    R_SY_D_FF  R_SY_D_FF  (RB, D, CLK, Q, QB);   //底层模块名,实例名及参数定义

    always #(STEP/2)  CLK = ~CLK;       //每隔20 ns,CLK 就翻转一次

    initial   begin                     //从 initial 开始,输入信号波形变化
        RB = 1; D = 0; CLK = 0;         //参数初始化
        #(STEP/4)     RB = 0;           //10 ns 后,RB = 0
        #(STEP*3/4)   D = 1;            //30 ns 后,D = 1
        #(STEP/4)     RB = 1;           //10 ns 后,RB = 1
        #(2*STEP)     D = 0;            //80 ns 后,D = 0
        #(STEP)       D = 1;            //40 ns 后,D = 1
        #(STEP/2)     RB = 0;           //20 ns 后,RB = 0
        #(STEP/2)     RB = 1;           //20 ns 后,RB = 1
        #(STEP/4)     $finish;          //10 ns 后,仿真结束
    end                                 //与 begin 呼应
endmodule                               //模块 R_SY_D_FF_TEST 结束
```

4.6.3 带有复位端的同步D触发器的逻辑仿真结果

带有复位端的同步D触发器的逻辑仿真结果如图4.6.3所示。

图4.6.3中,RB是复位信号,当RB="0"时,Q="0"。从图中可以看出:在复位信号RB的作用下,Q="0",即 $t=10$ ns;其后,RB="1"。在此状态下,当CLK的上升沿到来时,Q就变化为和D相同的状态,例如: $t=60$ ns;当处于上升沿以外的其他时刻时,Q保持状态不变,例如: $t=153$ ns。

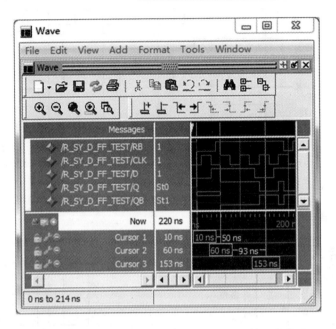

图 4.6.3 带有复位端的同步 D 触发器的逻辑仿真结果

4.7 同步 JK 触发器

4.7.1 同步 JK 触发器的逻辑符号

同步 JK 触发器的逻辑符号如图 4.7.1 所示,其输入端为 J、K 和 CLK,输出端为 Q 和 $\overline{Q}$。

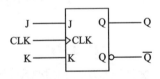

图 4.7.1 同步 JK 触发器的逻辑符号

同步 JK 触发器的时序如图 4.7.2 所示。

图 4.7.2 中,将时钟脉冲的上升沿作为分析的关键点。在 t_1 时刻,J="1",K="0",此时的输出 Q="1";在 t_2 时刻,J="1",K="1",此时的输出 Q 发生翻转;在 t_3 时刻,J="0",K="0",此时的输出不发生变化;在 t_4 时刻,J="0",K="1",此时的输出 Q="0";在 t_5 时刻,J="1",K="0",此时的输出 Q="1"。以上所示的 JK 触发器的真值表如表 4.7.1 所列。

表中 Q_n 表示触发器的现态,Q_{n+1} 表示触发器的次态。由真值表 4.7.1 可画出该触发器的卡诺图,如图 4.7.3 所示。

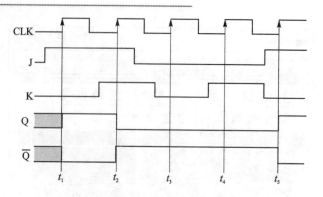

图 4.7.2 同步 JK 触发器的时序图

表 4.7.1 同步 JK 触发器的真值表

J	K	Q_n	Q_{n+1}	
0	0	0	0	不变
0	0	1	1	
0	1	0	0	复位
0	1	1	0	
1	0	0	1	置位
1	0	1	1	
1	1	0	1	翻转
1	1	1	0	

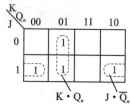

图 4.7.3 同步 JK 触发器的卡诺图

由卡诺图可以得到 JK 触发器的状态方程为

$$Q_{n+1} = J \cdot \overline{Q}_n + \overline{K} \cdot Q_n \tag{4.7.1}$$

由状态方程(4.7.1)可以看出:当现态 Q_n="0"时,只要 J="0",则无论 K 为何种状态,都有 Q_{n+1}="0";若要使 Q_{n+1}="1",只有当 J="1"、K="x"(x 为任意状态)时才能实现。当现态 Q_n="1"时,只要 K="0",则无论 J 为何种状态,都有 Q_{n+1}="1";若要使 Q_{n+1}="0",则只有当 J="x"、K="1"时才能实现。以上的结论可用图 4.7.4 所示的状态图描述。

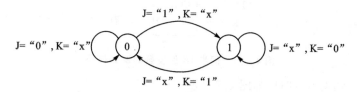

图 4.7.4 同步 JK 触发器的状态图

4.7.2 同步 JK 触发器的 Verilog-HDL 描述

1. 同步 JK 触发器的描述

【例 4.7.1】 同步 JK 触发器的 Verilog-HDL 描述(exp4-7-01.v)

```
/*   SY_JK_FF    */
```

第 4 章 触发器

```
module  SY_JK_FF   (J, K, CLK, Q, QB);      //模块名 SY_JK_FF 及端口参数定义,范围至 endmodule
    input     J, K, CLK;                    //输入端口定义
    output    Q, QB;                        //输出端口定义
    reg       Q;                            //寄存器定义

    assign    QB  = ~Q;                     //assign 语句,实现功能:QB=Q̄

    always   @(posedge CLK)                 //always 语句,当 CLK 的上升沿到来时,执行以下语句
       case ({J , K})                       //case 语句,至 endcase 为止
          0:Q <= Q;                         //当 J、K 的组合为 00 时,则触发器的状态保持不变
          1:Q <= 0;                         //当 J、K 的组合为 01 时,则触发器为复位状态
          2:Q <= 1;                         //当 J、K 的组合为 10 时,则触发器为置位状态
          3:Q <= ~Q;                        //当 J、K 的组合为 11 时,则触发器的输出 Q 发生翻转
       endcase                              //case 语句结束
endmodule                                   //模块 SY_JK_FF 结束
```

2. 同步 JK 触发器的顶层模块

【例 4.7.2】 同步 JK 触发器的顶层模块(exp4-7-02.v)

```
/*    SY_JK_FF_TEST    */
`timescale   1ns/1ns                        //将仿真时延单位和时延精度都设定为 1 ns
module    SY_JK_FF_TEST;                    //测试模块名 SY_JK_FF_TEST,范围至 endmodule
    reg    J, K, CLK;                       //寄存器类型定义,输入端口定义
    wire   Q, QB;                           //线网类型定义,输出端口定义
    parameter    STEP = 40;                 //定义 STEP 为 40,其后凡 STEP 都视为 40

    SY_JK_FF  SY_JK_FF   (J, K, CLK, Q, QB);  //底层模块名,实例名及参数定义
    always   #(STEP/2)   CLK = ~CLK;        //每隔 20 ns,CLK 就翻转一次

    initial   begin                         //从 initial 开始,输入信号波形变化
       CLK = 0; J = 0; K = 0;               //参数初始化
       #(STEP/2-10)  J = 1;                 //10 ns 后,J=1,K 保持不变,即 K=0
       #(STEP)       K = 1;                 //40 ns 后,K=1,J 保持不变,即 J=1
       #(STEP/2)     J = 0;                 //20 ns 后,J=0,K 保持不变,即 K=1
       #(STEP/2)     K = 0;                 //20 ns 后,K=0,J 保持不变,即 J=0
       #(STEP)       K = 1;                 //40 ns 后,K=1,J 保持不变,即 J=0
       #(STEP)       J = 1; K = 0;          //40 ns 后,J=1,K=0
       #(STEP/2)     $finish;               //20 ns 后,仿真结束
    end                                     //与 begin 呼应
endmodule                                   //模块 SY_JK_FF_TEST 结束
```

4.7.3 同步 JK 触发器的逻辑仿真结果

同步 JK 触发器的逻辑仿真结果如图 4.7.5 所示。

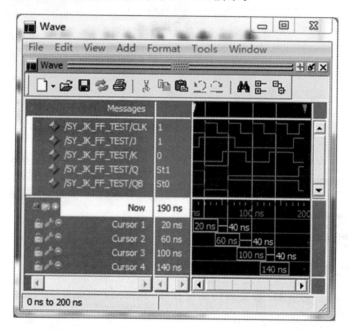

图 4.7.5 同步 JK 触发器的逻辑仿真结果

观察图 4.7.5,可以清楚地看到这种触发器输出 Q 的变化情况:当第一个时钟脉冲 CLK 的上升沿到来时,即当 $t=20$ ns 时,无论 Q 为何种状态,由于 J="1",K="0",所以 Q="1";当第二个时钟脉冲 CLK 的上升沿到来时,即当 $t=60$ ns 时,J="1",K="1",Q="1",所以 Q 翻转,由"1"变为"0";当第三个时钟脉冲 CLK 的上升沿到来时,即当 $t=100$ ns 时,J="0",K="0",Q="0",因此 Q 不变,保持"0"的状态;当第四个时钟脉冲 CLK 的上升沿到来时,即当 $t=140$ ns 时,J="0",K="1",Q="0",所以 Q 复位。

第 5 章

时序逻辑电路

在第 4 章中,介绍了几种常见的触发器,它们都是时序电路的基本单元。本章着重讨论由触发器组成的几种时序逻辑电路。

5.1 寄存器

5.1.1 寄存器的组成原理

4 位寄存器的逻辑符号如图 5.1.1 所示。

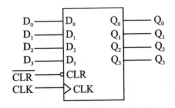

图 5.1.1　4 位寄存器的逻辑符号

4 位寄存器的工作原理如下:在 $\overline{\text{CLR}}$ 端无效(高电平)的情况下,假设有一个 4 位的数码输入到 D 端,当 CLK 端的时钟上升沿到来时,Q 端就会输出 D 端的数据。实际上,寄存器是由 D 触发器组成的。在本例中,4 位寄存器就由 4 个 D 触发器组成,其逻辑电路图如图 5.1.2 所示。

图 5.1.2 中的 CLK 端与 $\overline{\text{CLR}}$ 端都设有缓冲器,其目的是为了保证电路应有的扇入。4 位寄存器的工作时序如图 5.1.3 所示。

由图 5.1.3 可以看出:在清零脉冲 $\overline{\text{CLR}}$ 的作用下,输出端 Q 的各位均为"0";在时钟脉冲上升沿的作用下,Q=D,即输入的数据被"寄存"下来。从 $t_1 \sim t_5$ 的各时刻即可看出这种规律。

第 5 章 时序逻辑电路

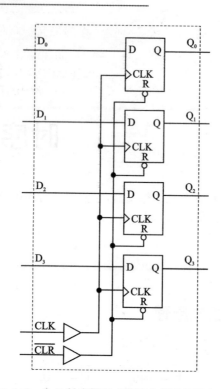

图 5.1.2 由 D 触发器组成的寄存器的逻辑电路图

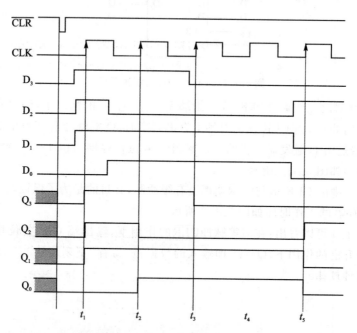

图 5.1.3 4 位寄存器的时序图

5.1.2 寄存器的 Verilog-HDL 描述

1. 寄存器的描述

【例 5.1.1】 寄存器的 Verilog-HDL 描述(exp5-1-01.v)

```verilog
/*     REG4      */
module REG4    ( CLR, D, CLK, Q );       //模块名 REG4 及端口参数定义,范围至 endmodule
    input     CLR, CLK;                  //输入端口定义
    input     [3:0] D;                   //输入端口定义
    output    [3:0] Q;                   //输出端口定义
    reg       [3:0] Q;                   //寄存器定义
    always  @ ( posedge CLK or negedge CLR )
                                         //always 语句,当 CLK 的上升沿到来时或者 CLR
                                         //为低电平时,执行以下语句
        Q <= ( !CLR )? 0: D;             //当 CLR 为低电平时,Q = 0
                                         //当 CLK 的上升沿到来时,Q = D
endmodule                                //模块 REG4 结束
```

2. 寄存器的顶层模块

【例 5.1.2】 寄存器的顶层模块(exp5-1-02.v)

```verilog
/*     REG4_TEST     */
`timescale  1ns/1ns                      //将仿真的时延单位和时延精度都设定为 1 ns
module REG4_TEST;                        //测试模块名 REG4_TEST,范围至 endmodule
    reg    CLR, CLK;                     //寄存器类型定义,输入端口定义
    reg    [3:0] D;                      //寄存器类型定义,输入端口定义
    wire   [3:0] Q;                      //线网类型定义,输出端口定义
    parameter STEP = 150;                //定义 STEP 为 150,其后凡 STEP 都视为 150

    REG4   REG4   ( CLR, D, CLK, Q );    //底层模块名,实例名及参数定义

    always  #( STEP/2 )    CLK = ~CLK;   //每隔 75 ns,CLK 就翻转一次
    initial  begin                       //从 initial 开始,输入信号波形变化
        CLR = 1; D = 0; CLK = 0;         //参数初始化
        #(STEP/5)        CLR = 0;        //30 ns 后,CLR = 0
        #(STEP/5)        CLR = 1;        //30 ns 后,CLR = 1
        #(STEP*3/5)      D = 4'b1110;    //90 ns 后,D = 4'b1110
        #(STEP)          D = 4'b1011;    //150 ns 后,D = 4'b1011
        #(STEP)          D = 4'b0011;    //150 ns 后,D = 4'b0011
        #(STEP)          D = 4'b0100;    //150 ns 后,D = 4'b0100
        #(STEP/2 - 10)   $finish;        //65 ns 后,仿真结束
    end                                  //与 begin 呼应
endmodule                                //模块 REG4_TEST 结束
```

5.1.3 寄存器的逻辑仿真结果

寄存器的逻辑仿真结果如图 5.1.4 所示。

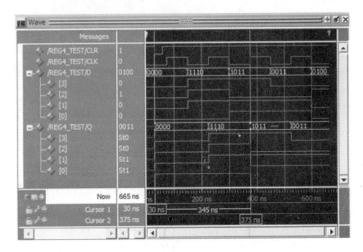

图 5.1.4 4 位寄存器的逻辑仿真结果

从图 5.1.4 中可以清楚地看到,在清零脉冲 CLR 的作用下,输出端全部清"0",即 $t=30$ ns。同时,也可以明显地观察到,每当时钟脉冲 CLK 的上升沿到来时,输出端 Q 就变化为和输入端 D 相同的数据,即将输入的数据"寄存"起来,如 $t=375$ ns。

5.2 移位寄存器

5.2.1 串行输入/并行输出移位寄存器的组成原理

此种移位寄存器(Shift Register)是一种在时钟脉冲的作用下,将寄存器中的数据按位移动的逻辑电路,主要用于串/并转换。

4 位串行输入/并行输出移位寄存器由 4 个同步 D 触发器组成,这种 D 触发器的 $\overline{R}$ 端是非同步的清"0"端,其逻辑电路如图 5.2.1 所示。

图 5.2.2 为这种寄存器的时序图。

现结合图 5.2.2 中的时序来说明寄存器逻辑电路的工作原理:在清零脉冲 $\overline{CLR}$(负有效)到来时,所有的输出端均为"0"。之后,在时钟脉冲的每一个上升沿,对输入信号 IN 进行采样。可以看出,在时刻 t_1、t_3、t_4 处,IN="1",故在时钟脉冲过后,Q_A 的输出为"1";而在 t_2、t_5 处,IN="0",故该时刻过后,Q_A 的输出为"0"。Q_B 的输出则取决于时钟上升沿之前 Q_A 的状态。因此,Q_B 的波形恰好是把 Q_A 的波形向右移动了一个时钟周期。以此类推,Q_C 的波形恰好是把 Q_B 的波形向右移动了一个时钟周期,而 Q_D 的波形恰好又是把 Q_C 的波形向右移动了一个时钟周期。从图中还可以看出,

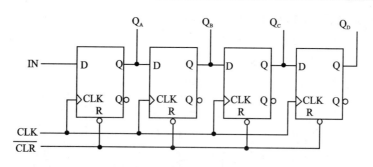

图 5.2.1　串行输入/并行输出移位寄存器的逻辑电路图

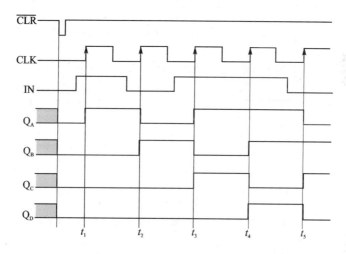

图 5.2.2　串行输入/并行输出移位寄存器的时序图

在 $t_1 \sim t_4$ 时刻，输入信号 IN 的序列依次为"1011"，而在 t_4 时刻之后，Q_D、Q_C、Q_B、Q_A 也为"1011"，即一个 4 位的串行数据经过 4 个时钟脉冲后，在并行的输出端就产生了并行数据。不难推出：一个 n 位的串行数据经过 n 个时钟脉冲后，会在 n 位的移位寄存器输出端得到并行输出数据。

5.2.2　并行输入/串行输出移位寄存器的组成原理

串行的数据可以转换成并行的数据输出，同样，并行的数据也可以转换成串行的数据输出。并行输入/串行输出移位寄存器的逻辑电路图如图 5.2.3 所示。

图 5.2.4 为这种移位寄存器的时序图。

现在结合图 5.2.3 及图 5.2.4 来说明这种移位寄存器的工作原理：设输入的并行数据 $IN_D IN_C IN_B IN_A$ ="1011"。当 LOAD 脉冲有效时，输入的数据被加载到相应的 D 触发器，从而有 $Q_D Q_C Q_B Q_A$ ="1011"，如时序图中的 $t_0 \sim t_1$。接着，每当时钟脉冲 CLK 的上升沿到来时，都会将每个 D 触发器的输出数据传送到下一级（相对右侧的触发器）的输入端。例如：在 t_1 之后，由 $Q_D Q_C Q_B Q_A$ ="1011"变为 $Q_D Q_C Q_B Q_A$ =

"0110";在 t_2 之后,由 $Q_D Q_C Q_B Q_A$="0110"变为 $Q_D Q_C Q_B Q_A$="1100";在 t_3 之后,由 $Q_D Q_C Q_B Q_A$="1100"变为 $Q_D Q_C Q_B Q_A$="1000";在 t_4 之后,由 $Q_D Q_C Q_B Q_A$="1000" 变为 $Q_A Q_B Q_C Q_D$="0000"。这样,从 LOAD 脉冲算起,Q_D 端的输出依次为"1"、"0"、"1"、"1",达到了将并行数据转换为串行输出的目的。

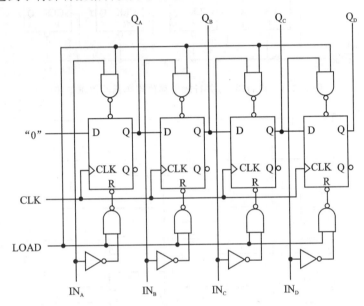

图 5.2.3 并行输入/串行输出移位寄存器的逻辑电路图

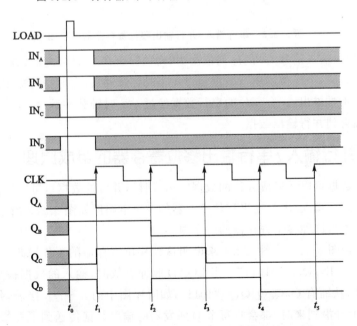

图 5.2.4 并行输入/串行输出移位寄存器的时序图

5.2.3 移位寄存器的 Verilog-HDL 描述

1. 串行输入/并行输出移位寄存器的描述

【例 5.2.1】 串行输入/并行输出移位寄存器的 Verilog-HDL 描述(exp5-2-01.v)

```
/*      SIN_POUT_SHIFT      */
module  SIN_POUT_SHIFT  (CLR,IN,CLK,Q);   //模块名 SIN_POUT_SHIFT 及端口参数定
                                          //义,范围至 endmodule
    input     CLR, CLK, IN;               //输入端口定义
    output    [3:0] Q;                    //输出端口定义
    reg       [3:0] Q;                    //寄存器定义
    always    @(posedge CLK or negedge CLR)
                                          //always 语句,当 CLK 的上升沿到来时或者
                                          //CLR 为低电平时,执行以下语句
        Q <= (!CLR)? 0:{Q,IN};
                                          //当 CLR 为低电平时,Q = 0;当 CLK 的上升沿到来时,Q 由 Q[2:0]
                                          //和 IN 拼接而成,即 Q[3:1]= Q[2:0],Q[0] = IN
endmodule                                 //模块 SIN_POUT_SHIFT 结束
```

2. 串行输入/并行输出移位寄存器的顶层模块

【例 5.2.2】 串行输入/并行输出移位寄存器的顶层模块(exp5-2-02.v)

```
/*      SIN_POUT_SHIFT_TEST     */
`timescale  1ns/1ns                       //将仿真的时延单位和时延精度都设定为 1 ns
module      SIN_POUT_SHIFT_TEST;          //测试模块名 SIN_POUT_SHIFT_TEST,范围至 endmodule
    reg         CLR, CLK, IN;             //寄存器类型定义,输入端口定义
    wire        [3:0] Q;                  //线网类型定义,输出端口定义
    parameter   STEP = 100;               //定义 STEP 为 100,其后凡 STEP 都视为 100
    SIN_POUT_SHIFT  SIN_POUT_SHIFT  (CLR, IN, CLK, Q);
                                          //底层模块名,实例名及参数定义
    always  #(STEP/2) CLK = ~CLK;         //每隔 50 ns,CLK 就翻转一次
    initial  begin                        //从 initial 开始,输入信号波形变化
        CLR = 1; IN = 0; CLK = 0;         //参数初始化
        #(STEP/10)    CLR = 0;            //10 ns 后,CLR = 0
        #(STEP/10)    CLR = 1;            //10 ns 后,CLR = 1
        #(STEP/10)    IN  = 1;            //10 ns 后,IN = 1
        #(STEP)       IN  = 0;            //100 ns 后,IN = 0
```

第5章 时序逻辑电路

```
    #(STEP)      IN = 1;        //100 ns 后,IN = 1
    #(STEP)      IN = 1;        //100 ns 后,IN = 1
    #(STEP)      IN = 0;        //10 ns 后,IN = 0
    #(STEP/2)    $finish;       //50 ns 后,仿真结束
  end                           //与 begin 呼应
endmodule                       //模块 SIN_POUT_SHIFT_TEST 结束
```

3. 并行输入/串行输出移位寄存器的描述

【例 5.2.3】 并行输入/串行输出移位寄存器的 Verilog-HDL 描述(exp5-2-03.v)

```
/*     PIN_SOUT_SHIFT       */
module PIN_SOUT_SHIFT    (LOAD, IN, CLK, Q);
                         //模块名 PIN_SOUT_SHIFT 及端口参数定义,范围至 endmodule
    input   LOAD, CLK;              //输入端口定义
    input   [3:0] IN;               //输入端口定义
    output  [3:0] Q;                //输出端口定义
    reg     [3:0] Q;                //寄存器定义
    always  @(posedge CLK or posedge LOAD)
                                    //always 语句,当 CLK 的上升沿到来时或者 LOAD 为
                                    //高电平时,执行以下语句
        if (LOAD)                   //if-else 语句,其作用是根据指定的判断条件是
                                    //否满足,来确定下一步要执行的操作
            Q <= IN;                //当 LOAD 为高电平时,Q = IN
        else
            Q <= Q << 1;            //当 CLK 的上升沿到来时,Q 左移一位
endmodule                           //模块 PIN_SOUT_SHIFT 结束
```

4. 并行输入/串行输出移位寄存器的顶层模块

【例 5.2.4】 并行输入/串行输出移位寄存器的顶层模块(exp5-2-04.v)

```
/*     PIN_SOUT_SHIFT_TEST       */
`timescale 1ns/1ns                  //将仿真的时延单位和时延精度都设定为 1 ns
module PIN_SOUT_SHIFT_TEST;         //测试模块名 PIN_SOUT_SHIFT_TEST,范围至 endmodule
    reg     LOAD, CLK;              //寄存器类型定义,输入端口定义
    reg     [3:0] IN;               //寄存器类型定义,输入端口定义
    wire    [3:0] Q;                //线网类型定义,输出端口定义
    parameter STEP = 150;           //定义 STEP 为 150,其后凡 STEP 都视为 150
    PIN_SOUT_SHIFT  PIN_SOUT_SHIFT  (LOAD, IN, CLK, Q);
                                    //底层模块名,实例名及参数定义
    always  #(STEP/2) CLK = ~CLK;   //每隔 75 ns,CLK 就翻转一次

    initial  begin                  //从 initial 开始,输入信号波形变化
```

```
        LOAD = 0; IN = 11; CLK = 0;        //参数初始化
        #( STEP/10 )     LOAD = 1;         //15 ns 后,LOAD = 1
        #( STEP/10 )     LOAD = 0;         //15 ns 后,LOAD = 0
        #( 4 * STEP )    $ finish;         //600 ns 后,仿真结束
    end                                    //与 begin 呼应
    endmodule                              //模块 PIN_SOUT_SHIFT_TEST 结束
```

5.2.4 移位寄存器的逻辑仿真结果

串行输入/并行输出移位寄存器的逻辑仿真结果如图 5.2.5 所示。

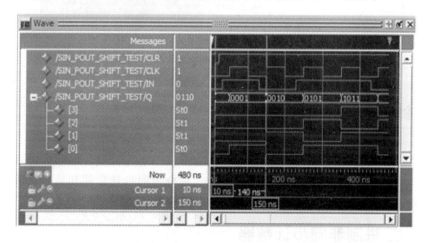

图 5.2.5 串行输入/并行输出移位寄存器的逻辑仿真结果

如图 5.2.5 所示,在复位清"0"后,每当一个时钟脉冲的上升沿到来时,输出端 Q 就会用移位的方式依次把输入信号 IN 的状态输出。例如:当第一个时钟脉冲的上升沿到来时,IN="1",因此 Q[0]=IN="1",Q="0001";而当第二个时钟脉冲的上升沿到来时,IN="0",Q 的每一位左移后,再使 Q[0]=IN="0",此时有,Q="0010"。以此类推,直到第四个时钟脉冲过后,Q="1011",这样,和输入 IN 在 4 个时钟脉冲到来时的对应状态完全相同,从而完成了串/并转换过程。

并行输入/串行输出移位寄存器的逻辑仿真结果如图 5.2.6 所示。

在图 5.2.6 中,当装载脉冲 LOAD 过后,输入数据 IN 的 4 位数据被加载到相应的 D 触发器。每当一个时钟脉冲 CLK 的上升沿到来时,输出 Q 的数据就左移一位。当 4 个时钟脉冲过后,Q 变为"0000",而此时观察 Q[3]的波形,从 LOAD 后依次为"1"、"0"、"1"、"1"。这样,便实现了将 4 位的并行输入 IN 转化为 1 位的串行输出,输出端为 Q[3]。

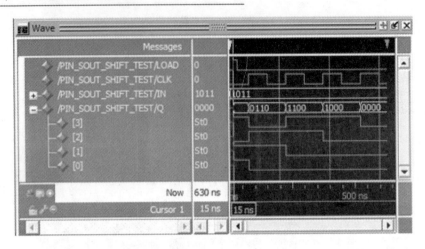

图 5.2.6 并行输入/串行输出移位寄存器的逻辑仿真结果

5.3 计数器

计数器是应用最广泛的逻辑部件之一。它不仅用于时钟脉冲的计数,还用于定时、分频、产生同步脉冲等。计数器按触发方式可分为同步计数器和异步计数器;按数的增减可分为加法计数器、减法计数器和可逆计数器。

5.3.1 二进制非同步计数器

图 5.3.1 给出了几种最简单的二进制非同步计数器的逻辑电路图及其时序图。

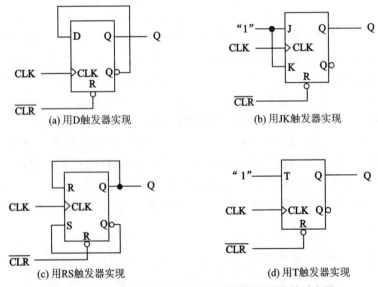

图 5.3.1 二进制非同步计数器的逻辑电路图及其时序图

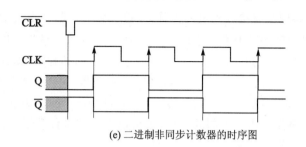

(e) 二进制非同步计数器的时序图

图 5.3.1　二进制非同步计数器的逻辑电路图及其时序图(续)

图中 5.3.1(a)~(d)表明：二进制非同步计数器可以用 D 触发器、JK 触发器、RS 触发器和 T 触发器来实现。另外，4 种触发器都是在时钟脉冲的上升沿到来时，电路的状态才发生变化，如图 5.3.1(e)所示。

5.3.2　四进制非同步计数器

用两个二进制非同步计数器可以组成一个四进制非同步计数器。如图 5.3.2 所示为一个加法计数器的逻辑电路图。

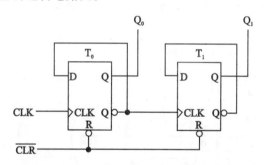

图 5.3.2　四进制非同步计数器的逻辑电路图(加法计数器)

四进制非同步计数器的时序图如图 5.3.3 所示。

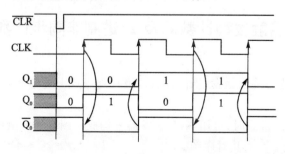

图 5.3.3　四进制非同步计数器的时序图(加法计数器)

现结合逻辑电路图和时序图说明其工作原理：在清零脉冲$\overline{CLR}$的作用下，Q_1Q_0="00"；当第一个时钟脉冲的上升沿到来后，Q_0 由"0"变为"1"，$\overline{Q_0}$ 由"1"变为

"0",T_1 的 CLK 端因没有接收到上升沿脉冲(接收到的是脉冲下跳沿),所以有 Q_1 = "0";在第二个时钟脉冲的上升沿作用下,Q_0 由"1"变为"0",因此其反相输出端 $\overline{Q_0}$ 由 "0"变为"1"。此时,T_1 的 CLK 端收到上升沿脉冲,引起其翻转(即计数),故有 Q_1 = "1"。时序图中的弧形箭头表示了这种关系。以此类推,可以得到计数器的状态变化依次为 Q_1Q_0 = "00"、Q_1Q_0 = "01"、Q_1Q_0 = "10"、Q_1Q_0 = "11"、Q_1Q_0 = "00"、……

采用同样的触发器进行不同的组合,还可以组成减法计数器。图 5.3.4 为四进制减法计数器的逻辑电路图。

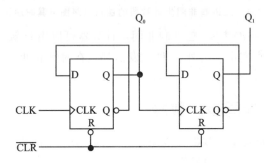

图 5.3.4　四进制非同步计数器的逻辑电路图(减法计数器)

四进制非同步计数器的时序图如图 5.3.5 所示。按照对加法计数器的分析方法,不难了解减法计数器的工作原理。

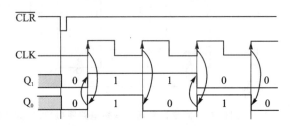

图 5.3.5　四进制非同步计数器的时序图(减法计数器)

5.3.3　下降沿触发型计数器及 2^N 进制非同步计数器的组成原理

若逻辑部件为下降沿触发,则同样可以方便地组成上述的计数器,如图 5.3.6 和图 5.3.7 所示。

当计数器为 2^N 进制时,可用 N 个触发器来构成。图 5.3.8 给出了当 $N=4$ 时的逻辑电路图,图 5.3.9 为其时序图。

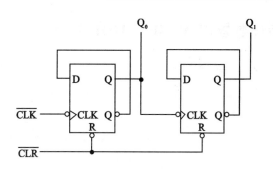

图5.3.6 下降沿触发型的四进制非同步计数器的逻辑电路图(加法计数器)

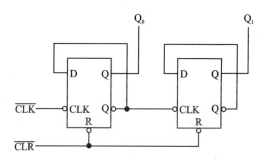

图5.3.7 下降沿触发型的四进制非同步计数器的逻辑电路图(减法计数器)

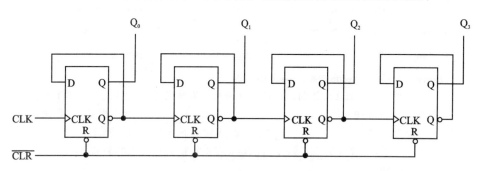

图5.3.8 十六进制非同步计数器的逻辑电路图

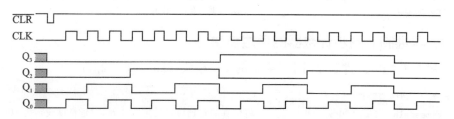

图5.3.9 十六进制非同步计数器的时序图

5.3.4 非同步计数器的 Verilog-HDL 描述

1. 四进制非同步计数器的描述

【例 5.3.1】 四进制非同步计数器的 Verilog-HDL 描述(exp5-3-01.v)

```
/*      CNT4      */
module CNT4   ( CLR, CLK, Q );        //模块名 CNT4 及端口参数定义,范围至 endmodule
  input    CLR, CLK;                  //输入端口定义
  output   [1:0] Q;                   //输出端口定义
  wire     [1:0] QB;                  //线网定义
  R_SYDFF  R_SYDFF0  ( CLR, QB[0], CLK, Q[0], QB[0] ),
           R_SYDFF1  ( CLR, QB[1], QB[0], Q[1], QB[1] );
                                      //2 个模块实例语句,实现在模块 CNT4 中 2 次引用模块 R_SYDFF
endmodule                             //模块 CNT4 结束

/*      R_SYDFF      */
module R_SYDFF  (RB,D,CLK,Q,QB);      //模块名 R_SYDFF 及端口参数定义,范围至 endmodule
  input    RB, D, CLK;                //输入端口定义
  output   Q, QB;                     //输出端口定义
  reg      Q;                         //寄存器定义
  parameter  CLK_OUT = 10.5;          //定义 CLK_OUT 为 10.5,其后凡 CLK_OUT 都视为 10.5
  parameter  R_OUT   =  9;            //定义 R_OUT 为 9,其后凡 R_OUT 都视为 9
  assign    QB = ~Q;                  //assign 语句,实现功能:QB = Q̄
  always    @ (posedge CLK or negedge RB)
                  //always 语句,当 CLK 的上升沿到来时或者 RB 为低电平时,执行以下语句
       if ( !RB )                     //if-else 语句,其作用是根据指定的判断条件是否
                                      //满足,来确定下一步要执行的操作
           #R_OUT   Q <= 0;           //当 RB 为低电平时,延时 9 ns 后,Q = 0
       else
           #CLK_OUT  Q <= D;          //当 CLK 的上升沿到来时,延时 10.5 ns 后,Q = D
endmodule                             //模块 R_SYDFF 结束
```

2. 四进制非同步计数器的顶层模块

【例 5.3.2】 四进制非同步计数器的顶层模块(exp5-3-02.v)

```
/*      CNT4_TEST      */
`timescale 1ns/100ps                  //将仿真的时延单位设定为 1 ns,时延精度设定为 100 ps
module CNT4_TEST;                     //测试模块名 CNT4_TEST,范围至 endmodule
  reg    CLR, CLK;                    //寄存器类型定义,输入端口定义
  wire   [1:0] Q;                     //线网类型定义,输出端口定义
  parameter STEP = 200;               //定义 STEP 为 200,其后凡 STEP 都视为 200
```

```
    CNT4     CNT4   (CLR,CLK,Q);       //底层模块名,实例名及参数定义
    always #(STEP/2) CLK = ~CLK;        //每隔 100 ns,CLK 就翻转一次
    initial  begin                     //从 initial 开始,输入信号波形变化
        CLR = 1; CLK = 0;              //参数初始化
        #(STEP/10)   CLR = 0;          //20 ns 后,CLR = 0
        #(STEP/5)    CLR = 1;          //40 ns 后,CLR = 1
        #(7.5*STEP)  $finish;          //1 500 ns 后,仿真结束
    end                                //与 begin 呼应
endmodule                              //模块 CNT4_TEST 结束
```

3. 十六进制非同步计数器的描述

【例 5.3.3】 十六进制非同步计数器的 Verilog-HDL 描述(exp5-3-03.v)

```
/*  CNT16   */
module CNT16   (CLR,CLK,Q);            //模块名 CNT16 及端口参数定义,范围至 endmodule
    input   CLR,CLK;                   //输入端口定义
    output  [3:0] Q;                   //输出端口定义
    wire    [3:0] QB;                  //线网定义

        R_SYDFF R_SYDFF0  (CLR, QB[0], CLK, Q[0], QB[0]),
                R_SYDFF1  (CLR, QB[1], QB[0], Q[1], QB[1]),
                R_SYDFF2  (CLR, QB[2], QB[1], Q[2], QB[2]),
                R_SYDFF3  (CLR, QB[3], QB[2], Q[3], QB[3]);
                                       //4 个模块实例语句,实现在模块 CNT16 中 4 次引用模块 R_SYDFF
endmodule                              //模块 CNT16 结束

/*   R_SYDFF    */
module R_SYDFF   (RB,D,CLK,Q,QB);
                                       //模块名 R_SYDFF 及端口参数定义,范围至 endmodule
    input   RB,D,CLK;                  //输入端口定义
    output  Q,QB;                      //输出端口定义
    reg     Q;                         //寄存器定义
    assign  QB = ~Q;                   //assign 语句,实现功能:QB = Q̄
    always  @(posedge CLK or negedge RB)
                //always 语句,当 CLK 的上升沿到来时或者 RB 为低电平时,执行以下语句
        Q <= (!RB)? 0: D;
                //当 RB 为低电平时,Q = 0;否则,当 CLK 的上升沿到来时,Q = D
endmodule
```

4. 十六进制非同步计数器的顶层模块

【例 5.3.4】 十六进制非同步计数器的顶层模块(exp5-3-04.v)

```
/*     CNT16_TEST      */
`timescale   1ns/1ns                //将仿真的时延单位和时延精度都设定为 1 ns
module   CNT16_TEST;                //测试模块名 CNT16_TEST,范围至 endmodule
  reg    CLR,CLK;                   //寄存器类型定义,输入端口定义
  wire   [3:0] Q;                   //线网类型定义,输出端口定义
  parameter  STEP = 200;            //定义 STEP 为 200,其后凡 STEP 都视为 200
  CNT16   CNT16   ( CLR,CLK,Q );    //底层模块名,实例名及参数定义
  always  #( STEP/2 )  CLK = ~CLK;  //每隔 100 ns,CLK 就翻转一次
  initial  begin                    //从 initial 开始,输入信号波形变化
    CLR = 1; CLK = 0;               //参数初始化
    #( STEP/10 )    CLR = 0;        //20 ns 后,CLR = 0
    #( STEP/10 )    CLR = 1;        //20 ns 后,CLR = 1
    #( 16 * STEP )  $finish;        //3 200 ns 后,仿真结束
  end                               //与 begin 呼应
endmodule                           //模块 CNT16_TEST 结束
```

5.3.5 多层次结构的 Verilog-HDL 设计

在实际问题中,数字系统往往不会很简单,在这种情况下,需要有更好的方法对系统进行描述。如同 C 语言程序设计一样,在程序还比较简单时(如程序在十几到二三十行内),甚至不用写子函数就可以完成。但是,当程序增加到几百行甚至上千行时,如果不将具有特定功能的部分模块化,就很难编写出好的软件,同时软件维护也必定成为很大的问题。

对数字系统的描述也是一样。当一个系统较为复杂时,一般需要将系统分为若干个模块,每个模块还可以再分为多个更小的模块。如此反复,直到满意为止。

其实,例 5.3.3 就是一个具有多层次结构的 Verilog-HDL 设计。在这个例子中,主模块中调用了同步 D 触发器 R_SYDFF,而 R_SYDFF 是作为一个单独子模块独立于主模块的。在做设计时,可以先设计好若干个具有特定功能的子模块,然后再设计主模块。在模块中只要将子模块有机地连接起来,整个设计便可以顺利地完成,整体调试的周期也会缩短。本例中,子模块并没有再往下分成更小的子模块,必要时还可以继续划分。

另外,调用子模块的好处在于:具有较好的资源重复利用性。例如在例 5.3.3 中,R_SYDFF 这个子模块就被调用了 4 次,在重复调用子模块的情况下,本例可以写成以下形式:

```
R_SYDFF   R_SYDFF0  ( CLR, QB[0],  CLK, Q[0], QB[0] );
R_SYDFF   R_SYDFF1  ( CLR, QB[1],  CLK, Q[1], QB[1] );
R_SYDFF   R_SYDFF2  ( CLR, QB[2],  CLK, Q[2], QB[2] );
R_SYDFF   R_SYDFF3  ( CLR, QB[3],  CLK, Q[3], QB[3] );
```

也可以简单地写成以下形式：

R_SYDFF R_SYDFF0 (CLR, QB[0], CLK, Q[0], QB[0]),
         R_SYDFF1 (CLR, QB[1], QB[0],Q[1], QB[1]),
         R_SYDFF2 (CLR, QB[2], QB[1],Q[2], QB[2]),
         R_SYDFF3 (CLR, QB[3], QB[2],Q[3], QB[3]);

注意：在前一种形式中，模块之间是用分号";"相隔，而后一种形式中是用逗号","相隔。

可以说：在实用设计中，不采用多层次结构的设计，是很难写出好程序的，希望读者务必掌握。

5.3.6 非同步计数器的逻辑仿真结果

四进制和十六进制非同步计数器的逻辑仿真结果分别如图 5.3.10 和图 5.3.11 所示。

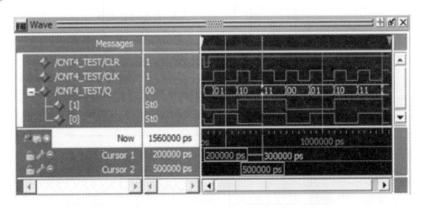

图 5.3.10 四进制非同步计数器的逻辑仿真结果

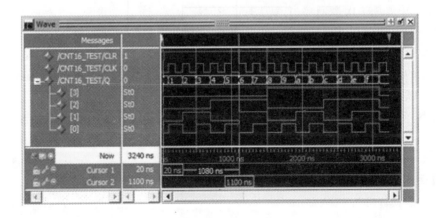

图 5.3.11 十六进制非同步计数器的逻辑仿真结果

通过观察,可以得知计数器是按下述方式工作的:复位清"0"后,每当一个时钟脉冲的上升沿到来时,其输出 Q 就会加"1",例如:当 $t=500$ ns 时,Q="11",经过 2 个 CLK 后,Q="01"($t=1$ μs)。

5.3.7 四进制同步计数器

除了非同步计数器外,还有同步计数器。同步计数器的特点是:
① 计数器电路中所有触发器的时钟端都与系统时钟端连接。
② 如果计数器电路的触发器有 S 端(置位端),则不使用该端子。
图 5.3.12 为一个四进制同步计数器的逻辑电路图。

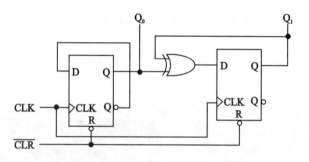

图 5.3.12　四进制同步计数器的逻辑电路图

四进制同步计数器的时序图如图 5.3.13 所示。

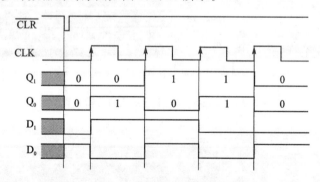

图 5.3.13　四进制同步计数器的时序图

5.3.8　四进制同步计数器的 Verilog-HDL 描述

1. 四进制同步计数器的描述

【例 5.3.5】 四进制同步计数器的 Verilog-HDL 描述(exp5-3-05.v)

```
/*     CNT4      */
module  CNT4   ( CLR, CLK, Q );          //模块名 CNT4 及端口参数定义,范围至 endmodule
    input    CLR, CLK;                   //输入端口定义
```

```
    output    [1:0] Q;                  //输出端口定义
    wire      [1:0] QB;                 //线网定义

    R_SYDFF   R_SYDFF0   (CLR, QB[0] , CLK, Q[0], QB[0] ),
              R_SYDFF1   (CLR, Q[1]^Q[0], CLK, Q[1], QB[1] );
                         //2个模块实例语句,实现在模块 CNT4 中 2 次引用模块 R_SYDFF
endmodule                                //模块 CNT4 结束

/*       R_SYDFF       */
module R_SYDFF (RB, D, CLK, Q, QB);      //模块名 R_SYDFF 及端口参数定义,范围至 endmodule
    input    RB, D, CLK;                 //输入端口定义
    output   Q, QB;                      //输出端口定义
    reg      Q;                          //寄存器定义
    assign   QB = ~Q;                    //assign 语句,实现功能:QB = Q̄
    always  @ (posedge CLK or negedge RB)
                     //always 语句,当 CLK 的上升沿到来时或者 RB 为低电平时,执行以下语句
        Q <= (!RB)? 0: D;
                     //当 RB 为低电平时,Q = 0;否则,当 CLK 的上升沿到来时,Q = D
endmodule                                //模块 R_SYDFF 结束
```

2. 四进制同步计数器的顶层模块

【例 5.3.6】 四进制同步计数器的顶层模块(exp5-3-06.v)

```
/*        CNT4_TEST        */
'timescale    1ns/1ns                  //将仿真的时延单位和时延精度都设定为 1 ns
module    CNT4_TEST;                   //测试模块名 CNT4_TEST,范围至 endmodule
    reg    CLR, CLK;                   //寄存器类型定义,输入端口定义
    wire   [1:0] Q;                    //线网类型定义,输出端口定义
    parameter   STEP = 200;            //定义 STEP 为 200,其后凡 STEP 都视为 200

    CNT4   CNT4   (CLR, CLK, Q );      //底层模块名,实例名及参数定义

    always  #(STEP/2) CLK = ~CLK;      //每隔 100 ns,CLK 就翻转一次

    initial    begin                   //从 initial 开始,输入信号波形变化
        CLR = 1; CLK = 0;              //参数初始化
        #(STEP/10)   CLR = 0;          //20 ns 后,CLR = 0
        #(STEP/5)    CLR = 1;          //40 ns 后,CLR = 1
        #(7.5*STEP)  $finish;          //1 500 ns 后,仿真结束
    end                                //与 begin 呼应
endmodule                              //模块 CNT4_TEST 结束
```

5.3.9 任意进制同步计数器的 Verilog-HDL 描述

用 Verilog-HDL 可以方便地设计任意进制同步计数器。通过以下的例子可以

看出如何做任意进制同步计数器的 Verilog-HDL 描述。

1. 十进制同步计数器的描述

【例 5.3.7】 十进制同步计数器的 Verilog-HDL 描述(exp5-3-07.v)

```
/*      CNT10        */
module CNT10   (CLR,CLK,Q);          //模块名 CNT10 及端口参数定义,范围至 endmodule
  input    CLR,CLK;                  //输入端口定义
  output   [3:0] Q;                  //输出端口定义
  reg      [3:0] Q;                  //寄存器定义
  always @(posedge CLK or negedge CLR)  //always 语句,当 CLK 的上升沿到来时或
                                        //者 CLR 为低电平时,执行以下语句
        if (!CLR)                    //if-else 语句,其作用是根据指定的判断
                                     //条件是否满足,来确定下一步要执行的操作
            Q <= 0;                  //当 CLR 为低电平时,Q = 0
        else if (Q == 9)
            Q <= 0;                  //当 CLK 的上升沿到来时,如果 Q = 9,则 Q = 0
        else
            Q <= Q + 1;              //否则,当 CLK 的上升沿到来时,Q = Q + 1
endmodule                            //模块 CNT10 结束
```

2. 十进制同步计数器的顶层模块

【例 5.3.8】 十进制同步计数器的顶层模块(exp5-3-08.v)

```
/*      CNT10_TEST        */
`timescale   1ns/1ns                 //将仿真的时延单位和时延精度都设定为 1 ns
module CNT10_TEST;                   //测试模块名 CNT10_TEST,范围至 endmodule
  reg      CLR,CLK;                  //寄存器类型定义,输入端口定义
  wire     [3:0] Q;                  //线网类型定义,输出端口定义
  parameter  STEP = 200;             //定义 STEP 为 200,其后凡 STEP 都视为 200
  CNT10   CNT10  (CLR,CLK,Q);        //底层模块名,实例名及参数定义
  always #(STEP/2) CLK = ~CLK;       //每隔 100 ns,CLK 就翻转一次
  initial  begin                     //从 initial 开始,输入信号波形变化
     CLR = 1; CLK = 0;               //参数初始化
     #(STEP/10)    CLR = 0;          //20 ns 后,CLR = 0
     #(STEP/5)     CLR = 1;          //40 ns 后,CLR = 1
     #(12 * STEP)  $finish;          //2 400 ns 后,仿真结束
  end                                //与 begin 呼应
endmodule                            //模块 CNT10_TEST 结束
```

3. 十三进制同步计数器的描述

【例 5.3.9】 十三进制同步计数器的 Verilog-HDL 描述(exp5-3-09.v)

```
/*    CNT13    */
module  CNT13   (CLR, CLK, Q);            //模块名 CNT13 及端口参数定义,范围至 endmodule
    input    CLR, CLK;                    //输入端口定义
    output   [3:0] Q;                     //输出端口定义
    reg      [3:0] Q;                     //寄存器定义

    always   @ (posedge CLK or negedge CLR )
                //always 语句,当 CLK 的上升沿到来时或者 CLR 为低电平时,执行以下语句
        if(!CLR)                          //if-else 语句,其作用是根据指定的判断条件是
                                          //否满足,来确定下一步要执行的操作
            Q <= 0;                       //当 CLR 为低电平时,Q = 0
        else if (Q == 12)
            Q <= 0;                       //当 CLK 的上升沿到来时,如果 Q = 12,则 Q = 0
        else
            Q <= Q + 1;                   //否则,当 CLK 的上升沿到来时,Q = Q + 1
endmodule                                 //模块 CNT13 结束
```

4. 十三进制同步计数器的顶层模块

【例 5.3.10】 十三进制同步计数器的顶层模块(exp5-3-10.v)

```
/*    CNT13_TEST    */
`timescale 1ns/1ns                        //将仿真的时延单位和时延精度都设定为 1 ns
module   CNT13_TEST;                      //测试模块名 CNT13_TEST,范围至 endmodule
    reg      CLR, CLK;                    //寄存器类型定义,输入端口定义
    wire     [3:0] Q;                     //线网类型定义,输出端口定义
    parameter STEP = 200;                 //定义 STEP 为 200,其后凡 STEP 都视为 200
    CNT13    CNT13   (CLR, CLK, Q);       //底层模块名,实例名及参数定义

    always   #( STEP/2 )  CLK = ~CLK;     //每隔 100 ns,CLK 就翻转一次

    initial begin                         //从 initial 开始,输入信号波形变化
        CLR = 1; CLK = 0;                 //参数初始化
        #(STEP/10)    CLR = 0;            //20 ns 后,CLR = 0
        #(STEP/5)     CLR = 1;            //40 ns 后,CLR = 1
        #(14 * STEP)  $finish;            //2 800 ns 后,仿真结束
    end                                   //与 begin 呼应
endmodule                                 //模块 CNT13_TEST 结束
```

5.3.10 同步计数器的逻辑仿真结果

四进制同步计数器的逻辑仿真结果如图 5.3.14 所示。

图 5.3.14 中,清"0"脉冲过后,每当时钟脉冲的上升沿到来时,输出 Q 就增加 "1"。由于该计数器为四进制计数器,所以其取值范围为 0~3。

第 5 章 时序逻辑电路

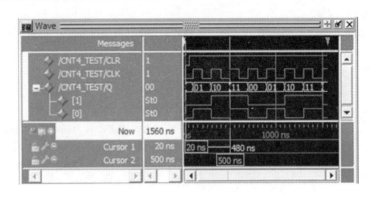

图 5.3.14　四进制同步计数器的逻辑仿真结果

十进制和十三进制同步计数器的逻辑仿真结果分别如图 5.3.15 和图 5.3.16 所示。

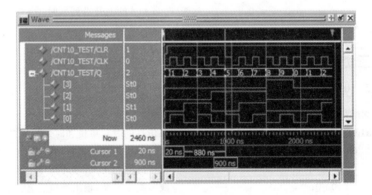

图 5.3.15　十进制同步计数器的逻辑仿真结果

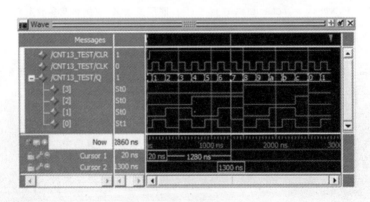

图 5.3.16　十三进制同步计数器的逻辑仿真结果

十进制和十三进制同步计数器的工作过程与图 5.3.14 中的四进制同步计数器的逻辑仿真结果完全相同，只是十进制和十三进制同步计数器分别有 10 种和 13 种计数状态而已。

第 6 章

硬件开发应具备的条件

对于硬件开发,即使是一个最简单的硬件应用系统,也必须具备一些开发的基本条件。与软件开发相比,仅用一台计算机就想解决问题是完全不可能的,而且仅在一台计算机的放置空间中开展工作也是不容易的。因此,硬件开发往往要有周边环境的支持,而这些环境的建立又是一个不断积累的过程。

6.1 贴片元件的手工焊接

6.1.1 什么是贴片元件?

随着电子技术的发展,元件的进步也非常迅猛。作为一个出色的硬件设计师,如果不能紧跟器件的潮流,就不可能设计出适应时代的硬件系统。因此,必须在一定程度上认识和熟悉新的元件。

近年来,元件的尺寸越来越小,性能也越来越好。贴片元件就是其中之一。它不同于过去几十年来使用的常规元件,图 6.1.1~图 6.1.9 分别展示了几种常规元件和贴片元件。

(a) 常规电阻(长度:约6 mm)　　　　(b) 贴片电阻(长度:约2 mm)

图 6.1.1　常规电阻和贴片电阻

第6章 硬件开发应具备的条件

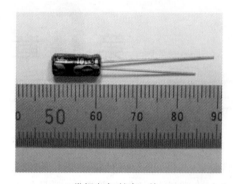
(a) 常规电容(长度：约11 mm)

(b) 贴片电容(长度：约3 mm)

图 6.1.2　常规电容和贴片电容

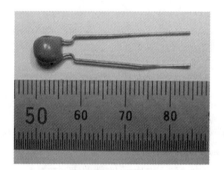
(a) 常规电感(长度：约6 mm)

(b) 贴片电感(长度：约2 mm)

图 6.1.3　常规电感和贴片电感

(a) 常规集成电阻(长度：约22 mm)

(b) 贴片集成电阻(长度：约6 mm)

图 6.1.4　常规集成电阻和贴片集成电阻

第6章 硬件开发应具备的条件

(a) 常规三极管(长度：约5 mm)   (b) 贴片三极管(长度：约3 mm)

图 6.1.5　常规三极管和贴片三极管

(a) 常规74LS04(长度：约20 mm)   (b) 贴片74LS04(长度：约8 mm)

图 6.1.6　常规 74LS04 和贴片 74LS04

(a) 常规8255(长度：约55 mm)   (b) 贴片82C55(长度：约18 mm)

图 6.1.7　常规 8255 和贴片 82C55

第 6 章 硬件开发应具备的条件

(a) 常规AD620(长度：约10 mm)

(b) 贴片AD620(长度：约5 mm)

图 6.1.8 常规 AD620 和贴片 AD620

(a) 常规CPLD(84 引脚,约30 mm)

(b) 贴片CPLD(100 引脚,约23 mm)

图 6.1.9 常规 CPLD 和贴片 CPLD

6.1.2 为什么要采用贴片元件？

使用贴片元件主要有以下优点：
① 体积小。
② 价格低。
③ 焊接方便(一旦掌握了贴片元件的焊接技术,会感到其比常规元件的焊接更加方便、快捷)。
④ 电磁辐射小。
⑤ 可较大幅度地减小电路板的面积。

6.1.3 如何进行贴片元件的手工焊接？

既然使用贴片元件有如此多的优点,那么,在没有专用焊接设备的情况下,能够做到手工焊接贴片元件吗？回答当然是肯定的。

其实,贴片元件的焊接并不需要具有专用设备,只要细心操作,有一般焊接经验的人都能够准确无误地完成焊接。

图 6.1.10 是一块未焊接元件的电路板。下面,以它为例,说明如何手工焊接贴片集成电路。

图 6.1.10　未焊接元件的电路板

首先,如图 6.1.11 所示,准备一个放大镜。由于贴片元件体积很小,所以准确定位元件和观察焊接质量的工作都需要借助放大镜来完成。

准备好焊锡丝,最好是低熔点的焊锡丝,如图 6.1.12 所示。

图 6.1.11　放大镜

图 6.1.12　低熔点焊锡丝

第6章 硬件开发应具备的条件

需要大、小烙铁各一个,分别如图 6.1.13 和图 6.1.14 所示。

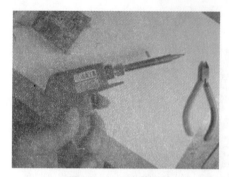

图 6.1.13 大烙铁

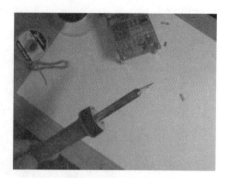

图 6.1.14 小烙铁

助焊剂和酒精棉球也是必不可少的,如图 6.1.15 所示。涂抹助焊剂有助于防止虚焊,酒精棉球在必要时用于冷却芯片。

最后,如图 6.1.16 所示,还需要准备吸锡带,用它吸掉焊接完成后多余的焊锡。

图 6.1.15 助焊剂和酒精棉球

图 6.1.16 吸锡带

以上所需的工具全都备齐后,就可以开始焊接了,步骤如下:

① 用透明胶带将贴片 IC 临时固定在电路板上,如图 6.1.17 所示。为了精确定位元件的引脚,最好在放大镜下进行该步骤的操作。

② 如图 6.1.18 所示,先用小烙铁焊接贴片 IC 的四角。

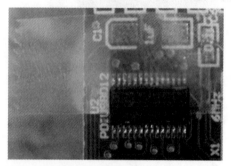

图 6.1.17 用透明胶带将贴片 IC 临时固定在电路板上

图 6.1.18 四角固定好的贴片 IC

③ 再用毛刷把助焊剂均匀涂抹于贴片 IC 的引脚上,如图 6.1.19 所示。
④ 随后,用大烙铁在贴片 IC 的引脚上大面积涂抹焊锡,完成的情形如图 6.1.20 所示。

图 6.1.19　用毛刷涂抹助焊剂　　　　　图 6.1.20　大面积涂抹焊锡后的贴片 IC

⑤ 最后,如图 6.1.21 所示,将吸锡带压在贴片 IC 引脚上,用大烙铁加热。这样,便可将多余的焊锡吸收掉。使用后的吸锡带如图 6.1.22 所示。

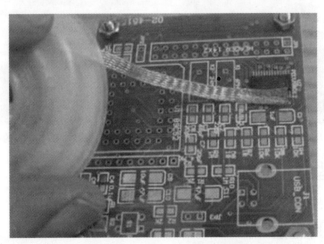

图 6.1.21　用吸锡带吸取芯片引脚多余的焊锡

在进行步骤④和⑤的操作时,需要注意不可使元件的温度太高,否则易损坏元件。因此,操作时的动作要小心、细致和敏捷,且每次用烙铁完成操作后,需迅速用酒精棉球擦拭元件,使其降温。

如图 6.1.23 所示为焊接好的贴片 IC。将其他的贴片元件都逐一焊接好后,整块电路板如图 6.1.24 所示。

如图 6.1.25 所示均为手工焊接的贴片元件。标有"XILINX"字样的芯片,其引脚间距只有 0.5 mm,而且共有 100 只引脚。

第 6 章　硬件开发应具备的条件

图 6.1.22　使用后的吸锡带

图 6.1.23　焊接好的贴片 IC

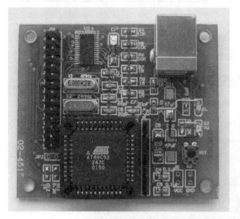

图 6.1.24　焊接好的整块电路板

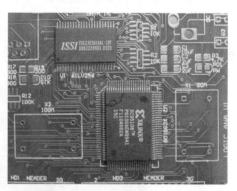

图 6.1.25　手工焊接的贴片元件

6.2　一些常用贴片元件的封装

6.2.1　贴片电阻

贴片电阻有多种规格，如图 6.2.1～图 6.2.3 所示为其中的几种。

表 6.2.1 给出了一些贴片电阻的型号及尺寸。

表 6.2.1　贴片电阻的型号及尺寸

型　号	尺　寸		型　号	尺　寸	
	mm×mm	in×in		mm×mm	in×in
0201	0.6×0.3	0.024×0.012	2010	5.0×2.5	0.197×0.098
0402	1.0×0.5	0.040×0.020	2512	6.4×3.2	0.250×0.126

续表 6.2.1

型　号	尺　寸		型　号	尺　寸	
	mm×mm	in×in		mm×mm	in×in
0603	1.6×0.8	0.063×0.033	5020	12.0×5.0	0.472×0.196
0805	2.1×1.3	0.083×0.051	5021	12.0×5.0	0.472×0.196
1206	3.1×1.6	0.122×0.063			
1210	3.1×2.6	0.122×0.102			

图 6.2.1　0603 型贴片电阻(1.6 mm×0.8 mm)

图 6.2.2　0805 型贴片电阻(2.1 mm×1.3 mm)

图 6.2.3　1206 型贴片电阻(3.1 mm×1.6 mm)

如果采用手工焊接,建议使用 0805 型贴片电阻。本书所列举的硬件电路,其贴片电阻均为 0805 型。

6.2.2　贴片电容

贴片电容一般分为贴片普通电容和贴片钽电容。贴片普通电容同贴片电阻一样,按照 0805、1206 等分类;而贴片钽电容则按 A、B、C、D 来区分。图 6.2.4～图 6.2.8 为几种常用的贴片钽电容的外形。

表 6.2.2 给出了贴片钽电容的型号及尺寸。本书所列举的硬件电路,其贴片钽电容均为 A 型。

第6章 硬件开发应具备的条件

图 6.2.4 A 型贴片钽电容
(3.2 mm×1.6 mm)

图 6.2.5 B 型贴片钽电容
(3.5 mm×2.8 mm)

图 6.2.6 C 型贴片钽电容
(6.0 mm×3.2 mm)

图 6.2.7 D 型贴片钽电容
(7.3 mm×4.3 mm)

图 6.2.8 E 型贴片钽电容
(7.3 mm×4.3 mm)

表 6.2.2 贴片钽电容的型号及尺寸

型 号	EIA 代码	长 L		宽 W		高 H	
		mm	in	mm	in	mm	in
A	3216	3.2	0.126	1.6	0.063	1.6	0.063
B	3528	3.5	0.138	2.8	0.110	1.9	0.075
C	6032	6.0	0.236	3.2	0.126	2.6	0.102
D	7343	7.3	0.287	4.3	0.169	2.9	0.114
E	7343H	7.3	0.287	4.3	0.169	4.1	0.162
M	4726	4.7	0.185	2.6	0.102	2.1	0.083
N	5846	5.8	0.228	4.6	0.181	3.2	0.126

6.2.3 贴片三极管

常用的贴片三极管的封装有以下几种。

1. SOT-23 封装

SOT-23 封装外形及主要尺寸参数如图 6.2.9 所示,图 6.2.10 为 SOT-23 封装的实物图。

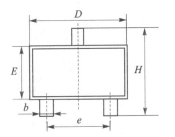

符 号	mm	in
b	0.40	0.016
D	2.90	0.114
E	1.35	0.053
e	1.90	0.075
H	2.55	0.100

图 6.2.9　SOT-23 封装

图 6.2.10　SOT-23 封装的实物图

2. SOT-25 封装

SOT-25 封装外形及主要尺寸参数如图 6.2.11 所示。

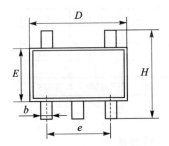

符 号	mm	in
b	0.40	0.016
D	2.90	0.114
E	1.60	0.063
e	1.90	0.075
H	2.80	0.110

图 6.2.11　SOT-25 封装

3. SOT-89 封装

SOT-89 封装外形及主要尺寸参数如图 6.2.12 所示,图 6.2.13 为 SOT-89 封装的实物图。

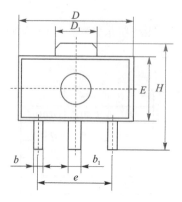

符 号	mm	in
b	0.40	0.016
b_1	0.50	0.020
D	4.50	0.177
D_1	1.65	0.065
E	2.50	0.098
e	3.00	0.118
H	4.10	0.161

图 6.2.12　SOT-89 封装

图 6.2.13　SOT-89 封装的实物图

4. SOT-113 封装

SOT-113 封装外形及主要尺寸参数如图 6.2.14 所示。

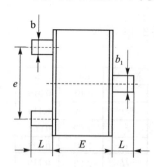

符 号	mm	in
b	0.22	0.009
b_1	0.28	0.011
E	0.81	0.032
e	0.90	0.035
L	0.285	0.011

图 6.2.14　SOT-113 封装

5. SOT-223 封装

SOT-223 封装外形及主要尺寸参数如图 6.2.15 所示。

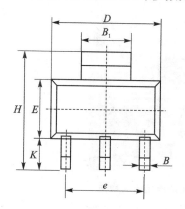

符 号	mm	in
B	0.70	0.028
B_1	3.00	0.118
D	6.50	0.256
E	3.50	0.138
e	4.60	0.181
H	7.00	0.276
K	1.75	0.069

图 6.2.15　SOT-223 封装

6. TO-252 封装

TO-252 封装外形及主要尺寸参数如图 6.2.16 所示，图 6.2.17 为 TO-252 封装的实物图。

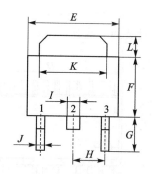

符 号	mm	in
E	6.60	0.260
F	5.40	0.213
G	2.50	0.098
H	2.30	0.091
I	0.90	0.035
J	0.80	0.031
K	5.35	0.211
L	1.50	0.059

图 6.2.16　TO-252 封装

图 6.2.17　TO-252 封装的实物图

6.2.4 贴片集成电阻

如图 6.2.18 所示为常用贴片集成电阻的实物图。

图 6.2.18 贴片集成电阻的实物图

6.2.5 贴片集成电路

与其他元件不同,贴片集成电路的种类较多。

1. SOP 封装

在 SOP 封装中,常用的有 SOP-8、SOP-14、SOP-16、SOP-20、SOP-24、SOP-28 等。以图 6.2.19 为例,给出了 SOP 封装的一些基本参数定义,表 6.2.3 给出了这些封装的相关参数。

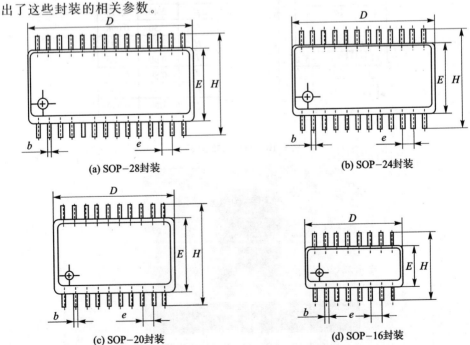

图 6.2.19 SOP 封装的集成电路

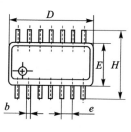
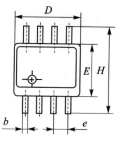

(e) SOP-14封装　　　　　　　　　　　(f) SOP-8封装

图 6.2.19　SOP 封装的集成电路(续)

表 6.2.3　SOP 封装的基本参数

符号	SOP-8		SOP-14		SOP-16		SOP-20		SOP-24		SOP-28	
	mm	in	mm	in	mm	in	mm	in	mm	in	mm	in
b	0.40	0.016	0.40	0.016	0.40	0.016	0.40	0.016	0.40	0.016	0.40	0.016
D	4.92	0.194	8.55	0.337	10.00	0.394	12.70	0.500	15.40	0.606	17.70	0.697
E	3.95	0.156	3.95	0.156	3.95	0.156	7.65	0.301	7.50	0.295	7.65	0.301
e	1.27	0.050	1.27	0.050	1.27	0.050	1.27	0.050	1.27	0.050	1.27	0.050
H	6.00	0.236	6.00	0.236	6.00	0.236	10.45	0.411	10.45	0.411	10.45	0.411

2. SSOP 封装

以 SSOP-28 为例,其外形及引脚分布如图 6.2.20 所示。

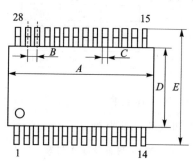

符号	mm	in
A	10.20	0.402
B	0.65	0.026
C	0.30	0.012
D	5.30	0.209
E	7.80	0.307

图 6.2.20　SSOP-28 封装

如果引脚不同,则参数 A 也不同。如表 6.2.4 所列为不同引脚情况下 SSOP 封装的参数 A。

表 6.2.4　不同引脚情况下的 SSOP 封装参数 A 列表

引脚数		14	16	20	24	28	30	38
A	mm	6.00	6.20	7.20	8.20	10.20	10.20	12.60
	in	0.236	0.244	0.283	0.323	0.402	0.402	0.496

3. TSSOP 封装

以 TSSOP-8 为例,其外形及引脚分布如图 6.2.21 所示。

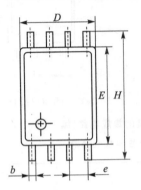

符 号	mm	in
b	0.27	0.011
D	3.05	0.120
E	4.40	0.173
e	0.65	0.026
H	6.40	0.252

图 6.2.21 TSSOP-8 封装

4. S1 封装

以 S1-16 为例,S1 封装的外形及引脚分布如图 6.2.22 所示。

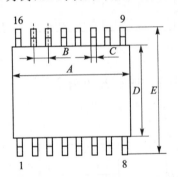

符 号	mm	in
A	10.29	0.405
B	1.27	0.050
C	0.43	0.017
D	7.49	0.295
E	10.40	0.410

图 6.2.22 S1-16 封装

不同引脚情况下的 S1 封装参数 A 如表 6.2.5 所列。

表 6.2.5 不同引脚情况下的 S1 封装参数 A 列表

引脚数		16	20	24	28
A	mm	10.29	12.83	15.37	17.91
	in	0.405	0.505	0.605	0.705

5. S2 封装

以 S2-14 为例,S2 封装的外形及引脚分布如图 6.2.23 所示。
不同引脚情况下的 S2 封装参数 A 如表 6.2.6 所列。

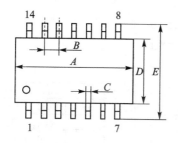

图 6.2.23 S2-14 封装

符 号	mm	in
A	10.20	0.402
B	1.27	0.050
C	0.43	0.017
D	5.30	0.209
E	7.80	0.307

表 6.2.6 不同引脚情况下的 S2 封装参数 A 列表

引脚数		14	16	20	24
A	mm	10.20	10.20	12.60	15.00
	in	0.402	0.402	0.496	0.591

6. S3 封装

以 S3-14 为例，S3 封装的外形及引脚分布如图 6.2.24 所示。

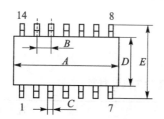

符 号	mm	in
A	8.65	0.341
B	1.27	0.050
C	0.43	0.017
D	3.91	0.154
E	6.00	0.236

图 6.2.24 S3-14 封装

不同引脚情况下的 S3 封装参数 A 如表 6.2.7 所列。

表 6.2.7 不同引脚情况下的 S3 封装参数 A 列表

引脚数		8	14	16
A	mm	4.90	8.65	9.90
	in	0.193	0.341	0.390

7. QFP 封装

QFP 封装的外形及引脚分布如图 6.2.25 所示。

第6章 硬件开发应具备的条件

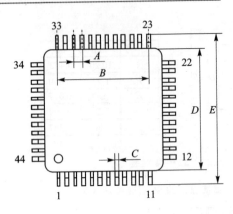

符 号	mm	in
A	0.80	0.031
B	8.00	0.315
C	0.30	0.012
D	10.00	0.394
E	12.40	0.488

图 6.2.25　QFP 封装

6.3　硬件开发应具备的工具和材料

"巧妇难为无米之炊"。如果没有得力的工具,就难以顺利地进行硬件开发。下面介绍硬件开发时应具备的工具和材料。

6.3.1　必备的工具和材料

必备的工具和材料如表 6.3.1 所列。

表 6.3.1　必备的工具和材料

序号	名 称	照 片	说 明
1	钢丝钳		硬件工作时必备的工具
2	尖嘴钳		焊接工作中,常用来夹线
3	偏口钳		用于剪线

续表 6.3.1

序号	名称	照片	说明
4	烙铁	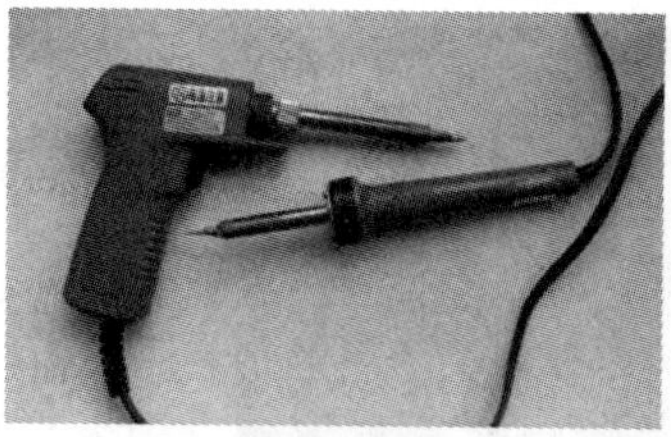	焊接元件用
5	烙铁架		放置电烙铁
6	焊锡丝		焊接元件。应准备不同粗细的焊锡丝,图中的焊锡丝分别为 0.5 mm 和 0.8 mm
7	吸锡带		焊接贴片元件时用来吸取焊锡
8	吸锡器	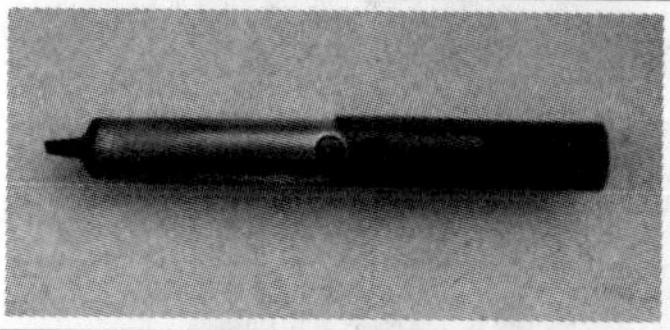	吸取多余的焊锡
9	放大镜		分别准备 3 倍和 10 倍的放大镜,用于观察贴片元件的焊接情况

第 6 章 硬件开发应具备的条件

续表 6.3.1

序号	名称	照片	说明
10	台式放大镜		焊接贴片时,需要在其下进行操作
11	清洗剂和助焊剂	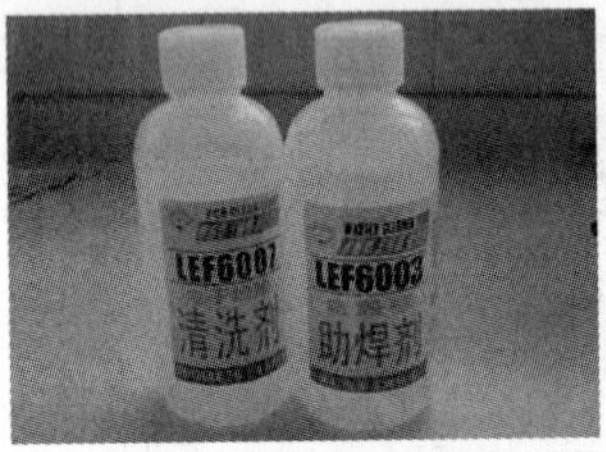	焊接贴片 IC 前,先涂助焊剂帮助焊接;贴片 IC 焊接后,再用清洗剂来清洗元件
12	毛刷	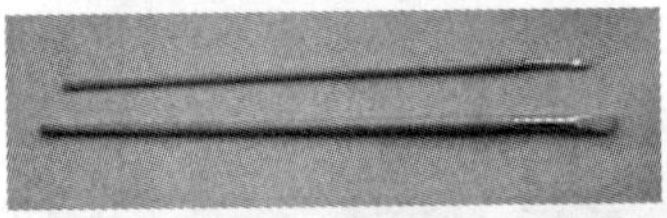	用来涂助焊剂和清洗元件
13	贴片元件吸取器	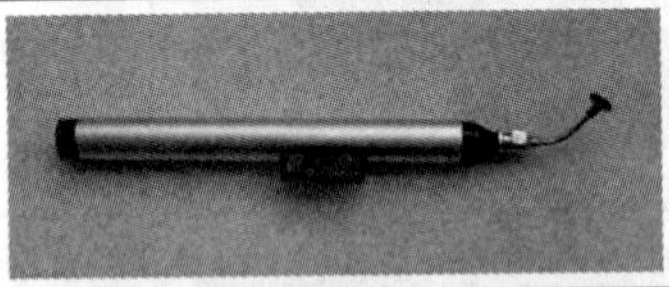 	用于吸取贴片 IC,以免损伤元件。下图为吸取贴片 IC 的情景
14	自制调压器		购买一个调光器,按照左图方式连接,可用作电烙铁电压的调节,使其能够处于合适的温度

续表 6.3.1

序号	名称	照片	说明
15	透明胶带	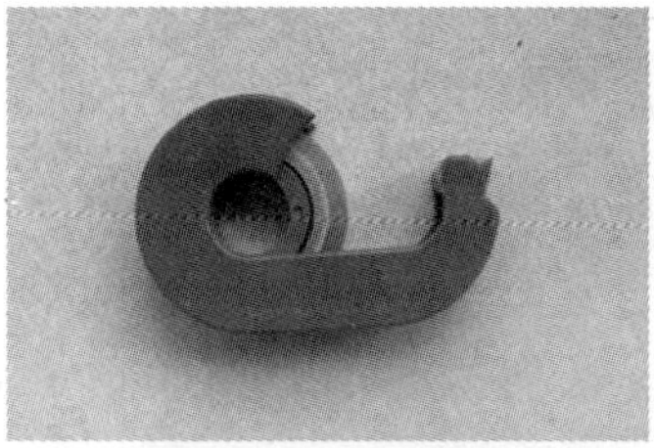	焊接贴片 IC 时，用于临时固定 IC
16	各种小改锥	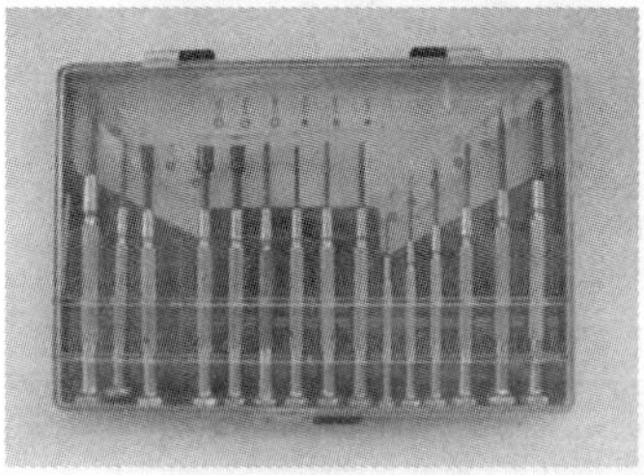	准备一套小改锥，便于硬件工作
17	间隔柱	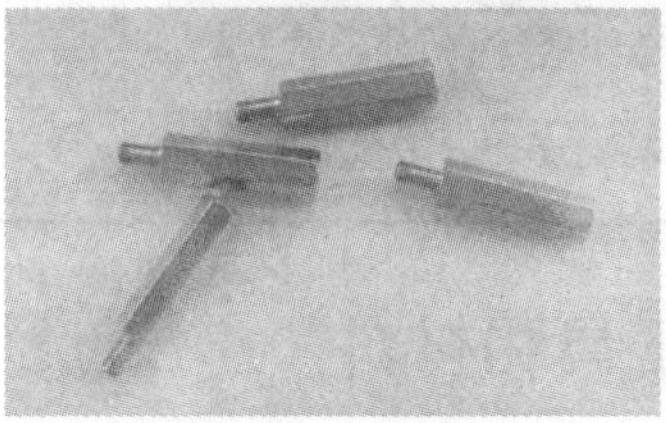	焊接 PCB 时，常用间隔柱支起 PCB 的四角，方便焊接
18	IC 起拔器		用于起拔 PLCC 器件
19	镊子	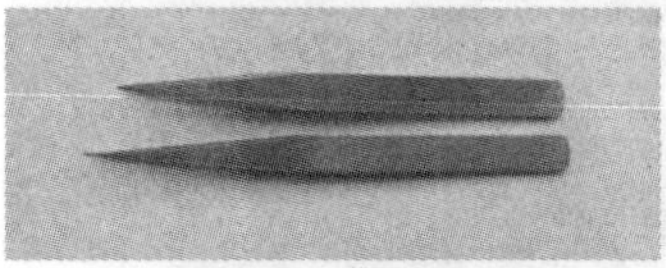	最好准备尖的镊子和钝的镊子各一个
20	剥线钳		用于剥掉细线的外皮。一般准备最细可剥 0.2 mm 线的为好

第6章 硬件开发应具备的条件

续表 6.3.1

序 号	名 称	照 片	说 明
21	大改锥	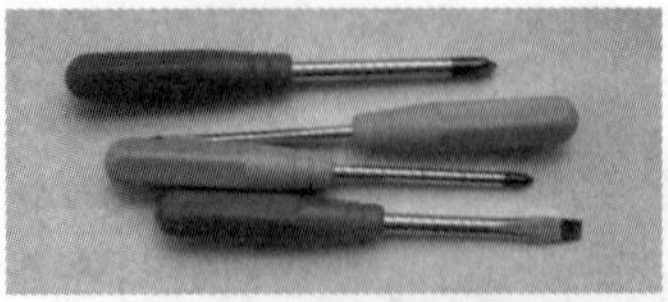	电子工作常用的工具
22	测试夹	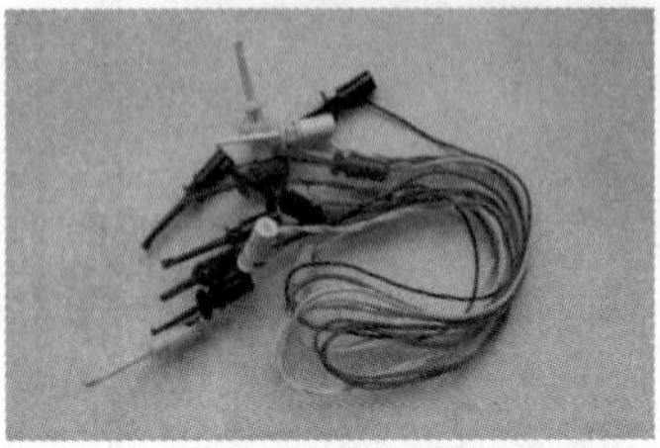	测试和调试电路时常用
23	鄂鱼夹		做电路实验时常用

6.3.2 更方便工作的工具和材料

附加介绍一些更方便工作的工具和材料，如表 6.3.2 所列。

表 6.3.2 更方便工作的工具和材料

序 号	名 称	照 片	说 明
1	游标卡尺	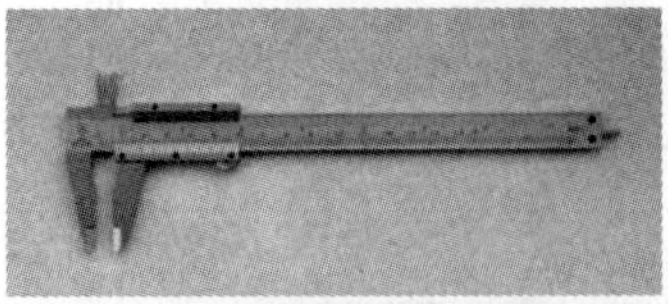	测量元件尺寸等用
2	普通 IC 起拔器	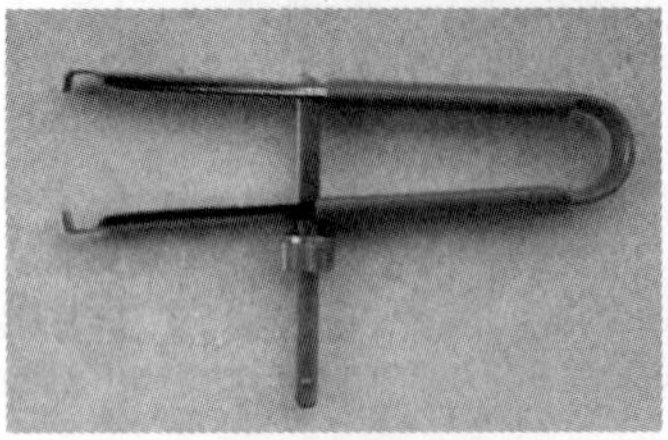	用于起拔普通 IC

第 6 章　硬件开发应具备的条件

续表 6.3.2

序号	名　称	照　片	说　明
3	插件起拔器	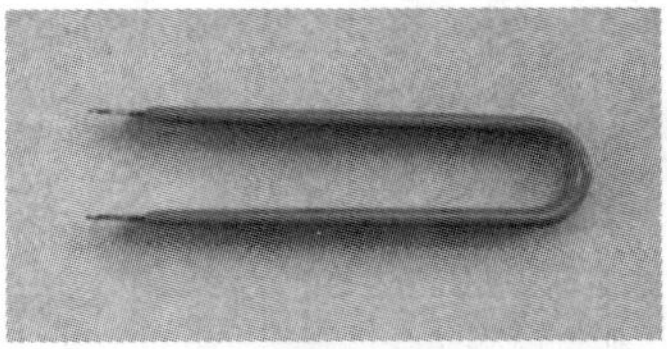	用于起拔插件
4	注射器	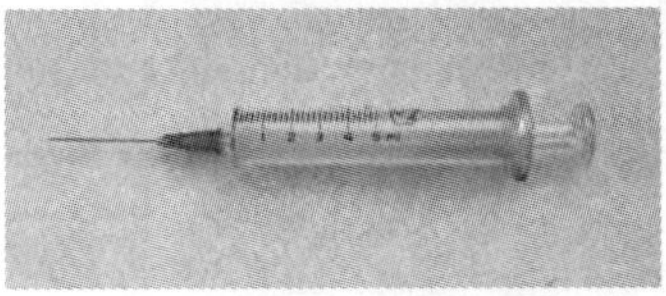	粘贴有机玻璃时,需要用到三氯甲烷,用注射器吸取三氯甲烷较为方便
5	精细刀具		做精细加工修理时使用
6	千分尺	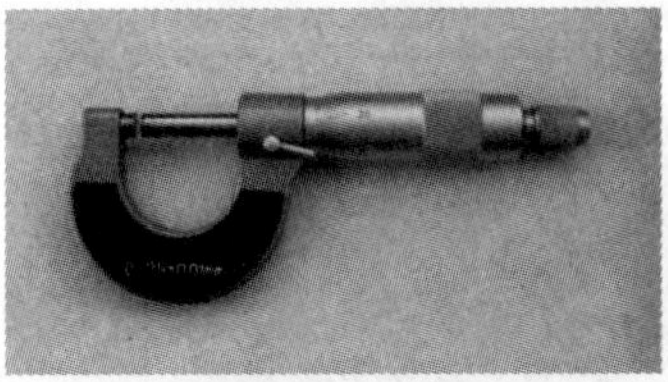	测量导线的直径等用
7	小型金加工材料		用于研磨、切割等
8	小锉刀	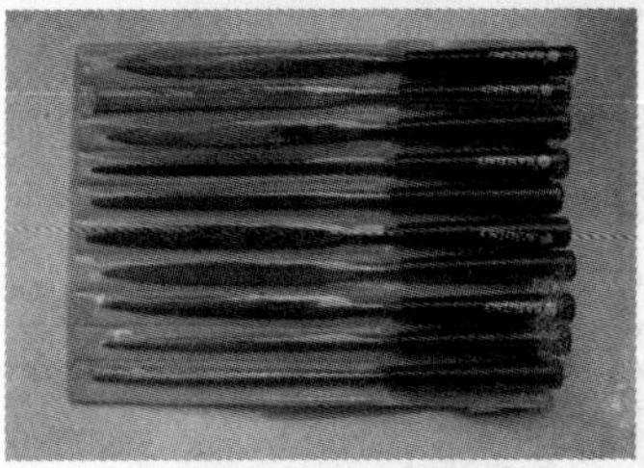	金加工必备的工具

续表 6.3.2

序号	名称	照片	说明
9	裁纸刀	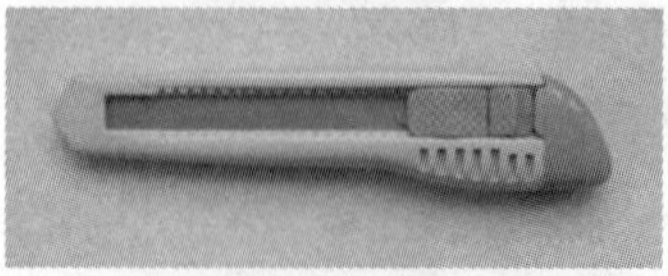	用于裁纸
10	活动扳手		大、小尺寸的板手都应具备,金加工时较为方便
11	钩刀	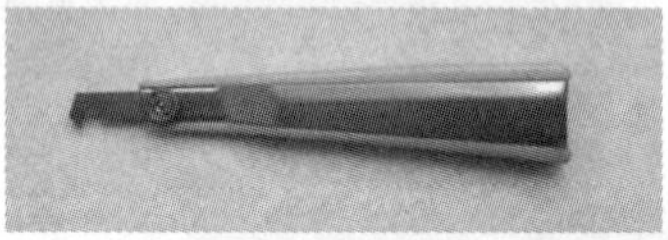	切割有机玻璃、三合板时使用
12	锥子	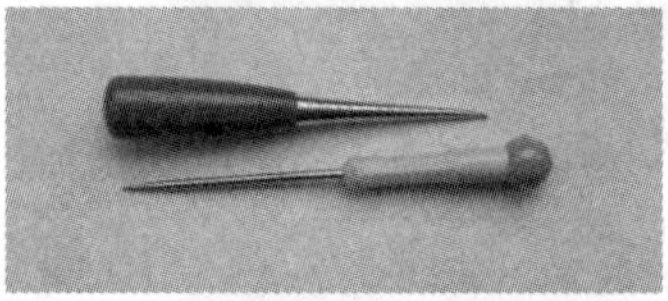	扎孔时常用
13	钻头	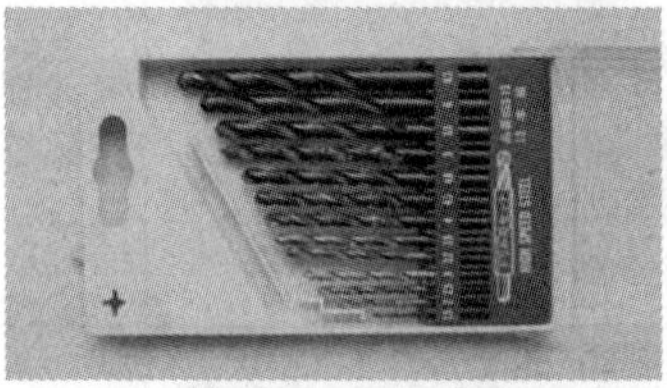	金加工钻孔用
14	锤子	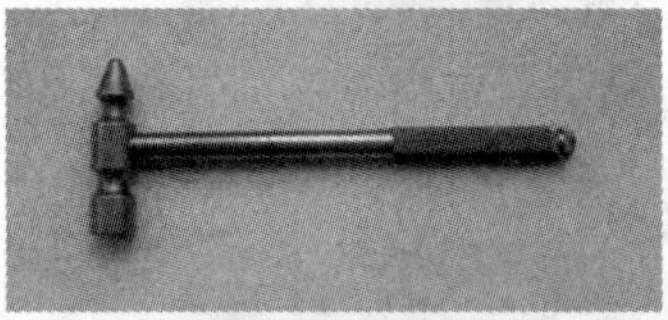	金加工用
15	六角改锥	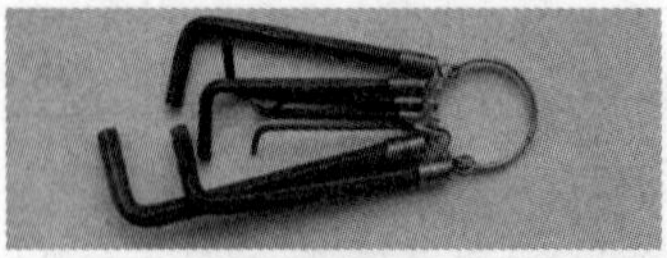	拧六角螺丝用
16	简易台虎钳		用于桌面工作时夹持元件

续表 6.3.2

序号	名称	照片	说明
17	小型台虎钳		压合插件时要用到
18	木锯	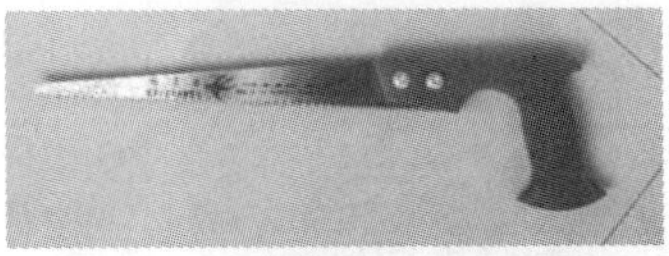	用于锯木头
19	钢锯	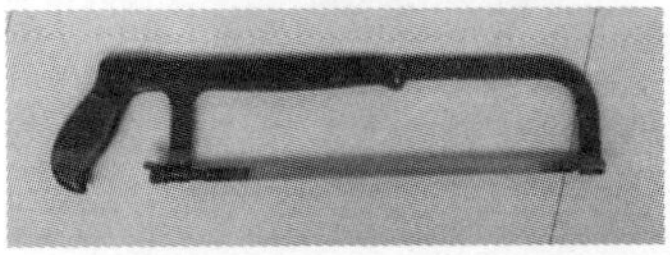	用于锯钢板、铝板等
20	凿子		做木工活时用
21	木锉		木加工用
22	钢锉	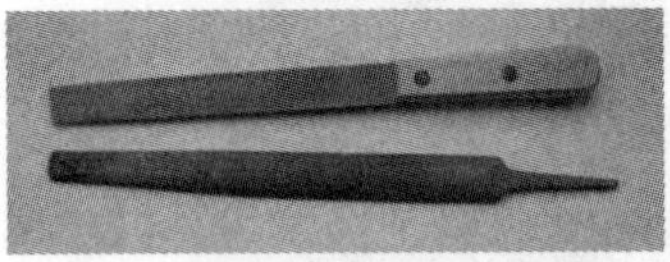	用于挫钢板、铝板等
23	AB 胶	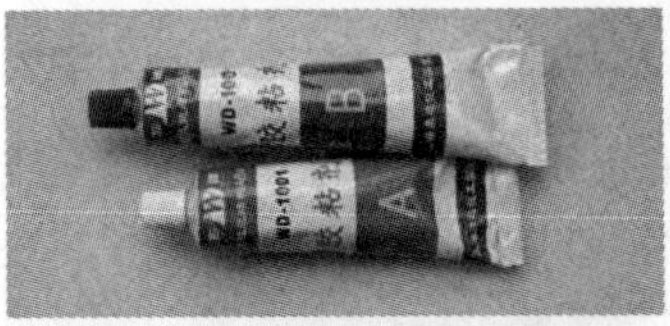	粘合各种材料用
24	扎带		扎线等用

续表 6.3.2

序号	名称	照片	说明
25	各种尺子	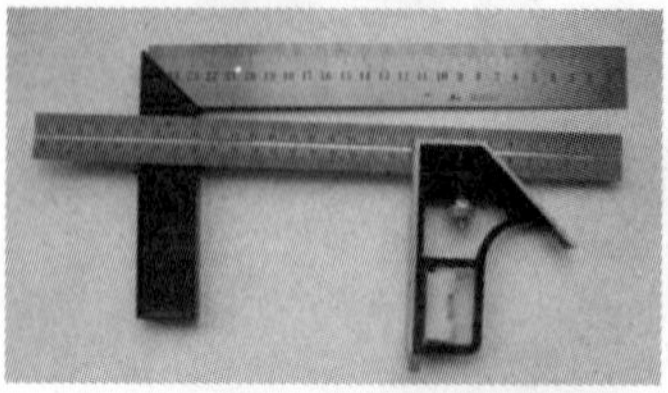	用于测量各种长度参数
26	曲线电锯	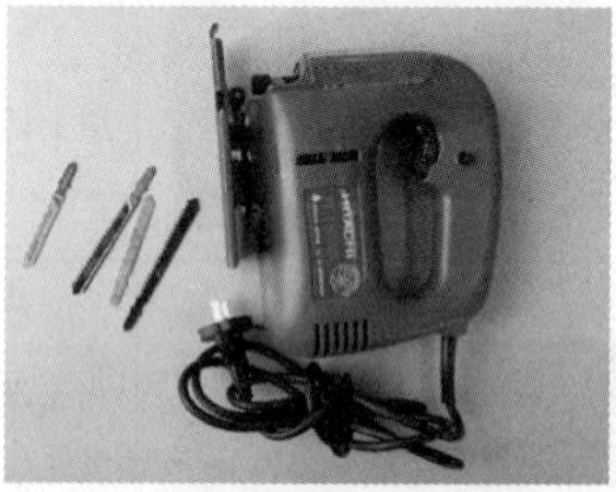	用于将木板或铁板等锯成各种期望的曲线形状,如:圆弧等。锯条有用于木制板材和金属板材之分
27	攻丝模具	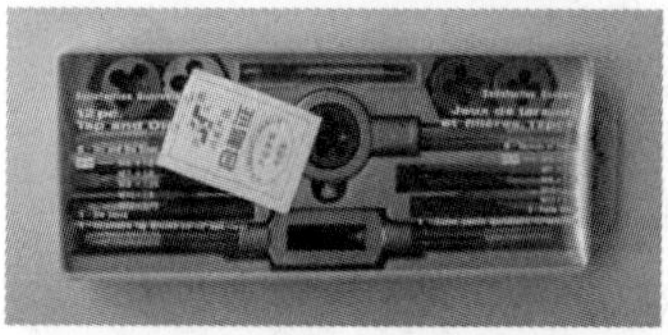	攻螺孔和套丝扣用
28	熔胶枪	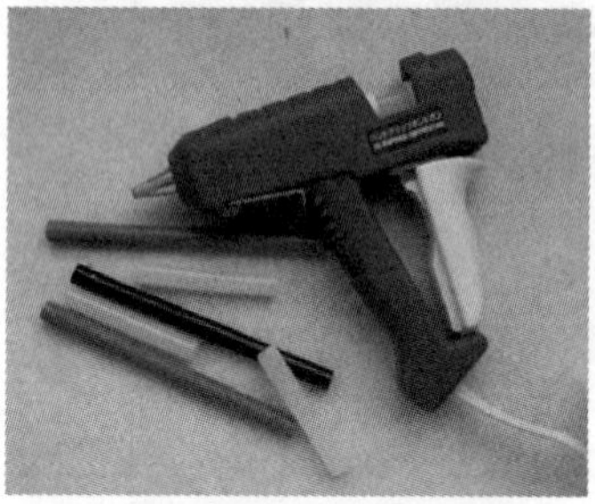	把胶熔化后,填充用
29	手持电钻	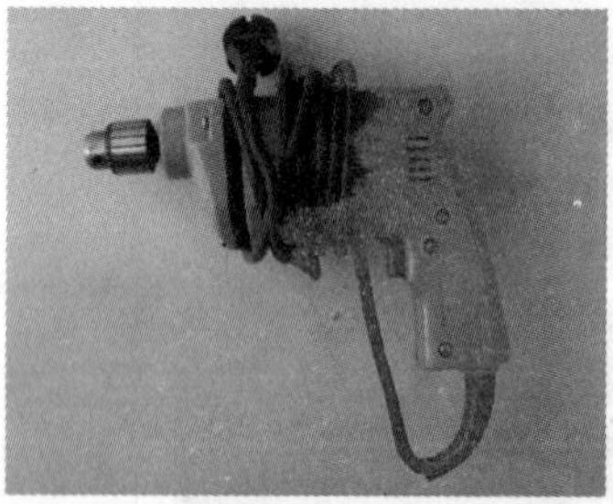	打孔用

续表 6.3.2

序号	名称	照片	说明
30	微型钻床		在桌面工作时钻孔用
31	支架		焊接小的插件时常用到

6.4 硬件开发应具备的仪器仪表

6.4.1 必备的仪器仪表

必备的仪器仪表如表 6.4.1 所列。

表 6.4.1 必备的仪器仪表

序号	名称	照片	说明
1	数字万用表	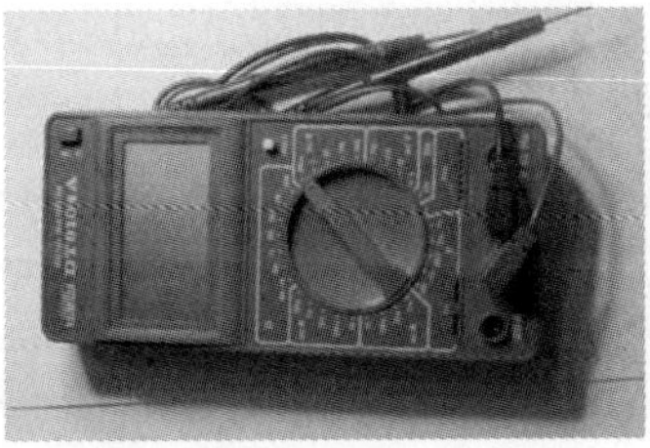	必备的仪表

续表 6.4.1

序 号	名 称	照 片	说 明
2	模拟万用表	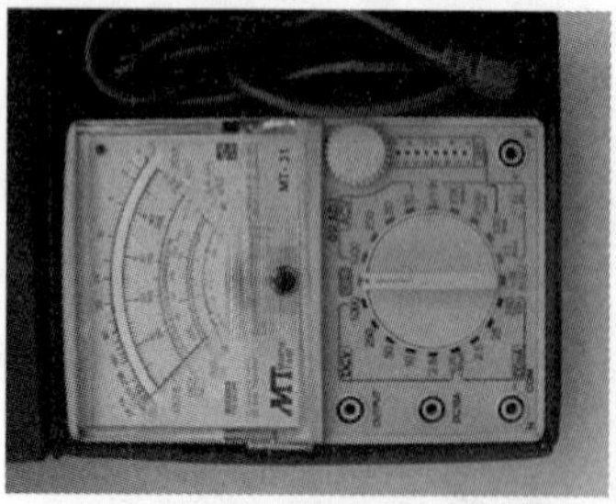	测量三极管时较方便
3	电容表		测量电容
4	开关电源	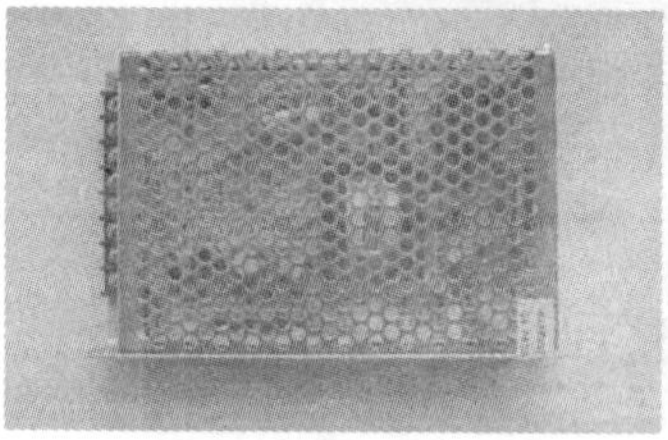	实验用电源

6.4.2 更方便工作的仪器仪表

附加介绍一些更方便工作的仪器仪表,如表 6.4.2 所列。

表 6.4.2 更方便的仪器仪表

序 号	名 称	照 片	说 明
1	LCR 表	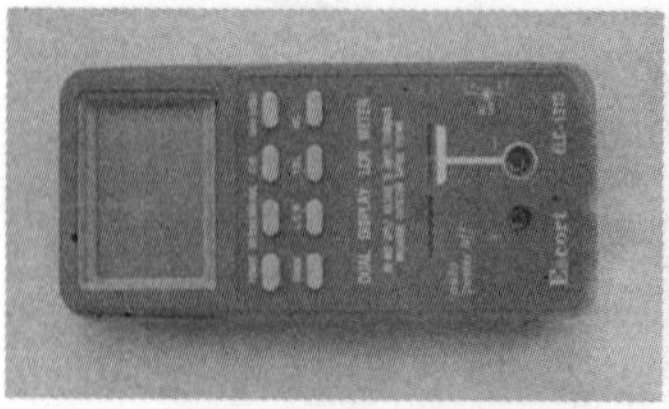	较高精度的仪表,可测微小量级的元件参数

第 6 章 硬件开发应具备的条件

续表 6.4.2

序号	名称	照片	说明
2	实验板		做基本电路实验常用
3	示波器	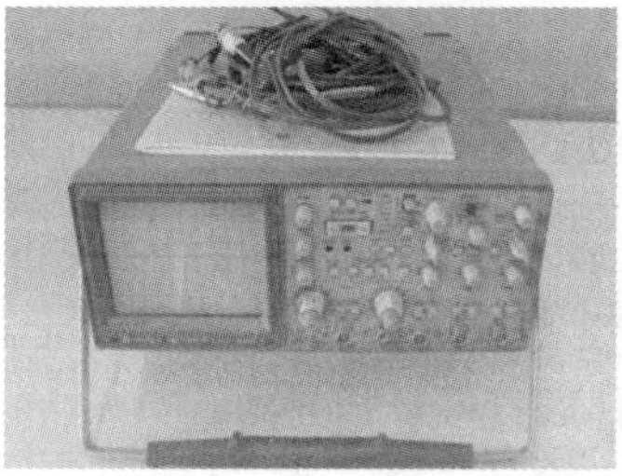	测量波形必备的仪器
4	信号发生器	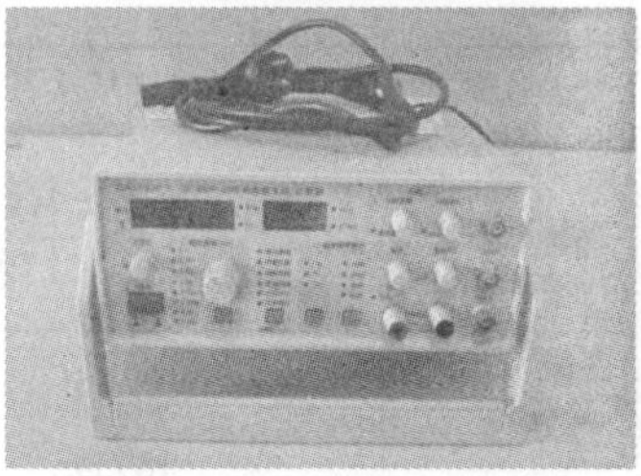	对实验、开发十分有用
5	电阻箱		实验用
6	自耦变压器		实验用

第6章 硬件开发应具备的条件

续表6.4.2

序号	名称	照片	说明
7	高频频率计	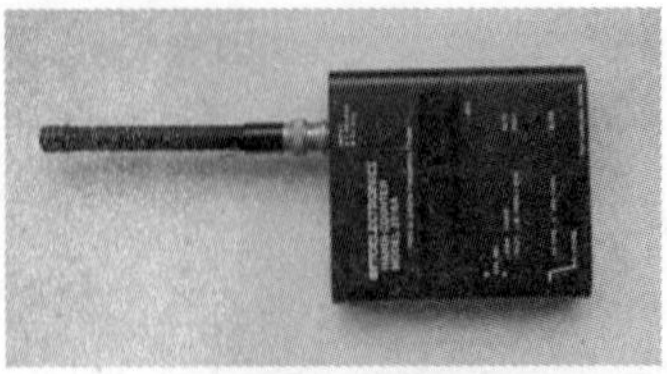	高频频率测量

6.5 硬件开发应具备的基本常识

6.5.1 常用电路符号的表示方法

在电子线路中，需要用到许多元器件。能否将元器件正确表述，直接决定了自己所设计的电路是否能被别人读懂。因此，养成正确描述元器件的习惯就十分重要。表6.5.1推荐了一些常用元器件的符号及描述法。

表6.5.1 常用元器件的符号及描述法

表示字符	英文表示	中文名称	电路符号及表述	备注
C	Capacitor Capacitance	电容	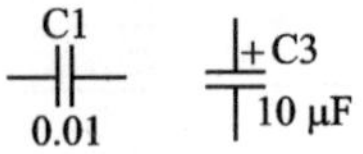 C1 0.01　+C3 10 μF	几乎所有的电路中都用到，种类繁多
D	Diode	二极管	 D20 1S953	用于整流和检波等电路，种类繁多
JFET	Junction Field Effect Transistor	结型场效应管	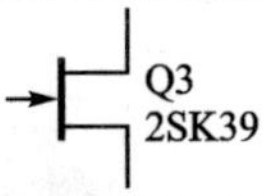 Q3 2SK39	输入阻抗较高的一种三极管
L	Inductor Inductance	电感	 L1 FCZ 7 MHz	高频、滤波、调谐等电路中常用到的元器件
LED	Light Emitting Diode	发光二极管	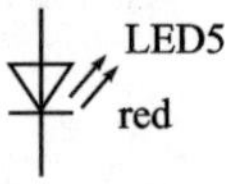 LED5 red	可发光的二极管
OS-FET	Metal Oxide Semiconductor-Field Effect Transistor	MOS场效应管	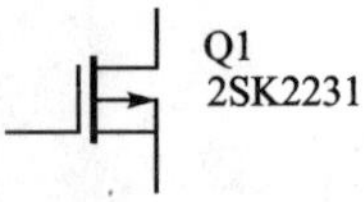 Q1 2SK2231	输入阻抗极高的一种单极型三极管

续表 6.5.1

表示字符	英文表示	中文名称	电路符号及表述	备注
OP－AMP	Operational Amplifier	运算放大器	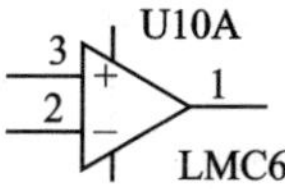 U10A LMC662	多用作通用放大器
R	Resistor、Resistance	电阻、电位器	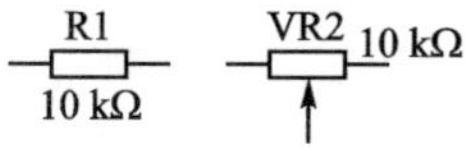 R1 10 kΩ VR2 10 kΩ	几乎所有的电路都用到的元器件
SW	Switch	开关	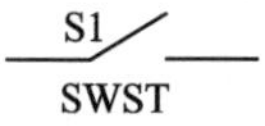 S1 SWST	开关
T PT	Transformer Power Transformer	变压器 电源变压器	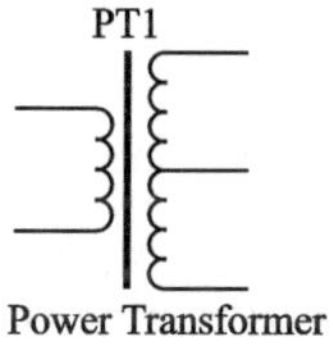 PT1 Power Transformer	作为电源变压器、高频变压器用
Tr	Transistor	晶体三极管	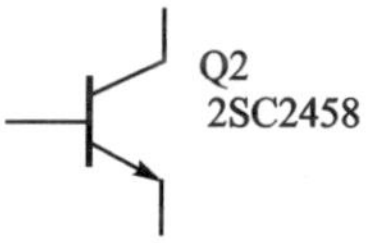 Q2 2SC2458	基本的半导体放大器件
XTAL	Crystal Resonator	晶振	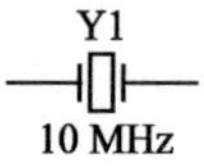 Y1 10 MHz	多用于稳定度要求高的振荡电路中
IC	Digital IC	数字集成电路	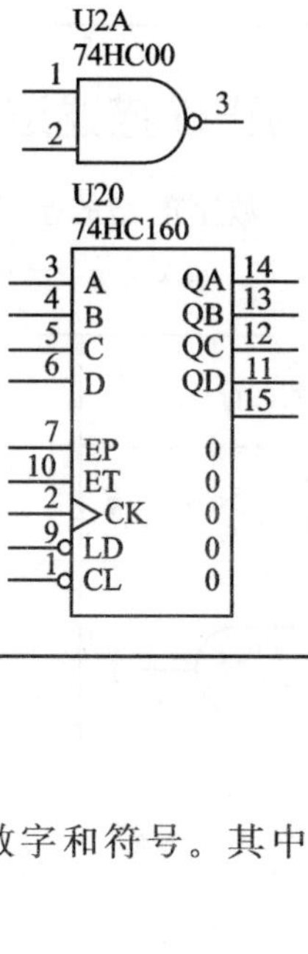 U2A 74HC00 / U20 74HC160	逻辑电路,使用非常广泛,种类也很多

6.5.2 电子电路的基本单位

在电子电路中,元件的旁边都附有各种数字和符号。其中,含有元件的值(常数),并具有单位。电子电路的基本单位如表 6.5.2 所列。

表 6.5.2 电子电路的基本单位

名 称	符 号	意 义	读 法	常用单位
电 压	V	Volt	伏 特	$\mu V, mV, V$
电 流	A	Ampere	安 培	$nA, \mu A, mA, A$
功 率	W	Watt	瓦 特	$\mu W, mW, W$
电 阻	Ω	Ohm	欧 姆	$\Omega, k\Omega, M\Omega$
电 感	H	Henry	亨 利	$\mu H, mH$
电 容	F	Farad	法拉第	$pF, \mu F$
频 率	Hz	Hertz	赫 兹	Hz, kHz, MHz, GHz

常用到的辅助单位如表 6.5.3 所列。

表 6.5.3 辅助单位

符 号	数 值
G	10^9
M	10^6
k	10^3
m	$10^{-3}(0.001)$
μ	$10^{-6}(0.000\ 001)$
n	$10^{-9}(0.000\ 000\ 001)$
p	$10^{-12}(0.000\ 000\ 000\ 001)$

6.5.3 逻辑门的正确描述法

基本逻辑门是组成数字电路的基础,其逻辑符号及功能如表 6.5.4 所列。

表 6.5.4 基本逻辑门的符号及功能

逻辑门符号	名 称	表达式	真值表 A	B	Y
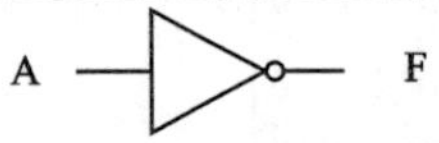 A ─▷○─ F	NOT	$Y=\overline{A}$	0	—	1
			1	—	0
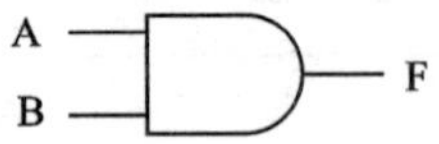 A,B ─&─ F	AND	$Y=A\&B$	0	0	0
			1	0	0
			0	1	0
			1	1	1

续表 6.5.4

逻辑门符号	名称	表达式	真值表 A	B	Y
	OR	$Y=A+B$	0	0	0
			1	0	1
			0	1	1
			1	1	1
	NAND	$Y=\overline{A\&B}$	0	0	1
			1	0	1
			0	1	1
			1	1	0
	NOR	$Y=\overline{A+B}$	0	0	1
			1	0	0
			0	1	0
			1	1	0

基本逻辑门的形状都有固定的比例关系，如图 6.5.1 所示。

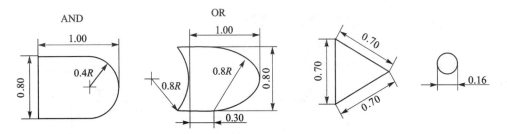

图 6.5.1 基本逻辑门的比例关系

6.5.4 其他知识

描述电子电路时，应该养成一种良好的习惯。以下列举了描述电子电路的一些习惯做法。

1. 信号的流向从左到右

来自外部的输入信号、开关操作等，尽可能画在电路图的左侧，信号的流向及处理由左向右，最后在电路图的右侧输出。

2. 电源线在上、地线在下

原则上讲，应将地线画在元件的下方，电源线画在元件的上方，电源符号也在上方，并且朝上画。但是，在负电源的情况下，电源符号应在元件的下方，并且朝下画。另外，在电源为外部输入的情况下，应将其画在电路图的右侧。

3. 元件标号要完整

元件的种类要用英文表示,其标号应连续地标注。对于元件要标注元件值,如电阻为"R2 100k"等。

4. 尽可能多加注释

在不容易理解电路的情况下,多增加些注释,有利于他人读懂电路,也便于自己日后在短时间内读懂电路。例如:在开关旁加注"RESET"或"UP KEY"等,可使人一目了然。

5. 加注电路图的名称、作图日期、作者、版本等信息

通常在电路图的右下方,设置一个栏目,将电路图的名称、制作日期、作者名、版本等信息写入。所生成的 PCB 文件,其命名也要尽可能地简短且又能表达电路的作用。

6. 集成电路的引脚要加引脚号

对集成电路一定要标注引脚号,同时要标注功能符号。

7. 逻辑上的"与"、"或"表达要清晰

在一些电路中,从功能上讲如果是"与"的关系,就要用"与"门来表达;如果是"或"的关系,就要用"或"门来表达。图 6.5.2 给出了同一逻辑功能的两种表示法。

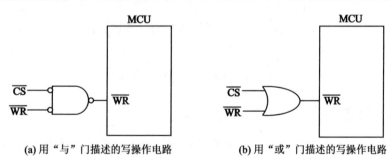

(a) 用"与"门描述的写操作电路　　(b) 用"或"门描述的写操作电路

图 6.5.2　同一功能的不同描述法

这两个电路在功能上是一样的,所不同的是图(a)用"与"门描述,而图(b)用"或"门描述。假如在功能设计时有这样的考虑:当片选信号$\overline{CS}$有效并且"写"信号$\overline{WR}$有效时,MCU 被进行"写"操作,那么,用图(a)表达更贴切。反过来说,就图的表达而言,图(a)说明:当片选信号$\overline{CS}$有效并且"写"信号$\overline{WR}$有效时,"与"门的输出有效,这一有效是指的负有效,正好与 MCU 的逻辑吻合,故 MCU 被进行"写"操作。而图(b)的表达尽管在硬件上与图(a)具有完全相同的功能,但表达方式令人费解,不知所云。

第 7 章

数字电路系统的实用设计

7.1 简单的可编程单脉冲发生器

可编程单脉冲发生器是一种脉冲宽度可变的信号发生器,其输出为 TTL 电平。在输入按键的控制下,产生单次脉冲,脉冲的宽度由 8 位输入数据控制(以下称之为脉宽参数)。由于是 8 位的脉宽参数,故可以产生 255 种宽度的单次脉冲。

7.1.1 由系统功能描述时序关系

可编程单脉冲发生器的操作过程如下:
① 预置脉宽参数。
② 按下复位键,初始化系统。
③ 按下启动键,发出单脉冲。

以上三步可用三个按键来完成。但是,考虑到设计资源的简化,故在复位键按下后,经延时自动产生预置脉宽参数的动作。这一过程可用图 7.1.1 所示的时序来描述。

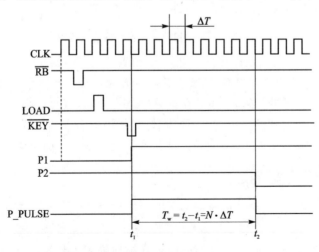

图 7.1.1 可编程单脉冲发生器的时序图

图 7.1.1 中的 $\overline{RB}$ 为系统复位脉冲,在其之后自动产生 LOAD 脉冲,装载脉宽参数;之后,等待按下 $\overline{RB}$ 按键,$\overline{KEY}$ 按键按下后,单脉冲 P_PULSE 便输出。**注意**:$\overline{KEY}$

的按下是与系统时钟 CLK 不同步的,不加处理将会影响单脉冲 P_PULSE 的精度。为此,在 $\overline{\text{KEY}}$ 按下期间,产生脉冲 P1,它的上升沿与时钟取得同步;之后,在脉宽参数的控制下,使计数单元开始计数;当达到预定时间后,再产生一个与时钟同步的脉冲 P2。由 P1 和 P2 就可以算出单脉冲的宽度 T_w。

7.1.2 流程图的设计

根据时序关系可以设计出图 7.1.2 所示的流程图。

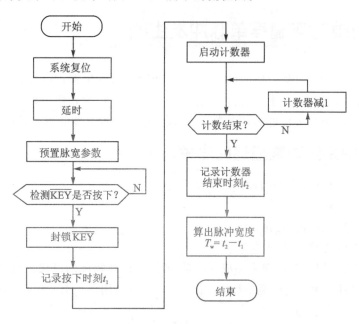

图 7.1.2 可编程单脉冲发生器的流程图

在系统复位后,经一定的延时产生一个预置脉冲 LOAD,用来预置脉宽参数。**注意**:复位脉冲不能用来同时预置,要在其之后再次产生一个脉冲来预置脉宽参数。

为了产生单次脉冲,必须考虑到在按键 $\overline{\text{KEY}}$ 有效后,其可能会保持较长的时间,也可能会产生多个尖脉冲。因此,需要设计一种功能,使得在检测到 $\overline{\text{KEY}}$ 有效后就封锁 $\overline{\text{KEY}}$ 的再次输入,直到系统复位。这是本设计的一个关键所在。

7.1.3 系统功能描述

根据时序关系和流程图,可以进一步描述系统的功能。图 7.1.3 给出了系统功能描述。

与系统的时序相呼应,系统功能框图较详细地描述了系统应有的功能。系统主要由以下三大模块组成。

① 延时模块 P_DLY。

② 输入检测模块 P_DETECT。
③ 计数模块 LE_EN_DCNT。

在此阶段，应尽可能详细地描述系统，给出合理的逻辑关系，并进行正确的功能模块分配。例如，不要把计数模块 LE_EN_DCNT 与延时模块 P_DLY 混在一起，否则将给后续的设计带来不必要的麻烦。对每一个模块进行详细的功能描述后，下一步就可以将其细化为具体的逻辑电路了。

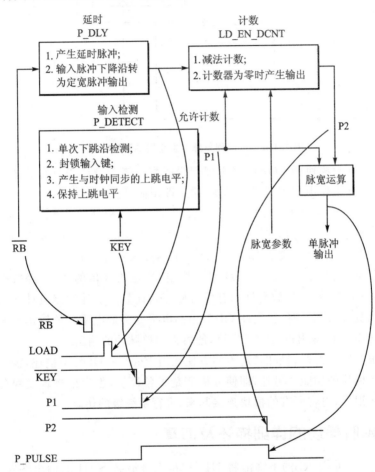

图 7.1.3　可编程单脉冲发生器的系统功能描述

7.1.4　逻辑框图

可将系统功能用逻辑框图来描述，如图 7.1.4 所示。

① 延时模块 P_DLY。CLK 给延时单元提供计数时基，在复位脉冲$\overline{RB}$从有效变为无效时，启动延时单元。延时时间到后便输出一个负有效的脉冲，其宽度为一个时钟周期。延时的输出脉冲设计为负有效没有什么特别原因，也可以设计成正有效，这

第 7 章 数字电路系统的实用设计

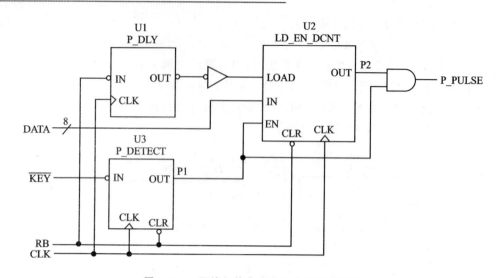

图 7.1.4 可编程单脉冲发生器的逻辑框图

样可以直接与计数模块的 LOAD 端实现逻辑匹配。笔者设计成负有效的原因是因为在过去的设计工作中曾用到了此模块，拿来即用而已。

② 输入检测模块 P_DETECT。$\overline{RB}$ 复位系统后，该模块等待 $\overline{KEY}$ 的输入，一旦检测到有下跳，就一方面封锁输入，另一方面产生并保持与时钟同步的一个上跳脉冲。该脉冲用以开启计数模块 LE_EN_DCNT 的计数允许端 EN。

③ 计数模块 LE_EN_DCNT。脉宽参数端 IN 接收 8 位的数据，经数据预置端 LOAD 装载脉宽参数，在计数允许端有效后便开始计数。该计数器设计成为减法计数的模式，当其计数到 0 时，输出端 OUT 由高电平变为低电平。该输出与来自延时模块 P_DETECT 的输出进行"与"运算，便可得到单脉冲的输出。

但是，根据以上的逻辑框图，还不能方便地用 Verilog-HDL 来描述，需要进一步分析、细化各模块的功能。另外，即使分析清楚了各模块，也应该将各模块分别进行仿真，正确无误后，再将所有的模块连接起来，进行系统级的仿真。

7.1.5 延时模块的详细描述及仿真

如图 7.1.5 所示，$\overline{RB}$ 的下降沿将 U1 复位，上升沿又将 U1 的输出端置"1"。同时，$\overline{RB}$ 将 U3 复位，其输出端开启三与门。在这种情况下，时钟 CLK 通过三与门输入到 U2 的 IN 端，U2 延长一定时间(本设计为 5 个时钟周期)后输出下跳的脉冲，该脉冲持续一个时钟周期后又上跳，上升沿输入到 T 触发器，T 触发器的输出端封锁三与门。这一时序关系如图 7.1.6 所示。

图 7.1.5 中的延时单元 DLY_UNIT 可用图 7.1.7 的逻辑电路实现。

至此，延时模块 P_DLY 已可用 Verilog-HDL 来描述了。

第7章 数字电路系统的实用设计

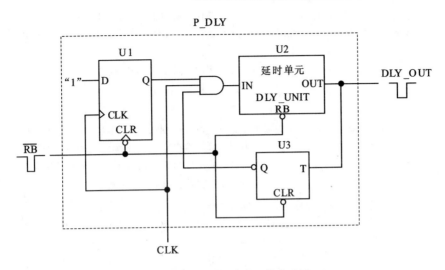

图 7.1.5 延时模块的逻辑电路图

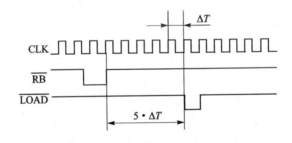

图 7.1.6 延时脉冲的时序关系

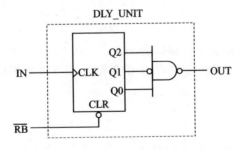

图 7.1.7 延时模块中计数器的逻辑电路图

1. 延时模块 P_DLY 的 Verilog-HDL 描述(P_DLY_1.v)

```
module  P_DLY  (CLK, RB, DLY_OUT);    //模块名 P_DLY 及端口参数定义,范围至 endmodule
  input    CLK, RB;                   //输入端口定义,CLK 为时钟端,RB 为复位端
  output   DLY_OUT;                   //输出端口定义,DLY_OUT 为延时后的脉冲输出端
  wire     Q, QB, CNT_CLK;            //线网定义,中间变量定义
```

```verilog
    DFF_R       U1 ( CLK, Q, RB );           //调用 D 触发器 DFF_R 模块
    assign      CNT_CLK = CLK&Q&QB;          //赋值语句,实现把三与门的输出赋给 CNT_CLK
    DELAY       U2 ( RB, CNT_CLK , DLY_OUT);//调用延时单元 DELAY 模块
    TFF         U3  ( DLY_OUT, QB, RB );    //调用 T 触发器 TFF 模块
endmodule                                    //模块 P_DLY 结束
/*     延时单元 DELAY     */
module DELAY (RESET_B,CLK,DIV_CLK);          //模块名 DELAY 及端口参数定义,范围至 endmodule
    input    RESET_B, CLK;                   //输入端口定义,CLK 为时钟端,RESET_B 为复位端
    output   DIV_CLK;                        //输出端口定义,DLY_CLK 为延时后的脉冲输出端
    reg      [2:0] Q;                        //寄存器定义,中间变量定义
    always   @ (posedge CLK or negedge RESET_B)
        //always 语句,当 CLK 的上升沿到来时或者当 RESET_B 为低电平时,执行以下语句
        if (!RESET_B)
            Q <= 0;                          //当 RESET_B 为低电平时,Q=0,即计数器清 0
        else if (Q == 5)
            Q <= 0;                          //当 Q=5 时,使得 Q=0,即计数器已满,清 0
        else
            Q <= Q + 1;                      //当 CLK 的上升沿到来时,Q=Q+1,即计数器加 1
    assign DIV_CLK = ~(Q[2] & ~Q[1] & Q[0]);
        //赋值语句,产生延时后的脉冲输出 DIV_CLK
endmodule    //模块 DELAY 结束
/*     D 触发器 DFF_R     */
module DFF_R  ( CK, Q, RB );                 //模块名 DFF_R 及端口参数定义,范围至 endmodule
    input    CK, RB;                         //输入端口定义,CK 为时钟端,RB 为复位端
    output   Q;                              //输出端口定义,Q 为 D 触发器的输出
    reg      Q;                              //寄存器定义
    always   @ (posedge CK or negedge RB)
        //always 语句,当 CK 的上升沿到来时或者当 RB 的下降沿到来时,执行以下语句
        begin
            if (RB==0)
                Q <= 0;                      //当 RB 的下降沿到来时,Q=0,即 D 触发器清 0
            else
                Q <= 1;                      //当 CK 的上升沿到来时,Q=1
        end
endmodule                                    //模块 DFF_R 结束
/*     T 触发器 TFF     */
module TFF  (T,QB,RB);                       //模块名 TFF 及端口参数定义,范围至 endmodule
    input    T, RB;                          //输入端口定义,T 为触发端,RB 为复位端
    output   QB;                             //输出端口定义,QB 为 T 触发器的输出
    reg      QB;                             //寄存器定义
```

```
    always @ (posedge T or negedge RB)
                        //always 语句,当 T 的上升沿到来时或者当 RB 为低电平时,执行以下语句
      begin
        if (RB == 0)
          QB <= 1;                      //当 R 为低电平时,QB = 1,即 T 触发器清 0
        else
          QB <= ~QB;                    //当 T 的上升沿到来时,QB = $\overline{QB}$
      end
    endmodule                           //模块 TFF 结束
```

2. 延时模块 P_DLY 的顶层模块(P_DLY_1_TEST.v)

```
    `timescale   1ns/1ns                //将仿真时延单位和时延精度都设定为 1 ns
    module  P_DLY_TEST;                 //测试模块名 P_DLY_TEST,范围至 endmodule
      reg    CLK, RB;                   //寄存器类型定义,输入端口定义
      wire   DLY_OUT;                   //线网类型定义,输出端口定义
      parameter   STEP = 50;            //定义 STEP 为 50,其后凡 STEP 都视为 50
      P_DLY  P_DLY  (CLK,RB,DLY_OUT);   //底层模块名,实例名及参数定义
      always  #(STEP/5)   CLK = ~CLK;   //每隔 10 ns,CLK 就翻转一次
      initial  begin                    //从 initial 开始,输入信号波形变化
        RB = 1; CLK = 0;                //参数初始化
        #(STEP)      RB = 0;            //50 ns 后,RB = 0
        #(STEP)      RB = 1;            //50 ns 后,RB = 1
        #(STEP)                         //延时 50 ns
        #(STEP)                         //延时 50 ns
        #(STEP)                         //延时 50 ns
        #(STEP)                         //延时 50 ns
        #(STEP)                         //延时 50 ns
        #(STEP)                         //延时 50 ns
        #(STEP)      RB = 0;            //50 ns 后,RB = 0
        #(STEP/5)    RB = 1;            //10 ns 后,RB = 1
        #(STEP)                         //延时 50 ns
        #(STEP)                         //延时 50 ns
        #(STEP)                         //延时 50 ns
        #(STEP)                         //延时 50 ns
        #(STEP/2)    $finish;           //25 ns 后,仿真结束
      end
    endmodule                           //模块 P_DLY_TEST 结束
```

3. 延时模块 P_DLY 的逻辑仿真结果

图 7.1.8 为延时模块 P_DLY 的逻辑仿真结果。从逻辑仿真结果可以看出其与

第 7 章 数字电路系统的实用设计

设计是相吻合的。

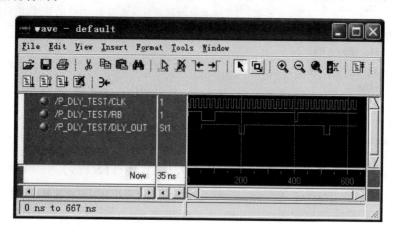

图 7.1.8 延时模块的逻辑仿真结果

7.1.6 功能模块 Verilog-HDL 描述的模块化方法

延时模块毕竟是整个系统的一个组成部分，因此，即使仿真结果正确，也还存在着与其他模块接口的问题。所以在子模块的 Verilog-HDL 描述过程中，应该注意以下两点：

① 逻辑描述的正确性。

② 与其他模块接口的方便性。

现在回过头来再分析一下前面延时模块的主模块部分的描述。

```
1.  module   P_DLY ( CLK, RB, DLY_OUT);
2.      input      CLK, RB;
3.      wire       Q, QB, CNT_CLK;
4.      output     DLY_OUT;
5.
6.      DFF_R  U1 ( CLK, Q, RB);
7.      assign  CNT_CLK = CLK & Q & QB;
8.      DELAY U2 ( RB, CNT_CLK , DLY_OUT);
9.      TFF    U3 ( DLY_OUT, QB, RB );
10. endmodule
```

该模块的对外接口共有 3 个参数(CLK，RB，DLY_OUT)，这与图 7.1.5 相一致。但是，第 6～9 行的描述方法，使得该描述不能很方便地用于其他系统，即在可重用性方面存在着一些问题。

为了使描述具有鲜明的对外接口形式，可进一步修改如下：

```
1.  module ONE_PULSE  ( CLK, RB, DLY_OUT);
2.      input      CLK, RB;
3.      output     DLY_OUT;
```

```
4.
5.      P_DLY   U1   ( CLK, RB, DLY_OUT);
6. endmodule
7.
8. /*     P_DLY     */
9. module  P_DLY( CLK, RB, DLY_OUT);
10.     input   CLK, RB;
11.     wire    Q, QB, CNT_CLK;
12.     output  DLY_OUT;
13.
14.     DFF_R  U1 ( CLK, Q, RB)；
15.     assign  CNT_CLK = CLK & Q & QB;
16.     DELAY U2 ( RB, CNT_CLK , DLY_OUT);
17.     TFF    U3   ( DLY_OUT, QB, RB );
18. endmodule
```

上述的第 15～18 行即为改动前的第 6～9 行的描述。将这部分描述进行封装，在主模块体现为一个明确的、具有鲜明接口形式的模块，如第 5 行所示。这样，可以提高模块的可重用性、可读性，还可以大大提高开发效率。

经改动的 Verilog-HDL 描述可在北京航空航天大学出版社网站的"下载专区"进行下载，文件名为 P_DLY_2.v 和 P_DLY_TEST_2.v。

7.1.7 输入检测模块的详细描述及仿真

图 7.1.9 为输入检测模块的逻辑电路图。

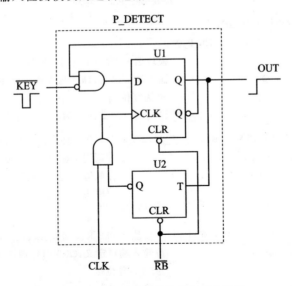

图 7.1.9 输入检测模块的逻辑电路图

第7章 数字电路系统的实用设计

工作原理简述如下：

① 系统复位脉冲$\overline{RB}$使 U1、U2 复位。
② U2 的输出端允许 CLK 进入 U1 的 CLK 端。
③ U1 的反相输出端开启与$\overline{KEY}$相关的与门，允许$\overline{KEY}$的第一次有效。
④ $\overline{KEY}$无效(高电平)，使 U1 的 D 端为低电平。
⑤ P_DETECT 的输出始终为低电平。
⑥ $\overline{KEY}$有效(低电平)。
⑦ U1 的 D 端为高电平。
⑧ 待时钟 CLK 的上升沿到来时，U1 的输出端 Q 产生上升沿，并保持高电平状态。此输出的上升沿与时钟 CLK 同步。
⑨ 此时，U1 的反相输出端为低电平，该电平封锁与$\overline{KEY}$相关的与门，从而禁止$\overline{KEY}$的再次输入，直到复位脉冲$\overline{RB}$的到来。

1. 输入检测模块 P_DETECT 的 Verilog-HDL 描述(P_DETECT.v)

```
module ONE_PULSE   (CLK,OUT,RB,KEY);
                                //模块名 ONE_PULSE 及端口参数定义,范围至 endmodule
   input    CLK, RB, KEY;       //输入端口定义,CLK 为时钟端,RB 为复位端,KEY 为
                                //触发输出脉冲端
   output  OUT;                 //输出端口定义,OUT 为脉冲输出端
   P_DETECT  M_DETECT( RB, CLK, ~KEY, OUT);  //调用 P_DETECT 模块
endmodule                       //模块 ONE_PULSE 结束
/*    输入检测模块 P_DETECT      */
module P_DETECT  ( RB, CLK, IN, P_Q);
                                //模块名 P_DETECT 及端口参数定义,范围至 endmodule
   input  IN, CLK, RB;          //输入端口定义,IN 为触发输出脉冲端,CLK 为时钟端,
                                //RB 为复位端
   output  P_Q;                 //输出端口定义,P_Q 为脉冲输出端
   DFF_R   U1 (CLK2 , IN & P_QB, P_Q, P_QB, RB);  //调用 D 触发器 DFF_R 模块
   TFF     U2 ( P_Q, T_QB, RB);              //调用 T 触发器 TFF 模块
   assign  CLK2 = CLK & T_QB;                //赋值语句,实现把与门的输出赋给 CLK2
endmodule                       //模块 P_DETECT 结束
/*    D 触发器 DFF_R     */
module DFF_R   ( CK, D, Q, QB, RB);
                                //模块名 DFF_R 及端口参数定义,范围至 endmodule
   input   CK, D, RB;           //输入端口定义,CK 为时钟端,D 为触发器输入端,
                                //RB 为复位端
   output  Q, QB;               //输出端口定义,Q 和 QB 为 D 触发器输出端
   reg     Q;                   //寄存器定义
   always  @ (negedge CK or negedge RB )
```

```verilog
    begin                              //always 语句,当 CK 的下降沿到来时或者当 RB 为低电平时,执行以下语句
      if(RB == 0)
        Q <= 0;                        //当 RB 为低电平时,Q = 0,即 D 触发器清 0
      else
        Q <= D;                        //当 CLK 的上升沿到来时,Q = D
    end
  assign  QB = ~Q;                     //赋值语句,实现功能:QB = Q̄
endmodule                              //模块 DFF_R 结束
/*   T 触发器 TFF   */
module TFF  ( T, QB, RB );             //模块名 TFF 及端口参数定义,范围至 endmodule
  input    T, RB;                      //输入端口定义,T 为触发端,RB 为复位端
  output   QB;                         //输出端口定义,QB 为触发器输出端
  reg      QB;                         //寄存器定义
  always   @ (posedge T or negedge RB)
                                       //always 语句,当 T 的上升沿到来时或者当 RB 为低电平时,执行以下语句
    begin
      if (RB == 0)
        QB <= 1;                       //当 RB 为低电平时,QB = 1,即 T 触发器清 0
      else
        QB <= ~QB;                     //当 CLK 的上升沿到来时,QB = Q̄B
    end
endmodule                              //模块 TFF 结束
```

2. 输入检测模块 P_DETECT 的顶层模块(P_DETECT_TEST.v)

```verilog
`timescale   1ns/1ns                   //将仿真时延单位和时延精度都设定为 1 ns
module ONE_PULSE_TEST;                 //测试模块名 ONE_PULSE_TEST,范围至 endmodule
  reg      CLK, RB;                    //寄存器类型定义,输入端口定义
  reg      KEY;                        //寄存器类型定义,输入端口定义
  wire     OUT;                        //线网类型定义,输出端口定义
  parameter  STEP = 50;                //定义 STEP 为 50,其后凡 STEP 都视为 50
  ONE_PULSE  ONE_PULSE   (CLK, OUT, RB, KEY);   //底层模块名,实例名及参数定义
  always   #(STEP/5)   CLK = ~CLK;    //每隔 10 ns,CLK 就翻转一次
  initial  begin                       //从 initial 开始,输入信号波形变化
    RB = 1; CLK = 0; KEY = 1;          //参数初始化
    #( STEP )      RB = 0;             //50 ns 后,RB = 0
    #( STEP/5 )    RB = 1;             //10 ns 后,RB = 1
    #( STEP )      KEY = 0;            //50 ns 后,KEY = 0
    #( STEP )      KEY = 1;            //50 ns 后,KEY = 1
```

第 7 章 数字电路系统的实用设计

```
        #（STEP）                      //延时 50 ns
        #（STEP）         KEY = 0;     //50 ns 后,KEY = 0
        #（STEP）         KEY = 1;     //50 ns 后,KEY = 1
        #（STEP）                      //延时 50 ns
        #（STEP）         RB = 0;      //50 ns 后,RB = 0
        #（STEP/5）       RB = 1;      //50 ns 后,RB = 1
        #（STEP）                      //延时 50 ns
        #（STEP）                      //延时 50 ns
        #（STEP）         KEY = 0;     //50 ns 后,KEY = 0
        #（STEP）         KEY = 1;     //50 ns 后,KEY = 1
        #（STEP）                      //延时 50 ns
        #（STEP）                      //延时 50 ns
        #（STEP）                      //延时 50 ns
        #（STEP）                      //延时 50 ns
        #（STEP/2）       $finish;     //25 ns 后,仿真结束
    end
endmodule                             //模块 ONE_PULSE_TEST 结束
```

3. 输入检测模块 P_DETECT 的仿真结果

图 7.1.10 为输入检测模块的逻辑仿真结果。

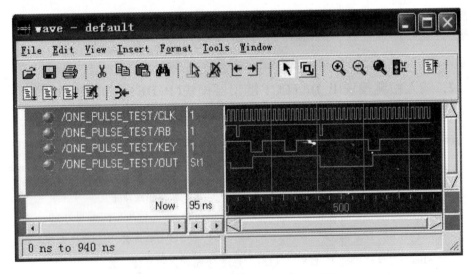

图 7.1.10 输入检测模块的逻辑仿真结果

由图 7.1.10 可以看出,在复位脉冲之后,KEY 的有效(低电平)使检测模块的输出为高电平,这一电平一直保持到系统复位脉冲的到来。还可以看出,KEY 有效后,输出并不一定立刻出现高电平,而要等到时钟 CLK 的上升沿到来。在输出为高电平的情况下,即使 KEY 再次有效,也不会影响输出。这说明模块一旦接收到了输入,

便立刻禁止其后的输入，除非接收到新的复位脉冲。

在仿真时，应该给出尽可能多的信号组合来测试系统，否则会常常在硬件实现后出现问题。

7.1.8 计数模块的详细描述

计数模块的逻辑电路图如图 7.1.11 所示。

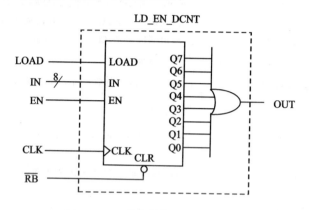

图 7.1.11 计数模块的逻辑电路图

在图 7.1.11 中，数据预置端 IN 的数据在 LOAD 有效（高电平）时被打入内部的寄存器。在 EN 有效的情况下，计数器开始做减法计数。当计数值减为 0 时，输出为低电平。此模块较简单，故省略模块的仿真。

7.1.9 可编程单脉冲发生器的系统仿真

1. 可编程单脉冲发生器的 Verilog-HDL 描述(ONE_PULSE.v)

```
module  ONE_PULSE  (CLK, RB, DATA_IN, P_PULSE, KEY);
                           //模块名 ONE_PULSE 及端口参数定义，范围至 endmodule
    input    CLK, RB, KEY;     //输入端口定义,CLK 为时钟端,RB 为复位端,KEY 为
                           //触发脉冲输出端
    input    [7:0] DATA_IN;    //输入端口定义,DATA_IN 为设置脉冲宽度端
    output   P_PULSE;          //输出端口定义,P_PULSE 为脉冲输出端
    wire     OUT, LOAD, DLY_OUT, EN, CNT_OUT;    //线网定义,中间变量定义

    P_DLY    U1 ( CLK, RB, DLY_OUT);         //调用延时模块 P_DLY
    assign   LOAD = ~DLY_OUT;                //赋值语句
    assign   EN = OUT;                        //赋值语句
    LD_EN_DCNT   U2 ( RB, ~CLK, LOAD, EN, DATA_IN, CNT_OUT);
                                              //调用计数模块 LD_EN_DCNT
    P_DETECT   U3 ( RB, CLK, ~KEY , OUT);    //调用输入检测模块 P_DETECT
```

第7章 数字电路系统的实用设计

```verilog
    assign  P_PULSE = CNT_OUT & OUT;
endmodule                            //模块 ONE_PULSE 结束

/*    计数模块 LD_EN_DCNT    */
module  LD_EN_DCNT  (RESET_B, CLK, LOAD, EN, IN, CNT_OUT);
                                //模块名 LD_EN_DCNT 及端口参数定义,范围至 endmodule
    input    RESET_B, CLK, LOAD, EN;
               //输入端口定义,CLK 为时钟端,RESET_B 为复位端,LOAD 为装载端,EN 为使能端
    input    [7:0] IN;           //输入端口定义,IN 为预置数据宽度端
    output   CNT_OUT;            //输出端口定义,CNT_OUT 为计数输出端
    reg      [7:0] Q;            //寄存器定义
always @ (posedge CLK )          //always 语句,当 CLK 的上升沿到来时,执行以下语句
    begin
      if    (!RESET_B)
            Q <= 0;              //当 RESET_B 为低电平时,Q = 0
      else if  ( LOAD )
            Q <= IN;             //否则,当 LOAD 的上升沿到来时,Q = IN
      else if(EN)
          if (Q == 0)
              Q <= 0;            //在 EN 有效的情况下,当 Q = 0 时,则 Q = 0
          else
              Q <= Q - 1;        //在 EN 有效的情况下,当 CLK 的上升沿到来时,则 Q = Q-1
    end
    assign  CNT_OUT = Q[7] | Q[6] | Q[5] | Q[4] | Q[3] | Q[2] | Q[1] | Q[0];
                                //赋值语句,实现把"或门"的输出赋给 CNT_OUT
endmodule                       //模块 LD_EN_DCNT 结束

/*    延时模块 P_DLY    */
module   P_DLY  ( CLK, RB, DLY_OUT);   //模块名 P_DLY 及端口参数定义,范围至 endmodule
    input   CLK, RB;                   //输入端口定义,CLK 为时钟端,RB 为复位端
    output  DLY_OUT;                   //输出端口定义,DLY_OUT 为延时输出
    wire    Q, QB, CNT_CLK;            //线网定义,中间变量定义

    DFF_R1   U1 ( CLK, Q, RB);         //调用 D 触发器 DFF_R1 模块
    assign  CNT_CLK = CLK & Q & QB;    //赋值语句,实现把三与门的输出赋给 CNT_CLK
    DELAY U2 (RB, CNT_CLK , DLY_OUT);  //调用延时单元 DELAY 模块
    TFF    U3  (DLY_OUT, QB, RB);      //调用 T 触发器 TFF 模块
endmodule                              //模块 P_DLY 结束

/*    延时单元 DELAY    */
module  DELAY  ( RESET_B, CLK, DIV_CLK );
                                //模块名 DELAY 及端口参数定义,范围至 endmodule
    input      RESET_B, CLK;    //输入端口定义,CLK 为时钟端,RESET_B 为复位端
```

```verilog
    output    DIV_CLK;                //输出端口定义,DLY_CLK 为延时后的脉冲输出端
    reg       [2:0] Q;                //寄存器定义,中间变量定义
    always @ (posedge CLK or negedge RESET_B)
        //always 语句,当 CLK 的上升沿到来时或者当 RESET_B 为低电平时,执行以下语句
        if ( ! RESET_B )
            Q <= 0;                   //当 RESET_B 为低电平时,Q = 0,即计数器清 0
        else if (Q == 5)
            Q <= 0;                   //当 Q = 5 时,使得 Q = 0,即计数器已满,清 0
        else
            Q <= Q + 1;               //当 CLK 的上升沿到来时,Q = Q + 1,即计数器加 1

    assign DIV_CLK = ~(Q[2] & ~Q[1] & Q[0]);
                                      //赋值语句,产生延时后的脉冲输出 DIV_CLK
endmodule                             //模块 DELAY 结束
/*   输入检测模块 P_DETECT     */
module P_DETECT (RB, CLK, IN, P_Q);   //模块名 P_DETECT 及端口参数定义,范围
                                      //至 endmodule
    input  IN, CLK, RB;               //输入端口定义,IN 为触发输出脉冲端,CLK 为时
                                      //钟端,RB 为复位端
    output P_Q;                       //输出端口定义,P_Q 为脉冲输出端
    DFF_R  U1 ( CLK2 , IN & P_QB, P_Q, P_QB, RB);    //调用 D 触发器
    TFF    U2 ( P_Q, T_QB, RB);       //调用 T 触发器
    assign CLK2 = CLK & T_QB;         //赋值语句,实现把与门的输出赋给 CLK2
endmodule                             //模块 P_DETECT 结束
/*    D 触发器 DFF_R1        */
module DFF_R1    ( CK, Q, RB);        //模块名 DFF_R1 及端口参数定义,范围至 endmodule
    input   CK, RB;                   //输入端口定义,CK 为时钟端,RB 为复位端
    output  Q;                        //输出端口定义,Q 为 D 触发器的输出端
    reg     Q;                        //寄存器定义

    always @ (posedge CK or negedge RB)
        //always 语句,当 CK 的上升沿到来时或者当 RB 的下降沿到来时,执行以下语句
        begin
        if (RB == 0)
            Q <= 0;                   //当 RB 的下降沿到来时,Q = 0,即触发器清 0
        else
            Q <= 1;                   //当 CK 的上升沿到来时,Q = 1
        end
endmodule                             //模块 DFF_R1 结束
/*    D 触发器 DFF_R        */
```

第7章 数字电路系统的实用设计

```verilog
module DFF_R  (CK, D, Q, QB, RB);      //模块名 DFF_R 及端口参数定义,范围至 endmodule
   input   CK, D, RB;                   //输入端口定义,CK 为时钟端,D 为触发器输
                                        //入端,RB 为复位端
   output  Q, QB;                       //输出端口定义,Q 和 QB 为触发器输出端
   reg     Q;                           //寄存器定义

   always @ (negedge CK or negedge RB)
                //always 语句,当 CK 的下降沿到来时或者当 RB 为低电平时,执行以下语句
      begin
        if (RB == 0)
           Q <= 0;                      //当 RB 为低电平时,Q = 0,即 D 触发器清 0
        else
           Q <= D;                      //当 CLK 的上升沿到来时,Q = D
      end
   assign  QB = ~Q;                     //赋值语句,实现功能:QB = Q̄
endmodule                               //模块 DFF_R 结束
/*     T 触发器 TFF        */
module TFF  ( T, QB, RB);               //模块名 TFF 及端口参数定义,范围至 endmodule
   input   T, RB;                       //输入端口定义,T 为触发端,RB 为清 0 端
   output  QB;                          //输出端口定义,QB 为 TFF 的输出
   reg     QB;                          //寄存器定义

   always @ (posedge T or negedge RB)
                //always 语句,当 T 的上升沿到来时或者当 RB 为低电平时,执行以下语句
      begin
        if (RB == 0)
           QB <= 1;                     //当 RB 为低电平时,QB = 1,即 T 触发器清 0
        else
           QB <= ~QB;                   //当 T 的上升沿到来时,QB = Q̄B̄
      end
endmodule                               //模块 TFF 结束
```

2. 可编程单脉冲发生器的顶层模块(ONE_PULSE_TEST. v)

```verilog
`timescale    1ns/1ns                   //将仿真时延单位和时延精度都设定为 1 ns
module    ONE_PULSE_TEST;               //测试模块名 ONE_PULSE_TEST,范围至 endmodule
   reg    CLK, RB, KEY;                 //寄存器类型定义,输入端口定义
   reg    [7:0] DATA_IN;                //寄存器类型定义,输入端口定义
   wire   P_PULSE;                      //线网类型定义,输出端口定义
   parameter   STEP = 50;               //定义 STEP 为 50,其后凡 STEP 都视为 50
   ONE_PULSE  ONE_PULSE  ( CLK, RB, DATA_IN, P_PULSE, KEY);
                                        //底层模块名,实例名及参数定义
   always   #(STEP/3)   CLK = ~CLK;     //每隔 17 ns,CLK 就翻转一次
```

```verilog
    initial  begin                    //从 initial 开始,输入信号波形变化
        RB = 1; CLK = 0; KEY = 1;     //参数初始化
        #( STEP )      DATA_IN = 10;  //50 ns 后,DATA_IN = 10
        #( STEP )      RB = 0;        //50 ns 后,RB = 0
        #( STEP/2 )    RB = 1;        //25 ns 后,RB = 1
        #( STEP )                     //延时 50 ns
        #( STEP )                     //延时 50 ns
        #( STEP/2 )                   //延时 25 ns
        #( STEP )      KEY = 0;       //50 ns 后,KEY = 0
        #( STEP/2 )                   //延时 25 ns
        #( STEP )      KEY = 1;       //50 ns 后,KEY = 1
        #( STEP )                     //延时 50 ns
        #( STEP )                     //延时 50 ns
        #( STEP )      KEY = 0;       //50 ns 后,KEY = 0
        #( STEP )      KEY = 1;       //50 ns 后,KEY = 1
        #( STEP )                     //延时 50 ns
        #( STEP )                     //延时 50 ns
        #( STEP )                     //延时 50 ns
        #( STEP )      KEY = 0;       //50 ns 后,KEY = 0
        #( STEP )      KEY = 1;       //50 ns 后,KEY = 1
        #( STEP )                     //延时 50 ns
        #( STEP )                     //延时 50 ns
        #( STEP )                     //延时 50 ns
        #( STEP/2 )    $ finish;      //25 ns 后,仿真结束
    end
endmodule                             //模块 ONE_PULSE_TEST 结束
```

3. 可编程单脉冲发生器的逻辑仿真结果

图 7.1.12 为可编程单脉冲发生器的逻辑仿真结果。

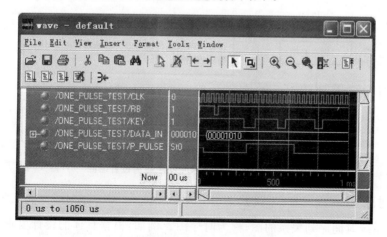

图 7.1.12　可编程单脉冲发生器的逻辑仿真结果

由仿真结果可以看出,单脉冲输出的持续时间(脉冲宽度)由输入的脉宽参数 DATA_IN 决定。

7.1.10 电路设计中常用的几个有关名词

在电路设计过程中,经常会出现时序图、流程图、逻辑框图、逻辑电路图和电路图这些名词,以本小节为例,对它们加以区别,以便读者能够更好地理解本书中名词的含义。

对于本小节设计的可编程单脉冲发生器,其设计思路如图 7.1.13 所示。

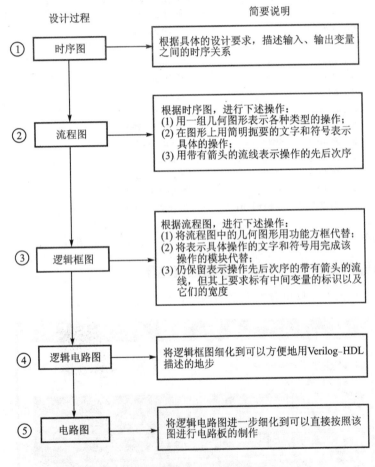

图 7.1.13 可编程单脉冲发生器的设计思路

1. 时序图

描述系统时间序列关系的图,称为时序图。例如:根据具体的设计要求,描述可编程单脉冲发生器中输入、输出变量之间的时序关系,将该时序关系用图的形式描述出来,就是可编程单脉冲发生器的时序图,如图 7.1.14 所示。

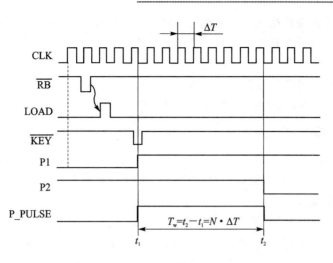

图 7.1.14　可编程单脉冲发生器的时序图

2. 流程图

时序图仅仅能够反映根据时间序列的处理顺序,却无法表明按照功能划分的动作过程。为了清晰地表现这种过程,除了时序关系外,必要时关于系统软件和硬件的处理也应出现在操作流中。

以可编程单脉冲发生器的设计为例,如图 7.1.15 所示,其中的"预置脉宽参数"、"检测$\overline{\text{KEY}}$是否按下"、"启动计数器"、"计数结束"等操作都无法在时序图中清楚地

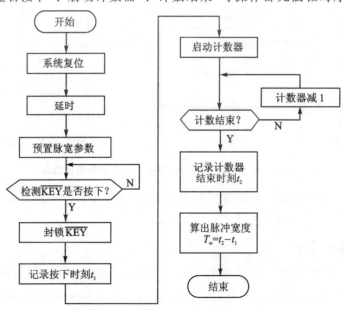

图 7.1.15　可编程单脉冲发生器的流程图

第7章 数字电路系统的实用设计

表述,而通过操作流的描述却可明确地反映出来,也便于设计者进行更详细的设计。

综上所述,可将上述描述操作流程的过程称为流程图,其具体描述过程如下:
① 用一组几何图形表示各种类型的操作。
② 在图形上用简明扼要的文字和符号表示具体的操作。
③ 用带有箭头的流线表示操作的先后次序。

3. 逻辑框图

在流程图中,用几何图形、文字、符号和带有箭头的流线,从功能的角度表明了整个操作过程的先后顺序。但是,它仅给出了一种系统动作的大框架,却无法从中得到软、硬件实现的细节。

若将流程图中的功能操作以软件或者硬件来实现,并用连线来表示它们之间的信号传输关系,则把按照此方法得出的图形称作逻辑框图。在逻辑框图中不但可以看出动作操作的先后顺序,而且还可以明确功能与逻辑之间的关系。

如图 7.1.16 所示给出了一种用文字表示的可编程单脉冲发生器的逻辑框图,它直观地显示了可编程单脉冲发生器的逻辑功能。

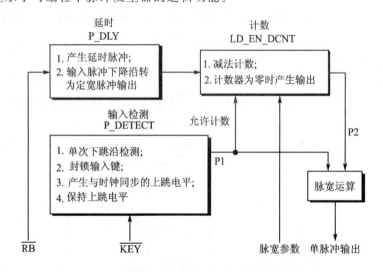

图 7.1.16 用文字表示的可编程单脉冲发生器的逻辑框图

如图 7.1.17 所示是一种用图形表示的可编程单脉冲发生器的逻辑框图,通过文字说明,可以清晰地表明可编程单脉冲发生器的逻辑功能。

4. 逻辑电路图

将逻辑框图细化到可方便地用 Verilog-HDL 描述的地步,称为逻辑电路图。它不只是一种给出思路的图,而且根据逻辑电路图可以直接用 Verilog-HDL 施工了。

如图 7.1.18 所示为可编程单脉冲发生器的输入检测模块的逻辑电路图,其主要

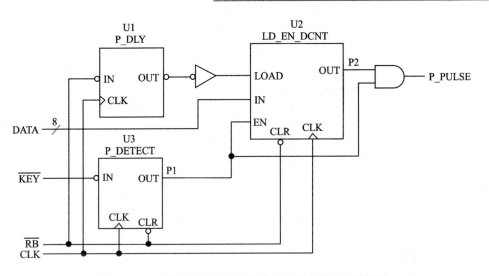

图 7.1.17 用图形表示的可编程单脉冲发生器的逻辑框图

包括两个与门、一个 D 触发器和一个 T 触发器,根据该图便可直接用 Verilog-HDL 进行描述。

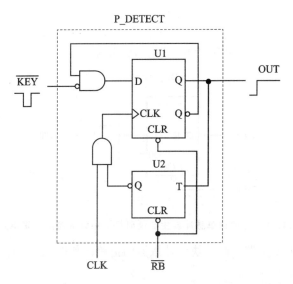

图 7.1.18 可编程单脉冲发生器的输入检测模块的逻辑电路图

如图 7.1.19 所示为可编程单脉冲发生器的计数模块的逻辑电路图。根据可编程单脉冲发生器的计数模块的逻辑功能,便可将该图用 Verilog-HDL 进行描述。

如图 7.1.17 所示的可编程单脉冲发生器的**逻辑框图**,之所以不能称作**逻辑电路图**,是由于其并未细化到基本的门电路、组合逻辑电路或者时序逻辑电路,也就是还不能达到用 Verilog-HDL 进行描述的地步。

第7章 数字电路系统的实用设计

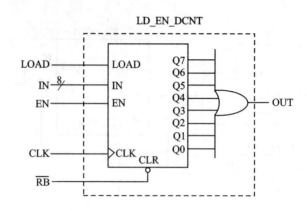

图 7.1.19 可编程单脉冲发生器的计数模块的逻辑电路图

5. 电路图

可用 Verilog-HDL 描述的图,一般称为逻辑电路图,其着重给出了系统的逻辑关系。而如果进行工程操作,如 PCB 制板,则还需要将其进一步细化,在逻辑电路图的基础上标注引脚、元件名称和标号等,按照该图可以直接进行电路板的制作,这种图称作电路图。

如图 7.1.20 所示为可编程单脉冲发生器延时模块中计数器的逻辑电路图,电路图应明确给出变量"IN"、"RB"和"OUT"的引脚分配。

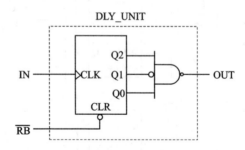

图 7.1.20 可编程单脉冲发生器延时模块中计数器的逻辑电路图

可编程单脉冲发生器延时模块中计数器的电路图如图 7.1.21 所示,按照该图便可直接加工制板了。

根据上面的介绍,可以得到下述结论:

① 时序图、流程图和逻辑框图都是从思路的角度来考虑的,其中,时序图和流程图着重描述了系统功能的设计思路,而逻辑框图着重描述了系统逻辑的设计思路。

② 逻辑电路图和电路图则是以上思路的具体实现,按照它们就可施工了,前者可用 Verilog-HDL 进行描述,而后者可以直接加工制板。

总而言之,时序图、流程图、逻辑框图、逻辑电路图和电路图是在一个电路系统的设计过程中,由功能到逻辑、由概括到具体、由粗到细的过程。因此,可将一般数字电

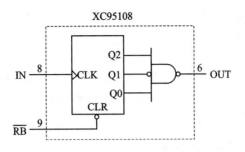

图 7.1.21　可编程单脉冲发生器延时模块中计数器的电路图

路系统的设计过程归纳为图 7.1.22。

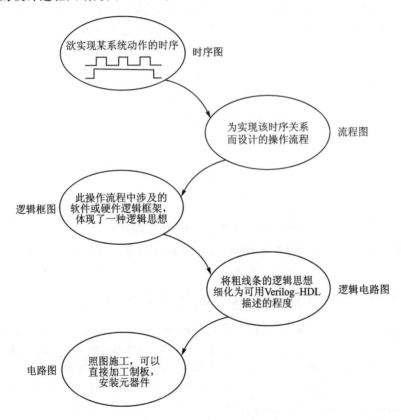

图 7.1.22　一般数字电路系统的设计过程

此处需要说明的是,在数字电路系统的设计过程中,未必一定按照如图 7.1.22中的设计步骤依次进行,而是应该根据具体情况,适当地增减设计步骤,切忌生搬硬套。

7.2 脉冲计数

在工程实践中,计数是必不可少的。如生产线上产品数量的计数、交通流量的计数、公共场所中人流量的计数等。这些计数的实现都可以由传感器将物理量转化为电脉冲,最终对脉冲数进行计量。

7.2.1 脉冲计数器的设计

脉冲计数器可计量脉冲的个数,当然希望计数的容量越大越好。在实际工程问题中,往往根据对象的要求来设计系统。考虑到二进制数较容易处理,在此设二进制数的计数器数据线宽度 $N=17$。脉冲计数器的逻辑电路图如图 7.2.1 所示,其中 P 为脉冲输入端,$\overline{CLR}$ 为系统复位端,COUNT 为计数输出端。

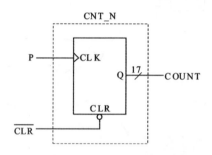

图 7.2.1　脉冲计数器的逻辑电路图

根据图 7.2.1 所示的逻辑电路图,可将脉冲计数器用 Verilog-HDL 进行描述如下。

1. 脉冲计数器的 Verilog-HDL 描述(CNT_N.v)

```
module  CNT_N   (P, CLR, COUNT);      //模块名 CNT_N 及端口参数定义,范围至 endmodule
  input    P, CLR;                    //输入端口定义,P 为脉冲输入端,CLR 为系统复位端
  output   [16:0]COUNT;               //输出端口定义,COUNT 为计数输出端
  reg      [16:0]COUNT;               //寄存器定义
  always @ (posedge P or negedge CLR)
                //always 语句,当 P 的上升沿到来时或当 CLR 为低电平时,执行以下语句
  begin
    if(!CLR)
      begin
        COUNT = 0;                    //当 CLR 为低电平时,COUNT = 0,即计数器清 0
      end
    else  if  (COUNT == 17'd99999)
      begin
```

```verilog
        COUNT = 17'd99999;      //当 COUNT = 99 999 时,表示计数器已经计满,停止计数
      end
    else
        COUNT = COUNT + 1;
                                //当 P 的上升沿到来时,COUNT = COUNT + 1,即计数器加 1
    end
endmodule                       //模块 CNT_N 结束
```

2. 脉冲计数器的顶层模块(用于对宽度固定的脉冲序列 P 进行仿真) (CNT_N_1_TEST.v)

```verilog
`timescale 1ps / 1ps             //将仿真时延单位和时延精度都设定为 1 ps
module  CNT_N_TEST;              //测试模块名 CNT_N_TEST,范围至 endmodule
    reg   P, CLR;                //寄存器类型定义,输入端口定义
    wire  [16:0] COUNT;          //线网类型定义,输出端口定义
    parameter P_NUM = 12, P_ON = 1, P_OFF = 2;
    //定义 P_NUM 为 12,P_ON 为 1,P_OFF 为 2,其后凡 P_NUM、P_ON 和 P_OFF 分别视为 12、1 和 2

    CNT_N  CNT_N  (P, CLR, COUNT);    //底层模块名,实例名及参数定义

    initial  begin               //从 initial 开始,输入信号波形变化
        P = 0; CLR = 1;          //参数初始化,P = 0,CLR = 1
        #2 CLR = 0;              //2 ps 后,CLR = 0
        #2 CLR = 1;              //2 ps 后,CLR = 1

        repeat (P_NUM) //repeat 循环语句,执行循环 12 次,用于产生宽度固定的脉冲序列 P
          begin
            #P_OFF  P = 1'b1;    //2 ps 后,P = 1
            #P_ON   P = 1'b0;    //1 ps 后,P = 0
          end
        #5  $finish;             //5 ps 后,仿真结束
    end
endmodule                        //模块 CNT_N_TEST 结束
```

3. 脉冲计数器的顶层模块(用于对宽度随机的脉冲序列 P 进行仿真) (CNT_N_2_TEST.v)

```verilog
`timescale 1ps / 1ps             //将仿真时延单位和时延精度都设定为 1 ps
module CNT_N_TEST;               //测试模块名 CNT_N_TEST,范围至 endmodule
    reg   P, CLR;                //寄存器类型定义,输入端口定义
    wire  [16:0] COUNT;          //线网类型定义,输出端口定义

    CNT_N CNT_N  (P, CLR, COUNT);     //底层模块名,实例名及参数定义

    initial  begin               //从 initial 开始,输入信号波形变化
```

```
        P = 0; CLR = 1;              //参数初始化,P = 0,CLR = 1
      #1 CLR = 0;                    //1 ps 后,CLR = 0
      #1 CLR = 1;                    //1 ps 后,CLR = 1
      repeat(40)    //repeat 循环语句,执行循环 40 次,用于产生宽度随机的脉冲序列 P
        begin
          #1   P = { $ random} % 7;  //该句用系统函数 $ random 产生宽度随机的
                                     //脉冲序列 P
        end
      #2 $ finish;                   //2 ps 后,仿真结束
    end
endmodule                            //模块 CNT_N_TEST 结束
```

4. 脉冲计数器的逻辑仿真结果

在脉冲序列 P 为宽度固定和宽度随机的两种情况下,脉冲计数器的逻辑仿真结果分别如图 7.2.2 和图 7.2.3 所示。系统复位后,每当输入脉冲 P 的上升沿到来时,计数输出 COUNT 就增加 1,依次为 1,2,…,与期望的结果完全相同。因此,设计符合要求。

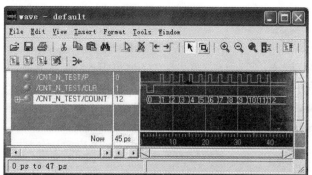

图 7.2.2　脉冲计数器的逻辑仿真结果(P 为宽度固定的脉冲序列)

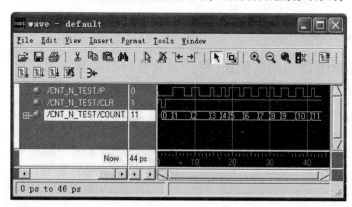

图 7.2.3　脉冲计数器的逻辑仿真结果(P 为宽度随机的脉冲序列)

7.2.2 parameter 的使用方法

在 Verilog-HDL 中，用 **parameter** 来定义符号常量，即用 **parameter** 来定义一个标识符，用来代表一个常量。其一般格式如下：

parameter 参数名 1＝表达式 1，参数名 2＝表达式 2，……，参数名 n＝表达式 n

这种方法，经常用于定义时延和变量的宽度，可以提高描述的可读性，并增加可维护性。使用时，需要注意下述几点：

① 当 parameter 后面跟着的多个赋值语句时之间要用逗号分隔开。

② "表达式 1，表达式 2，……，表达式 n"必须是一个常量表达式，即它们只能包含数字或者先前已经定义过的参数。

③ 使用这种说明的参数只被赋值一次。

④ 在模块或实例引用时，可通过参数传递，来改变被引用模块或实例中已经定义的参数。

7.2.3 repeat 循环语句的使用方法

repeat 循环语句的一般格式如下：

repeat(循环次数表达式)语句；

或

repeat(循环次数表达式)begin

     ＜语句 1；＞

     ＜语句 2；＞

       ⋮

     ＜语句 n；＞

    end；

在 repeat 循环语句中，其循环次数表达式通常为常量表达式，正如在"CNT_N_1_TEST.v"的描述中，用到的 repeat 循环语句。

7.2.4 系统函数 $ random 的使用方法

系统函数 $ random 用于产生随机数。每当调用该函数时，返回一个 32 位的随机数，其为带符号的整型数。

$ random 的一般用法如下：

用法一：

$ random % b (b＞0)；

用法一给出了一个范围在($-b+1$)～($b-1$)之间的随机数。

第7章 数字电路系统的实用设计

用法二：

{ $random } % b (b>0);

用法二利用位拼接运算符产生了一个范围在 0～(b-1) 之间的随机数。
以下示出了两个产生随机数的例子：

    ⋮
    integer   NUM_1,NUM_2;
    ⋮
    NUM_1 = $random % 15;   //产生 -14～14 之间的数字
    NUM_2 = { $random } % 15;   //产生 0～14 之间的数字
    ⋮

利用这个系统函数可以产生随机脉冲序列或宽度随机脉冲序列，以用于电路的测试。在 CNT_N_2_TEST.v 的描述中，正是使用了这个功能。

7.2.5 特定脉冲序列的发生

为了自检脉冲计数器设计的正确性，可以产生一个特定的脉冲序列输入至脉冲计数器，以观察其是否能够正确计数并输出。

1. 方法一：产生占空比为 50% 的脉冲序列

直接把计数器的 LSB(Least Significant Bit)输出，即可产生高电平为 t_1 和低电平为 t_2 且持续时间相等的脉冲序列，也就是占空比为 50% 的脉冲序列，图 7.2.4 示出了该序列的时序图。

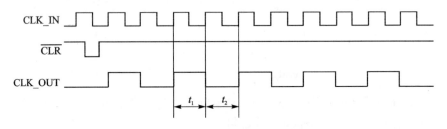

图 7.2.4 脉冲序列的时序图(占空比为 50%)

由图 7.2.4 可知，要产生包含 N 个脉冲的序列 CLK_OUT，至少需要输入 2N 个时钟脉冲 CLK_IN。在此，设产生一个脉冲序列为 50% 的共有 15 个脉冲，其 Verilog-HDL 的描述如下。

(1) 产生占空比为 50% 的脉冲序列的 Verilog-HDL 描述(GEN_CLK_1.v)

```
module  GEN_CLK  (CLK_IN, CLR, CLK_OUT);
                            //模块名 GEN_CLK 及端口参数定义,范围至 endmodule
    input       CLK_IN, CLR;    //输入端口定义,CLK_IN 为时钟端,CLR 为系统复位端
```

```verilog
    output    CLK_OUT;              //输出端口定义,CLK_OUT 为脉冲输出端
    reg       [16:0] Q;             //寄存器定义
    parameter NUM = 15;             //定义 NUM 为 15,其后凡 NUM 都视为 15
    always    @ (posedge CLK_IN or negedge CLR)
                  //always 语句,当 CLK 的上升沿到来时或当 CLR 为低电平时,执行以下语句
      begin
        if (!CLR)
          begin
            Q = 0;                  //当 CLR 为低电平时,Q = 0,即计数器 Q 清 0
          end
        else if (Q == NUM * 2)
          begin
            Q = Q;                  //当 Q = 30 时,使得 Q = Q,即当计数器计满时,停止计数
          end
        else
            Q = Q + 1;              //当 CLK 的上升沿到来时,Q = Q + 1,即计数器加 1
      end
    assign CLK_OUT = Q[0];
              //assign 赋值语句,实现功能:将计数器最低位的时序作为特定的脉冲序列输出
endmodule                            //模块 GEN_CLK 结束
```

(2)产生占空比为 50% 的脉冲序列的顶层模块(GEN_CLK_1_TEST.v)

```verilog
`timescale 1ps / 1ps             //将仿真时延单位和时延精度都设定为 1 ps
module GEN_CLK_TEST;             //测试模块名 GEN_CLK_TEST,范围至 endmodule
    reg    CLK_IN, CLR;          //寄存器类型定义,输入端口定义
    wire   CLK_OUT;              //线网类型定义,输出端口定义
    parameter STEP = 1;          //定义 STEP 为 1,其后凡 STEP 都视为 1

    GEN_CLK  GEN_CLK (CLK_IN, CLR, CLK_OUT);   //底层模块名,实例名及参数定义

    always  #( STEP )  CLK_IN = ~CLK_IN;   //每隔 1 ps,CLK_IN 就翻转一次
    initial begin                          //从 initial 开始,输入信号波形变化
        CLK_IN = 0; CLR = 1;               //参数初始化,CLK_IN = 0,CLR = 1
        #( STEP )      CLR = 0;            //1 ps 后,CLR = 0
        #( STEP )      CLR = 1;            //1 ps 后,CLR = 1
        #( STEP * 75 ) $finish;            //75 ps 后,仿真结束
    end
endmodule                                  //模块 GEN_CLK_TEST 结束
```

第 7 章 数字电路系统的实用设计

(3) 产生占空比为 50% 的脉冲序列的逻辑仿真结果

如图 7.2.5 所示为产生占空比为 50% 的脉冲序列的逻辑仿真结果。

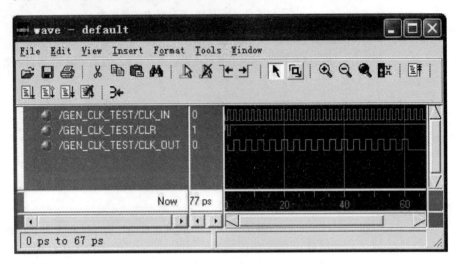

图 7.2.5 产生占空比为 50% 的脉冲序列的逻辑仿真结果

观察图 7.2.5 可知,输出 CLK_OUT 的高电平和低电平之比为 1∶1,且共有 15 个脉冲周期,符合设计要求,所以设计正确。

2. 方法二:产生任意占空比的脉冲序列

利用方法一,只能产生占空比为 50% 的脉冲序列,若要产生任意占空比的脉冲序列,需要应用方法二。

如图 7.2.6 所示为一个占空比为 67% 的脉冲序列时序图,即高电平为 t_1 和低电平为 t_2 且持续时间之比为 2∶1 的脉冲序列。

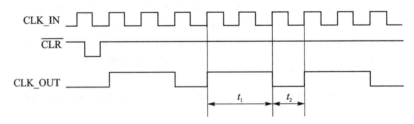

图 7.2.6 占空比为 67% 的脉冲序列的时序图

假设产生一个包含 12 个脉冲的脉冲序列,为了控制序列中的脉冲个数,需要用一个减法计数器 CNT_DOWN。由图 7.2.6 可知,要产生包含 N 个脉冲且占空比为 67% 的脉冲序列 CLK_OUT,至少需要输入 $3N$ 个时钟脉冲 CLK_IN。所以,这里至少需要输入 36 个时钟脉冲 CLK_IN,即至少要用 6 位的减法计数器和一个加法计数器 CNT_UP 来产生脉冲序列。因此,产生占空比为 67% 的脉冲序列的逻辑电路图如图 7.2.7 所示。

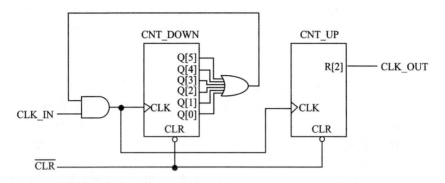

图 7.2.7 产生占空比为 67% 的脉冲序列的逻辑电路图

根据图 7.2.7 所示的逻辑电路图,可将产生占空比为 67% 的脉冲序列用 Verilog-HDL 进行描述。

(1)产生占空比为 67% 脉冲序列的 Verilog-HDL 描述(GEN_CLK_2.v)

```
module GEN_CLK (CLK_IN, CLR, CLK_OUT);
                              //模块名 GEN_CLK 及端口参数定义,范围至 endmodule
    input       CLK_IN, CLR;   //输入端口定义,CLK_IN 为时钟端,CLR 为系统复位端
    output      CLK_OUT;       //输出端口定义,CLK_OUT 为脉冲输出端
    reg         [5:0] Q;       //寄存器定义,中间变量定义
    reg         [2:0] R;       //寄存器定义,中间变量定义
    wire        CLK;           //线网定义,中间变量定义
    reg         Q_OR;          //寄存器定义,中间变量定义
    parameter   NUM = 12;      //定义 NUM 为 12,其后凡 NUM 都视为 12
    assign      CLK = CLK_IN & Q_OR; //assign 赋值语句

    always      @(posedge CLK or negedge CLR)
                //always 语句,当 CLK 的上升沿到来时或当 CLR 为低电平时,执行以下语句
    begin
      if (!CLR)
        begin
          Q = NUM * 3;         //当 CLR 为低电平时,减法计数器赋初值,即 Q = 36
          Q_OR = 1;            //初始化 Q_OR,使其为 1
        end
      else if (Q == 0)
        begin
          Q = 0;               //当 Q = 0 时,停止计数,即封锁减法计数器
        end
      else
        begin
```

```verilog
          Q = Q - 1;                  //当 CLK 的上升沿到来时,Q=Q-1,即减法计数器减 1
          Q_OR = Q[5]|Q[4]|Q[3]|Q[2]|Q[1]|Q[0];
                                      //Q_OR 为 Q 的各个位进行"或"运算的结果
        end
    end
    always @ (posedge CLK or negedge CLR)
            //always 语句,当 CLK 的上升沿到来时或当 CLR 为低电平时,执行以下语句
      begin
        if (!CLR)
          begin
            R = 0;                    //当 CLR 为低电平时,加法计数器清 0
          end
        else if (R == 0)
          begin
            R = 4;                    //当 R=0 时,使得 R=4,即从状态 R=0 直接变化到
                                      //R=4,跳过 R=1,2,3 的状态
          end
        else if (R == 5)
          begin
            R = 0;                    //当 R=5 时,使得 R=0,即加法计数器的最大计数
                                      //状态为 R=5
          end
        else
          begin
            R = R + 1;                //当 CLK 的上升沿到来时,R=R+1,即加法计数器加 1
          end
      end
    assign  CLK_OUT = R[2];
      //assign 赋值语句,实现功能:将加法计数器最高位的时序作为特定的脉冲序列输出
endmodule                             //模块 GEN_CLK 结束
```

(2) 产生占空比为 67%的脉冲序列的顶层模块(GEN_CLK_2_TEST.v)

```verilog
`timescale 1ps / 1ps                  //将仿真时延单位和时延精度都设定为 1 ps

module GEN_CLK_TEST;                  //测试模块名 GEN_CLK_TEST,范围至 endmodule
    reg    CLK_IN, CLR;               //寄存器类型定义,输入端口定义
    wire   CLK_OUT;                   //线网类型定义,输出端口定义
    parameter  STEP = 1;              //定义 STEP 为 1,其后凡 STEP 都视为 1

    always  #( STEP )  CLK_IN = ~CLK_IN;        //每隔 1 ps,CLK_IN 就翻转一次

    GEN_CLK GEN_CLK   (CLK_IN, CLR, CLK_OUT);   //底层模块名,实例名及参数定义
```

```
    initial  begin              //从 initial 开始,输入信号波形变化
        CLK_IN = 0; CLR = 1;     //参数初始化,CLK_IN = 0,CLR = 1
        #( STEP )      CLR = 0;  //1 ps 后,CLR = 0
        #( STEP )      CLR = 1;  //1 ps 后,CLR = 1
        #( STEP * 80 ) $finish;  //80 ps 后,仿真结束
    end
endmodule                        //模块 GEN_CLK_TEST 结束
```

(3)产生占空比为 67% 的脉冲序列的逻辑仿真结果

如图 7.2.8 所示为产生占空比为 67% 的脉冲序列的逻辑仿真结果。

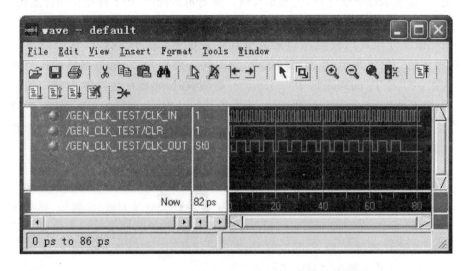

图 7.2.8 占空比为 67% 的脉冲序列的逻辑仿真结果

观察图 7.2.8 可知,输出 CLK_OUT 的高电平和低电平之比为 2∶1,且共有 12 个脉冲周期,符合设计要求,所以设计正确。

7.3 脉冲频率的测量

随着科学技术的发展,频率和时间测量的意义已日益显著,它不仅与人们的日常生活息息相关,而且在当代高科技中尤为重要。例如:邮电通信、广播电视、交通运输、科学研究、卫星发射、导弹跟踪、潜艇定位、大地测量等各个方面,都离不开频率和时间的测量。

如在工业生产领域中,常会见到各种周而复始的旋转运动、往复运动,各种传感器和测量电路变换后的周期性脉冲等。这种在相等时间间隔内重复发生的现象称为周期现象。周期性过程重复出现一次所需要的时间称为周期,用符号 T 表示,单位为 s(秒)。单位时间内周期性过程重复出现的次数称为频率,记为 f,单位为 Hz(赫兹)。周期与频率互为倒数关系,公式如下:

第 7 章 数字电路系统的实用设计

$$f = \frac{1}{T} \tag{7.3.1}$$

因此,频率和周期的测量是紧密联系的。本节和 7.4 节将分别介绍脉冲频率和周期的测量。

7.3.1 脉冲频率测量的原理

频率测量的方法可分为计数法和模拟法两类,计数法较模拟法应用更为广泛。在计数法中,电子计数器又最为普遍,它具有测量精度高、速度快、自动化程度高、操作简便、直接显示数字等优点,尤其是与微处理器相结合,实现了程序化和智能化,构成了智能化计数器。

由晶振经分频及门控电路得到具有固定宽度 T_s 的方波脉冲,作为门控信号 CLK,加到闸门的控制端,控制闸门的开、闭时间。周期为 T_x 的被测脉冲送至闸门的输入端。T_s 与 T_x 间须满足 $T_s \gg T_x$。开始测频时,先将计数器置 0,待门控信号到来后,打开闸门,允许被测脉冲通过,计数器开始计数,直到门控信号结束,闸门关闭,停止计数。若取闸门开通时间 T_s 内通过闸门的被测脉冲个数为 N,则被测脉冲的频率为

$$f_x = \frac{N}{T_s} \tag{7.3.2}$$

若在 $T_s = 1\,\text{s}$ 内,信号重复出现的次数为 N,则 $f_x = N\,\text{Hz}$。也就是,当门控信号的周期为 1 s 时,在闸门开通时间(1 s)通过闸门的被测脉冲个数即为该信号的频率,因此,通过对被测信号 CLKX 的脉冲进行计数,即可得被测信号的频率。如图 7.3.1 所示为脉冲频率测量的工作原理框图。

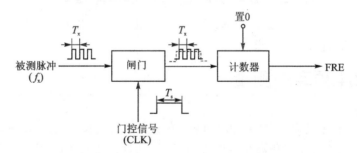

图 7.3.1 脉冲频率测量的工作原理框图

图 7.3.1 中,T_s 表示门控信号的宽度,T_x 表示被测脉冲的宽度,CLK 表示门控信号,FRE 表示脉冲频率数据。

7.3.2 频率测量模块的设计

图 7.3.1 属于顶层设计,也就是说,它只是从功能的角度介绍了脉冲频率测量的工作原理,还无法达到具体实现的程度。为了达到能够进行 Verilog-HDL 描述的目

的,必须将上述的设计思想进一步具体化。

对于频率测量模块,首先,门控信号是时钟源,故在硬件上应有一个时钟引出端CLK。其次,时序电路通常要有复位端,故可设置一个复位引出端$\overline{RST}$。以上两个端子作为控制信号发生模块的输入,可使该模块产生一组控制信号来控制频率测量。再次,频率测量模块的主要部分是计数功能,且所得到的数应予以锁存,而计数模块与锁存模块均由上述的控制信号发生模块控制,于是就得到了如图 7.3.2 所示的频率测量模块的逻辑框图。

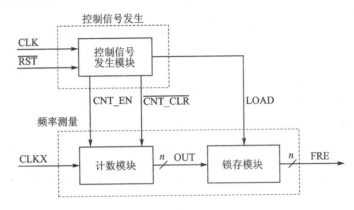

图 7.3.2 频率测量模块的逻辑框图

图 7.3.2 中,CLK 表示门控信号,CLKX 表示被测脉冲,$\overline{RST}$ 为系统复位信号,CNT_EN 为计数允许信号,$\overline{CNT\_CLR}$ 为计数清 0 信号,LOAD 为锁存信号,OUT 和 FRE 分别表示锁存前和锁存后的脉冲频率数据。控制信号发生模块用于产生测量脉冲频率所需要的各种控制信号。这里采用的门控信号为 1 Hz,每两个时钟周期进行一次频率测量。该模块共产生了 3 个控制信号:计数允许信号 CNT_EN、计数清 0 信号 $\overline{CNT\_CLR}$ 和锁存信号 LOAD,分别控制计数模块和锁存模块。三者之间关系的时序图如图 7.3.3 所示。

图 7.3.3 中,在每两个时钟周期 CLK 内,先到来半个时钟周期($t_1 \sim t_2$)的 $\overline{CNT\_CLR}$,用于清 0;随后,CNT_EN 在一个时钟周期 CLK($t_2 \sim t_3$)内有效,进行计数;最后,当 LOAD 的上升沿(t_3)到来时,锁存计数结果。

从图 7.3.3 中可以看出,计数允许信号 CNT_EN 和锁存信号 LOAD 的相位正好相反,而计数清 0 信号 $\overline{CNT\_CLR}$ 可由门控信号 CLK 和锁存信号 LOAD 共同产生。控制信号发生模块的逻辑电路图如图 7.3.4 所示。

计数模块用于在单位时间内(本例为 1 s)对被测信号 CLKX 的脉冲进行计数。在计数清 0 信号 $\overline{CNT\_CLR}$ 的低电平期间,对计数模块进行复位,使其输出 OUT = 0。在计数允许信号 CNT_EN 的高电平期间,计数模块对被测脉冲 CLKX 的频率进行测量,测量时间为一个时钟周期,即 1 s 内对被测信号的脉冲进行计数,所得结果为脉冲频率 OUT。计数模块的逻辑电路图如图 7.3.5 所示。

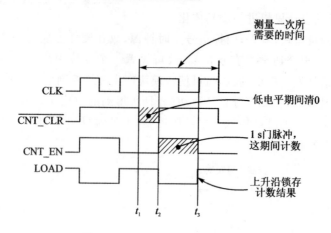

图 7.3.3　控制信号关系的时序图

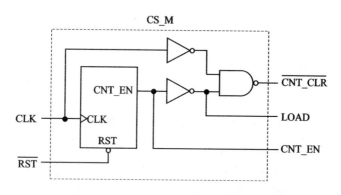

图 7.3.4　控制信号发生模块的逻辑电路图

锁存模块用于锁存测量结果。当锁存信号 LOAD 的上升沿到来时,将测量结果 OUT 锁存到寄存器中,并从 FRE 输出。锁存模块的逻辑电路图如图 7.3.6 所示。

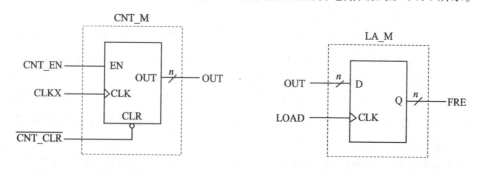

图 7.3.5　计数模块的逻辑电路图　　　　图 7.3.6　锁存模块的逻辑电路图

根据上述分析,可将如图 7.3.2 所示的频率测量模块的逻辑框图细化为如图 7.3.7 所示的频率测量模块的逻辑电路图。

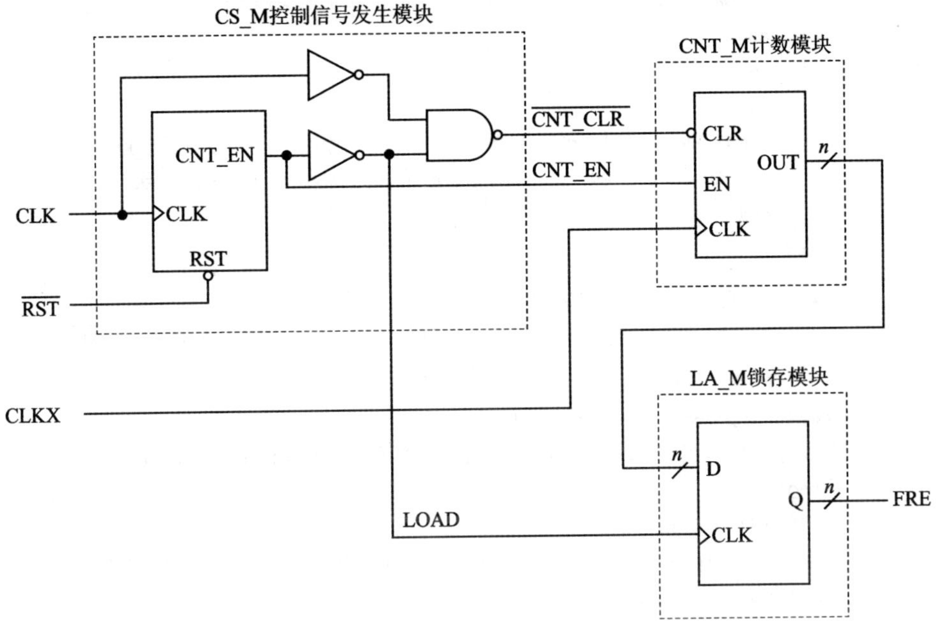

第 7 章 数字电路系统的实用设计

图 7.3.7 频率测量模块的逻辑电路图

如图 7.3.7 所示的逻辑电路,已经是一个细化到可用 Verilog-HDL 描述的逻辑电路了。下面的任务只剩下照图施工了。

1. 频率测量模块的 Verilog-HDL 描述(PULSE_FRE.v)

```
module PULSE_FRE   (CLK, CLKX, RST, FRE);
                              //模块名 PULSE_FRE 及端口参数定义,范围至 endmodule
     input     CLK, RST, CLKX;     //输入端口定义,CLK 为时钟端,RST 为系统复位端,CLKX
                              //为被测脉冲输入端
     output    [16:0] FRE;         //输出端口定义,FRE 为脉冲频率输出端
     reg       [16:0] FRE;         //寄存器定义
     reg       [16:0] OUT;         //寄存器定义,中间变量定义,OUT 表示脉冲频率信号
     reg       CNT_EN, LOAD;       //寄存器定义,中间变量定义,CNT_EN 表示计数允许
                              //信号,LOAD 表示锁存信号
     wire      CNT_CLR;            //线网定义,中间变量定义,CNT_CLR 表示计数清 0 信号
/*      CS_M       */
always @ (posedge CLK or negedge RST)
                 //always 语句,当 CLK 的上升沿到来时或当 RST 为低电平时,执行以下语句
     begin
       if (!RST)
          begin
            CNT_EN = 0;           //当 RST 为低电平时,CNT_EN = 0
```

第7章 数字电路系统的实用设计

```verilog
                LOAD = 1;              //当 RST 为低电平时,LOAD = 1
            end
          else
            begin
                CNT_EN = ~CNT_EN;      //当 CLK 的上升沿到来时,CNT_EN = CNT_EN
                LOAD = ~CNT_EN;        //当 CLK 的上升沿到来时,LOAD = CNT_EN
            end
        end
    assign CNT_CLR = ~(~CLK&LOAD);
                                       //assign 赋值语句,实现功能:CNT_CLR = CLK&LOAD
    /*    CNT_M      */
    always @ (posedge CLKX or negedge CNT_CLR)
    //always 语句,当 CLKX 的上升沿到来时或者当 CNT_CLR 为低电平时,执行以下语句
        begin
          if (!CNT_CLR)
              OUT = 0;                 //当 CNT_CLR 的低电平到来时,OUT = 0,即计数器清 0
          else if (CNT_EN)
              begin
                  if (OUT == 99999)
                  OUT = 99999;
                                       //当 OUT = 99 999 时,表示计数器已经计满,停止计数
                  else
                     OUT = OUT + 1;
                                       //当 CLKX 的上升沿到来时,OUT = OUT + 1,即计数器加 1
              end
        end
    /*    LA_M       */
    always @ (posedge LOAD) //当 LOAD 的上升沿到来时,执行以下语句
        begin
            FRE = OUT;                 //将 OUT 赋值给 FRE
        end
endmodule                              //模块 PULSE_FRE 结束
```

2. 频率测量模块的顶层模块(PULSE_FRE_TEST.v)

```verilog
`timescale 1ms / 1ms                   //将仿真时延单位和时延精度都设定为 1 ms
module PULSE_FRE_TEST;                 //测试模块名 PULSE_FRE_TEST,范围至 endmodule
    reg     CLK, CLKX, RST;            //寄存器类型定义,输入端口定义
    wire    [16:0] FRE;                //线网类型定义,输出端口定义
    integer I;                         //整型数定义,中间变量定义

    PULSE_FRE  PULSE_FRE  (CLK, CLKX, RST, FRE);//底层模块名,实例名及参数定义
```

```
    always   #500     CLK = ~CLK;      //每隔 500 ms,CLK 就翻转一次,即 CLK 的频率为 1 Hz
    initial  begin                     //从 initial 开始,输入信号波形变化
       CLK = 0; CLKX = 0; RST = 1;     //参数初始化,CLK = 0,CLKX = 0,RST = 1
       #10    RST = 0;                 //10 ms 后,RST = 0
       #10    RST = 1;     I = 0;      //10 ms 后,RST = 1,I = 0
       while ( I<100 )                 //while 循环语句,执行循环 100 次
         begin
           #50 I = I + 1;
           CLKX = ~CLKX;               //50 ms 后,I = I + 1,CLKX = ~CLKX,即每隔 50 ms,CLKX 就
                                       //翻转一次,根据 CLK 的频率为 1 Hz,得 CLKX 的频率为 10 Hz
         end
       $finish;                        //仿真结束
    end
endmodule                              //模块 PULSE_FRE_TEST 结束
```

3. 频率测量模块的逻辑仿真结果

频率测量模块的逻辑仿真结果如图 7.3.8 所示。

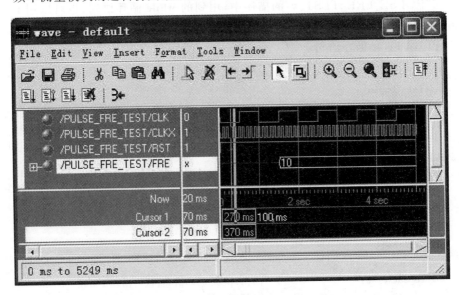

图 7.3.8 频率测量模块的逻辑仿真结果

系统时钟 CLK 的频率为 1 Hz。系统复位后,开始对被测脉冲 CLKX 进行频率测量,其结果 FRE 为 10 Hz。观察该图标尺 Cursor1 和 Cursor2 的显示,可知被测脉冲 CLKX 的周期为 100 ms=0.1 s,则频率为 10 Hz,表明设计完全正确。

7.3.3　while 循环语句的使用方法

while 循环语句的一般格式如下：

while(循环条件表达式)语句；

或

while(循环条件表达式)begin
　　　　　　＜语句 1;＞
　　　　　　＜语句 2;＞
　　　　　　　　⋮
　　　　　　＜语句 n;＞
　　　　　end；

在 while 循环语句的执行过程中，始终判断循环条件表达式。若为真，则执行后面的一条语句或者多条语句；若为假，则结束循环。如果循环条件表达式在开始时就为假，那么将永远不会执行后面的语句。

在"PULSE_FRE_TEST.v"的描述中，用到的 while 循环语句，也可以用 for 循环语句或者 repeat 循环语句替换，如下面的两个程序段所示。

程序段 1：for 循环语句

```
⋮
initial  begin
    ⋮
    for ( I = 0; I<100; I = I + 1 )    //for 循环语句,执行循环 100 次
        #50   CLKX = ~CLKX;            //每隔 50 ms,CLK 就翻转一次,即 CLKX 的频率为 10 Hz
end
⋮
```

程序段 2：repeat 循环语句

```
⋮
initial  begin
    ⋮
    repeat (100)                       //repeat 循环语句,执行循环 100 次
        #50   CLKX = ~CLKX;            //每隔 50 ms,CLK 就翻转一次,即 CLKX 的频率为 10 Hz
end
⋮
```

7.4　脉冲周期的测量

在 7.3 节中，介绍了脉冲频率的测量。本节将继续介绍脉冲周期的测量。

7.4.1 脉冲周期测量的原理

由晶振经分频得到周期为 T_s 的时标信号,送入闸门的输入端。周期为 T_x 的被测脉冲直接作为门控信号,加到闸门的控制端,控制闸门的开、关时间。T_s 与 T_x 之间须满足 $T_s \ll T_x$。开始测量周期时,先将计数器置0,待门控信号到来后,打开闸门,允许时标信号通过,计数器开始计数,直到门控信号结束,闸门关闭,停止计数。若取闸门开通时间 T_x 内通过闸门的时标信号个数为 N,则被测脉冲的周期为

$$T_x = NT_s \tag{7.4.1}$$

若在 $T_s = 1$ ms 内,信号重复出现的次数为 N,则 $T_x = N$ kHz。也就是说,当时标信号的周期为 1 ms 时,在闸门开通时间(T_x)通过闸门的时标信号个数即为该信号的周期。根据脉冲周期的测量原理可知,在被测脉冲 CLKX 的一个时钟周期内,时标信号 CLK 的脉冲个数便为被测脉冲 CLKX 的周期。如图 7.4.1 所示为脉冲周期测量的工作原理框图。

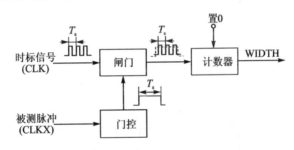

图 7.4.1 脉冲周期测量的工作原理框图

图 7.4.1 中,T_s 表示时标信号的周期,T_x 表示被测脉冲的周期,CLK 表示时标信号,CLKX 表示被测脉冲,$\overline{RST}$ 表示系统复位,WIDTH 表示被测脉冲的周期。

7.4.2 周期测量模块的设计(一)

图 7.4.1 属于顶层设计,也就是说,它只是从功能的角度介绍了周期测量的工作原理,还无法达到具体实现的程度。为了达到能够用 Verilog-HDL 进行描述,必须将上述的设计思想进一步具体化。

对于周期测量模块,首先,被测脉冲作为时钟源,故在硬件上应有一个时钟引出端 CLKX。其次,时序电路通常要有复位端,故可设置一个复位引出端 $\overline{RST}$。以上两个端子作为控制信号发生模块的输入,可使该模块产生一组控制信号来控制周期测量。再次,周期测量模块的主要部分是计数功能,且所得到的数应予以锁存,而计数模块与锁存模块均由上述的控制信号发生模块控制,于是就得到了如图 7.4.2 所示的周期测量模块的逻辑框图。

第7章 数字电路系统的实用设计

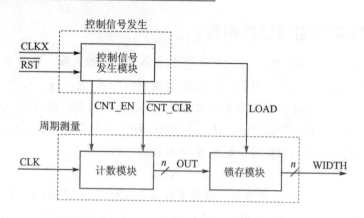

图 7.4.2 周期测量模块的逻辑框图

图 7.4.2 中，CLK 表示时标信号，CLKX 表示被测脉冲，$\overline{\text{RST}}$ 为系统复位信号，CNT_EN 为计数允许信号，$\overline{\text{CNT\_CLR}}$ 为计数清 0 信号，LOAD 为锁存信号，OUT 和 WIDTH 分别表示锁存前和锁存后的脉冲周期。

根据周期测量的工作原理，可知控制信号发生模块需要用被测脉冲 CLKX 来产生测量脉冲周期所需的各种控制信号，如图 7.4.3 所示。

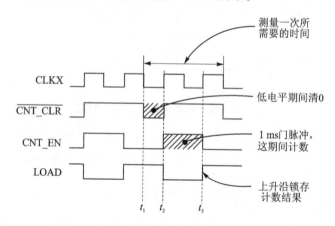

图 7.4.3 控制信号关系的时序图(周期测量)

在每两个时钟周期 CLKX 内，先到来半个时钟周期 ($t_1 \sim t_2$) 的 $\overline{\text{CNT\_CLR}}$，用于清 0；随后，CNT_EN 在被测脉冲 CLKX 的一个周期内 ($t_2 \sim t_3$) 有效，进行计数；最后，当 LOAD 的上升沿 (t_3) 到来时，锁存计数结果。

控制信号发生模块共产生了 3 个控制信号：计数允许信号 CNT_EN、计数清 0 信号 $\overline{\text{CNT\_CLR}}$ 和锁存信号 LOAD，分别控制计数模块和锁存模块。它们的作用和频率计中的完全相同。控制信号发生模块的逻辑电路图如图 7.4.4 所示。

第7章 数字电路系统的实用设计

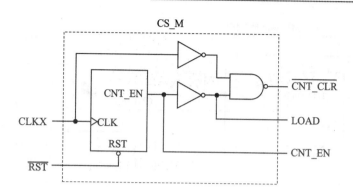

图7.4.4 控制信号发生模块的逻辑电路图(周期测量)

计数模块用于在被测脉冲 CLKX 的一个周期内,对时标信号进行计数。在计数清 0 信号 $\overline{\text{CNT\_CLR}}$ 的低电平期间,对计数模块进行复位,使其输出 OUT=0。在计数允许信号 CNT_EN 的高电平期间,计数模块开始对被测脉冲 CLKX 的周期进行测量,测量时间为 CLKX 的一个周期,所得结果为脉冲的周期 OUT。计数模块的逻辑电路图如图 7.4.5 所示。

锁存模块用于锁存测量结果。当锁存信号 LOAD 的上升沿到来时,将测量结果 OUT 锁存到寄存器中,并从 WIDTH 输出。锁存模块的逻辑电路图如图 7.4.6 所示。

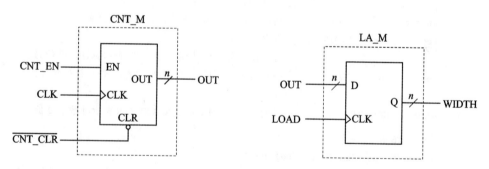

图 7.4.5 计数模块的逻辑电路图   图 7.4.6 锁存模块的逻辑电路图

根据上述分析,可将图 7.4.2 所示的周期测量模块的逻辑框图,细化为图 7.4.7 所示的周期测量模块的逻辑电路图。

根据周期测量模块的逻辑电路图,可以将其用 Verilog-HDL 进行描述了。

1. 周期测量模块的 Verilog-HDL 描述(PULSE_WIDTH.v)

```
module  PULSE_WIDTH   (CLK, CLKX, RST, WIDTH);
                        //模块名 PULSE_ WIDTH 及端口参数定义,范围至 endmodule
    input    CLK, RST, CLKX;
```

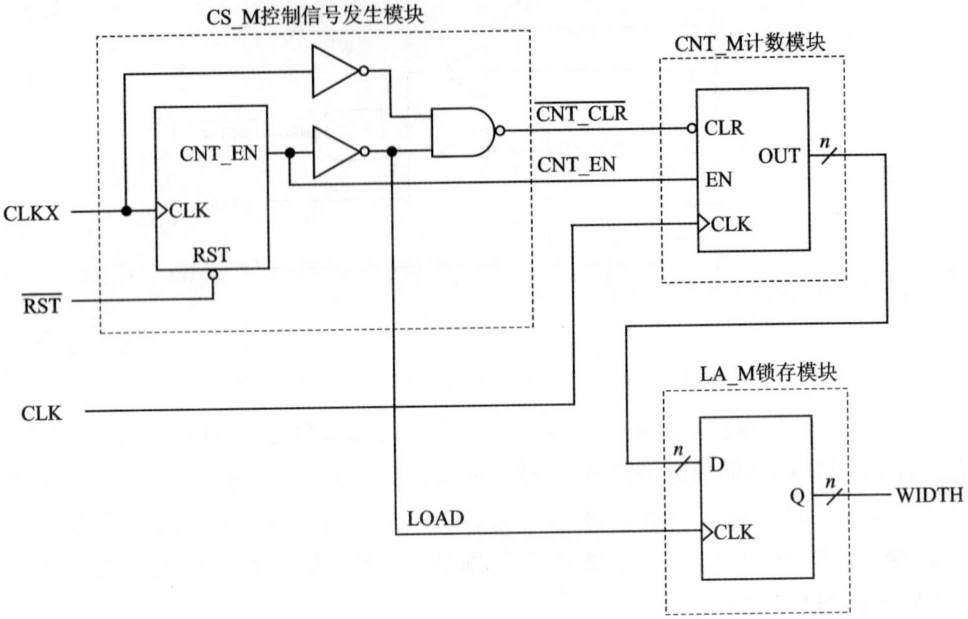

第7章 数字电路系统的实用设计

图7.4.7 周期测量模块的逻辑电路图

```
                          //输入端口定义,CLK 为时钟端,RST 为系统复位端,
                          //CLKX 为被测脉冲输入端
output    [16:0] WIDTH;   //输出端口定义,WIDTH 为脉冲周期输出端
reg       [16:0] WIDTH;   //寄存器定义
reg       [16:0] OUT;     //寄存器定义,中间变量定义,OUT 表示脉冲周期信号
reg       CNT_EN, LOAD;   //寄存器定义,中间变量定义,CNT_EN 表示计数允许信号,
                          //LOAD 表示锁存信号
wire      CNT_CLR;        //线网定义,中间变量定义,CNT_CLR 表示计数清0信号

/*    CS_M    */
always @ (posedge CLKX or negedge RST)
            //always 语句,当 CLKX 的上升沿到来时或当 RST 为低电平时,执行以下语句
    begin
      if (!RST)
        begin
          CNT_EN = 0;     //当 RST 为低电平时,CNT_EN = 0
          LOAD = 1;       //当 RST 为低电平时,LOAD = 1
        end
      else
        begin
          CNT_EN = ~CNT_EN;   //当 CLKX 的上升沿到来时,CNT_EN = $\overline{CNT\_EN}$
          LOAD = ~CNT_EN;     //当 CLKX 的上升沿到来时,LOAD = $\overline{CNT\_EN}$
```

```
            end
          end
assign CNT_CLR = ~(~CLKX&LOAD);
                        //assign 赋值语句,实现功能:CNT_CLR = $\overline{\text{CLKX\&LOAD}}$

/*    CNT_M    */
always @ (posedge CLK or negedge CNT_CLR)
      //always 语句,当 CLK 的上升沿到来时或者当 CNT_CLR 为低电平时,执行以下语句
    begin
      if (!CNT_CLR)
         OUT = 0;          //当 CNT_CLR 为低电平时,OUT = 0,即计数器清 0
      else if (CNT_EN)
        begin
          if (OUT == 99999)
            OUT = 99999;
                        //当 OUT = 99 999 时,表示计数器已经计满,停止计数
          else
            OUT = OUT + 1;
                        //当 CLK 的上升沿到来时,OUT = OUT + 1,即计数器加 1
        end
    end

/*    LA_M    */
always @ (posedge LOAD)   //当 LOAD 的上升沿到来时,执行以下语句
    begin
      WIDTH = OUT;        //将 OUT 赋值给 WIDTH
    end
endmodule                 //模块 PULSE_WIDTH 结束
```

2. 周期测量模块的顶层模块(PULSE_WIDTH_TEST.v)

```
`timescale 1μs / 1μs      //将仿真时延单位和时延精度都设定为 1 μs
module PULSE_WIDTH_TEST;  //测试模块名 PULSE_WIDTH_TEST,范围至 endmodule
    reg    CLK, CLKX, RST; //寄存器类型定义,输入端口定义
    wire   [16:0] WIDTH;   //线网类型定义,输出端口定义

    PULSE_WIDTH PULSE_WIDTH (CLK, CLKX, RST, WIDTH);
                           //底层模块名,实例名及参数定义

    always #500  CLK = ~CLK;  //每隔 500 μs,CLK 就翻转一次,即 CLK 的周期为 1 ms

    initial  begin : CLOCK    //从 initial 开始,输入信号波形变化
        CLKX = 0;             //参数初始化,CLKX = 0
```

第 7 章　数字电路系统的实用设计

```
        forever                          //forever 循环语句
          begin
            #6000    CLKX = ~CLKX;
                                //6 000 μs 后, CLKX = ~CLKX, 即每隔 6 000 μs, CLKX 就翻转一次,
                                //根据 CLK 的周期为 1 ms, 得 CLKX 的周期为 12 ms
          end
      end
  initial  begin  : SIMULATION          //从 initial 开始, 输入信号波形变化
      CLK = 0; RST = 1;                 //参数初始化, CLK = 0, RST = 1
      #10     RST = 0;                  //10 μs 后, RST = 0
      #10     RST = 1;                  //10 μs 后, RST = 1
      #50000  $finish;                  //50 000 μs 后, 仿真结束
      disable CLOCK;                    //停止时钟 CLKX
      end
endmodule                                //模块 PULSE_WIDTH_TEST 结束
```

3. 周期测量模块的逻辑仿真结果

周期测量模块的逻辑仿真结果如图 7.4.8 所示。

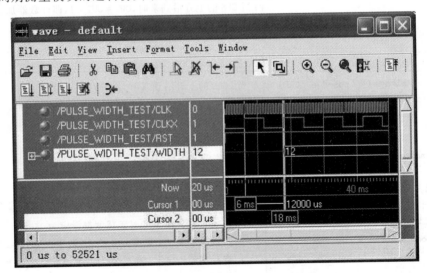

图 7.4.8　周期测量模块的逻辑仿真结果

图 7.4.8 中, 系统时钟 CLK 的频率为 1 kHz。系统复位后, 开始对被测脉冲 CLKX 进行周期测量, 其结果 WIDTH 为 12 ms。观察该图标尺 Cursor1 和 Cursor2 的显示, 可知被测时钟 CLKX 的周期为 12 000 μs=12 ms, 表明设计完全正确。

7.4.3 forever 循环语句的使用方法

forever 循环语句的一般格式如下：

forever 语句；

或

forever begin

     ＜语句 1;＞
     ＜语句 2;＞
       ⋮
     ＜语句 n;＞
    end;

forever 循环语句连续执行后面的一条语句或者多条语句，一般写在 initial 语句块中，常用于产生周期性的波形，作为仿真测试信号。使用时，需要注意以下两点：

① forever 循环应该包括定时控制或能够使其自身停止循环，否则循环将无限进行下去。

② 若要用 forever 循环进行模块描述，可用 disable 语句进行中断。

7.4.4 disable 禁止语句的使用方法

disable 禁止语句的一般格式如下：

disable 语句块名称；

或

disable 任务名称；

disable 禁止语句的使用方法如下：

① disable 禁止语句只能出现在 always 或 initial 语句块中。

② disable 禁止语句能够在语句块或任务没有执行完它的所有语句前终止其执行。然后，继续执行被禁止的语句块或任务调用后面的语句，如下面的两个程序段所示：

程序段 1：

  ⋮

begin：BLOCK

  ＜语句 1;＞
  ＜语句 2;＞
 disable BLOCK
  ＜语句 3;＞

```
        <语句 4;>
    end
        <语句 5;>
    ⋮
```

语句 3 和语句 4 从未被执行,在 disable 禁止语句被执行后,执行语句 5。

程序段 2:

```
task: BLOCK_T
  begin
    <语句 1;>
    disable  BLOCK_T
    <语句 2;>
  end
endtask
    ⋮
        <语句 3;>
        BLOCK_T;                    //任务调用
        <语句 4;>
```

当 disable 禁止语句被执行时,任务被放弃,即语句 2 永远不会被执行。任务调用后执行语句 4。

③ disable 禁止语句不可用于函数。

7.4.5　周期测量模块的设计(二)

由于周期测量模块始终在工作,且不间断地输出测量结果。因此,可将这种不间断的测量变化为:当需要测量时,通过复位端触发系统工作,在规定个数的脉冲内进行测量后,停止工作,并输出测量结果。

如图 7.4.2 所示,周期测量模块包含控制信号发生模块、计数模块和锁存模块。根据上述思想,可增加一个封锁模块,使其控制其他 3 个模块,即当测量完成后,便封锁被测脉冲输入端和系统时钟输入端,使得 WIDTH 保持当前的输出不变,直到下一个系统复位信号的到来。这样,周期测量模块的逻辑框图可变化为图 7.4.9。

在规定个数的脉冲内测量完成后,封锁模块便对被测脉冲和系统时钟的输入端进行封锁。因此,为了控制脉冲个数可用一个减法计数器来实现,这里采用一个十进制的减法计数器。当系统复位信号 $\overline{RST}$ 的低电平到来时,减法计数器置初始值,即 Q=9。每当一个时钟脉冲 CLKX_M 到来时,减法计数器就减 1。当值减少到 0 时,即当 Q[3]|Q[2]|Q[1]|Q[0] =0 时,利用与门,封锁系统时钟 CLK 和被测脉冲 CLKX。直到下一次系统复位 $\overline{RST}$ 到来时,才解除封锁,使得系统时钟 CLK 和被测

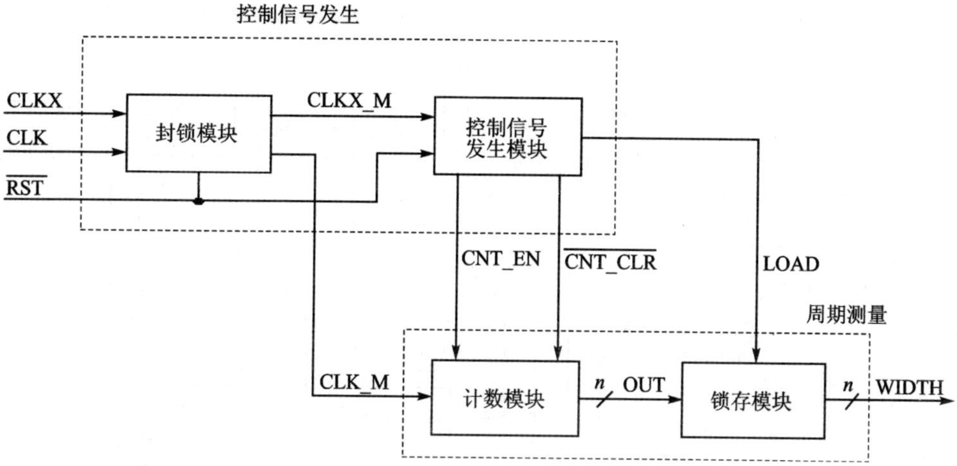

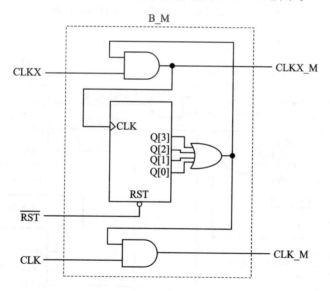

图 7.4.9 改进型周期测量模块的逻辑框图

脉冲 CLKX 重新输入。封锁模块的逻辑电路图如图 7.4.10 所示。

图 7.4.10 封锁模块的逻辑电路图

改进型周期测量模块的逻辑电路如图 7.4.11 所示。

在图 7.4.11 中,可将封锁模块 B_M 和控制信号发生模块 CS_M 合并成一个模块 B_CS_M,简化后的改进型周期测量模块如图 7.4.12 所示。

根据图 7.4.12,可将改进型周期测量模块用 Verilog-HDL 描述如下。

第7章 数字电路系统的实用设计

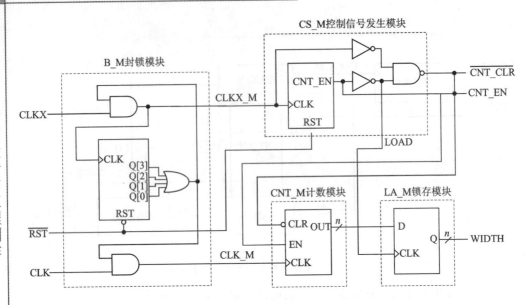

图 7.4.11　改进型周期测量模块的逻辑电路图

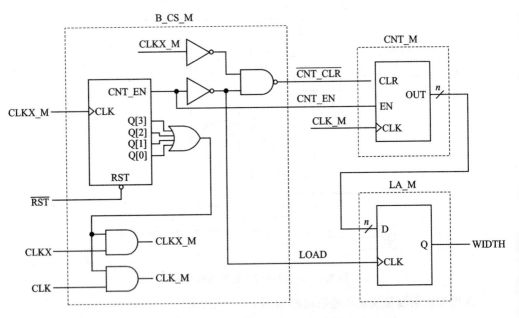

图 7.4.12　简化后的改进型周期测量模块的逻辑电路图

1. 改进型周期测量模块的 Verilog-HDL 描述(PULSE_WIDTH_G)

```
module  PULSE_WIDTH_G    (CLK, CLKX, RST, WIDTH);
                        //模块名 PULSE_WIDTH_G 及端口参数定义,范围至 endmodule
    input    CLK, CLKX, RST;    //输入端口定义,CLK 为时钟输入端,RST 为系统复位端,
```

第7章 数字电路系统的实用设计

```verilog
                              //CLKX 为被测脉冲输入端
output  [16:0] WIDTH;         //输出端口定义,WIDTH 为周期输出端
reg     [16:0] WIDTH;         //寄存器定义
reg     [16:0] OUT;           //寄存器定义,中间变量定义,OUT 表示脉冲周期信号
reg     CNT_EN, LOAD;         //寄存器定义,中间变量定义,CNT_EN 表示计数允许信号,
                              //LOAD 表示锁存信号
wire    CNT_CLR;              //线网定义,中间变量定义,CNT_CLR 表示计数清 0 信号
wire    CLK_M, CLKX_M;        //线网定义,中间变量定义
reg     [3:0] Q;              //寄存器定义,中间变量定义
assign  CLKX_M = CLKX & (Q[3]|Q[2]|Q[1]|Q[0]);  //assign 赋值语句
/*    B_CS_M    */
always @ (posedge CLKX_M or negedge RST)
//always 语句,当 CLKX_M 的上升沿到来时或当 RST 为低电平时,执行以下语句
    begin
      if (!RST)
        begin
          Q = 9;              //当 RST 为低电平时,Q = 9
          CNT_EN = 0;         //当 RST 为低电平时,CNT_EN = 0
          LOAD = 1;           //当 RST 为低电平时,LOAD = 1
        end
      else if (Q == 0)
        begin
          Q = 0;              //当 Q = 0 时,停止计数
          CNT_EN = 0;         //当 Q = 0 时,CNT_EN = 0
        end
      else
        begin
          Q = Q - 1;          //当 CLKX_M 的上升沿到来时,Q = Q - 1
          CNT_EN = ~CNT_EN;   //当 CLKX_M 的上升沿到来时,CNT_EN = ~CNT_EN
          LOAD = ~CNT_EN;     //当 CLKX_M 的上升沿到来时,LOAD = ~CNT_EN
        end
    end
assign  CNT_CLR = ~(~CLKX_M&~CNT_EN);          //assign 赋值语句
assign  CLK_M = CLK & (Q[3]|Q[2]|Q[1]|Q[0]);   //assign 赋值语句
/*    CNT_M    */
always @ (posedge CLK_M or negedge CNT_CLR)
//always 语句,当 CLK_M 的上升沿到来时或当 CNT_CLR 为低电平时,执行以下语句
    begin
      if (!CNT_CLR)
        OUT = 0;              //当 CNT_CLR 的低电平到来时,OUT = 0,即计数器清 0
```

```
            else if (CNT_EN)
              begin
                 if (OUT == 99999)
                   OUT = 99999;
                                      //当 OUT = 99 999 时,表示计数器已经计满,停止计数
                 else
                   OUT = OUT + 1;
                                      //当 CLK 的上升沿到来时,OUT = OUT + 1,即计数器加 1
              end
          end
/*      LA_M     */
      always @ (posedge LOAD)    //当 LOAD 的上升沿到来时,执行以下语句
         begin
            WIDTH  = OUT;         //将 OUT 赋值给 WIDTH
         end
endmodule                         //模块 PULSE_WIDTH_G 结束
```

2. 改进型周期测量模块的顶层模块(PULSE_WIDTH_G_TEST)

```
`timescale 1μs / 1μs              //将仿真时延单位和时延精度都设定为 1 μs

module PULSE_WIDTH_G_TEST;
                                  //测试模块名 PULSE_WIDTH_G_TEST,范围至 endmodule
    reg     CLK, CLKX, RST;       //寄存器类型定义,输入端口定义
    wire    [16:0] WIDTH;         //线网类型定义,输出端口定义

    PULSE_WIDTH_G PULSE_WIDTH_G    (CLK, CLKX, RST, WIDTH);
                                  //底层模块名,实例名及参数定义
    always  #500    CLK = ~CLK;   //每隔 500 μs,CLK 就翻转一次,即 CLK 的周期为 1 ms
    initial begin : CLOCK         //从 initial 开始,输入信号波形变化
        CLKX = 0;                 //参数初始化,CLKX = 0
        forever                   //forever 循环语句
           begin
             #2000   CLKX = ~CLKX;
                                  //2 000 μs 后,CLKX = $\overline{CLKX}$,即每隔 2 000 μs,CLKX 就翻转
                                  //一次,根据 CLK 的周期为 1 ms,得到 CLKX 的周期为 4 ms
           end
    end

    initial begin : SIMULATION    //从 initial 开始,输入信号波形变化
        CLK = 0; RST = 1;         //参数初始化,CLK = 0,RST = 1
        #10    RST = 0;           //10 μs 后,RST = 0
        #10    RST = 1;           //10 μs 后,RST = 1
```

```
        #40000    $finish;           //40 000 μs 后,仿真结束
                  disable CLOCK;     //停止时钟 CLKX
        end
endmodule                            //模块 PULSE_WIDTH_G_TEST 结束
```

3. 改进型周期测量模块的逻辑仿真结果

改进型周期测量模块的逻辑仿真结果如图 7.4.13 所示。

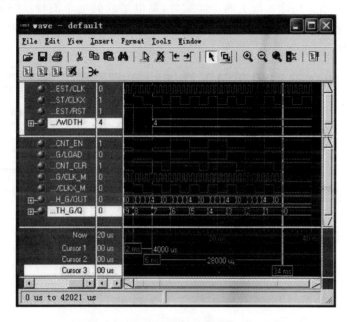

图 7.4.13 改进型周期测量模块的逻辑仿真结果

图 7.4.13 中,系统时钟 CLK 的频率为 1 kHz。系统复位后,开始对被测脉冲 CLKX 进行周期测量,其结果 WIDTH 为 4 ms。观察该图标尺 Cursor1 和 Cursor2 的显示,可知被测脉冲 CLKX 的周期为 4 000 μs=4 ms,则脉冲周期为 4 ms,表明设计完全正确。从图中下半部分的显示可以清楚地观察到逻辑仿真过程的中间变量,当最后一个被测脉冲的上升沿到来时(如标尺 Cursor3 所示的 34 ms),停止测量,即 CLK_M=0,CLKX_M=0,Q=0。

7.4.6 两种周期测量模块设计的对比

前面,介绍了两种周期测量模块的设计方法,两种方法各有优劣,可将它们应用于不同的场合。

当需要连续地、实时地观察周期测量结果,而不注重测量结果的精确度时,可以选择设计一,无需每次都进行系统复位。

当要求得到精确的周期测量结果,而无需不断地观察测量结果时,则可以选择设

计二,但需要每次测量前都进行系统复位。由于该方法每次测量只是针对有限个脉冲,因此,进行多次测量取平均值,使结果更加可信。

7.5 脉冲高电平和低电平持续时间的测量

对于一个脉冲而言,频率和周期是两个重要参数,它们的测量已分别在 7.3 节和 7.4 节中加以介绍。而除了以上两个参数外,高电平或低电平的持续时间也是脉冲的一个参数,通过其可以进一步求得脉冲的占空比。因此,本节将讨论脉冲高电平和低电平持续时间的测量。

7.5.1 脉冲高电平和低电平持续时间测量的工作原理

从 7.4 节可知,如果假设时标信号的周期为 T_s 时,被测脉冲的周期为 T_x,闸门开通时间 T_x 内通过闸门的时标信号个数为 N,则被测脉冲的周期为

$$T_x = NT_s \tag{7.5.1}$$

将上述测量方法类推,即可得出脉冲高电平和低电平持续时间测量的工作原理。

假设被测脉冲高电平持续时间为 W_h,低电平持续时间为 W_l,时标信号的周期为 T_s,在被测脉冲一个时钟周期内的高电平或低电平中,时标信号的个数分别 N_h 和 N_l,则被测脉冲的高电平和低电平的持续时间为

$$W_h = N_h T_s \quad (T_s \ll W_h) \tag{7.5.2}$$

$$W_l = N_l T_s \quad (T_s \ll W_l) \tag{7.5.3}$$

当时标信号的周期为 $T_s = 1$ ms 时,式(7.5.2)和式(7.5.3)变化为

$$W_h = N_h \quad (W_h \gg 1 \text{ ms}) \tag{7.5.4}$$

$$W_l = N_l \quad (W_l \gg 1 \text{ ms}) \tag{7.5.5}$$

也就是说,在闸门开通时间(W_h 和 W_l)内,分别通过闸门的时标信号个数即为该信号的高电平和低电平持续时间,单位为 ms。

7.5.2 高低电平持续时间测量模块的设计

在图 7.5.1 中,高低电平持续时间测量模块用于完成对脉冲高电平和低电平持续时间的测量。因此,可将该模块进行分解,如图 7.5.1 所示。

图 7.5.1 中,CLK 表示时标信号;CLKX 表示被测脉冲;$\overline{RST}$ 表示系统复位;H_LEVEL(BIN) 表示测量后所得高电平持续时间的二进制数,n_1 为其位数;L_LEVEL(BIN) 为测量后所得低电平持续时间的二进制表示,共有 n_2 位。

图 7.5.1 属于顶层模块,也就是说,它只是从功能的角度描述了高低电平持续时间测量模块的工作原理,还无法达到具体实现的程度。为使其达到可用 Verilog-HDL 描述的程度,还必须将上述的设计进一步细化。下面分别对高电平持续时间测量模块和低电平持续时间测量模块进行细化。

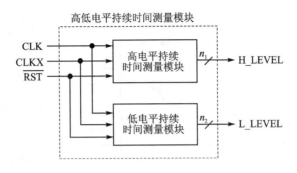

图 7.5.1 高低电平持续时间测量模块的逻辑框图

对于高电平持续时间测量模块,首先,被测脉冲是时钟源,故在硬件上应有一个时钟引出端 CLKX。另外,时序电路通常要有复位端,故应设置一个复位引出端 $\overline{\text{RST}}$。以上两个端子作为控制信号发生模块的输入,可使该模块产生一组控制信号来控制高电平持续时间的测量。其次,高电平持续时间测量模块的主要部分是计数功能,并且所得到的数应予以锁存,而计数模块与锁存模块均由上述的控制信号发生模块控制。于是就得出了如图 7.5.2 所示的高电平持续时间测量模块的逻辑框图。

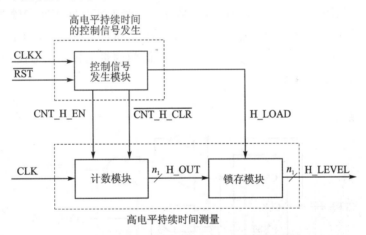

图 7.5.2 高电平持续时间测量模块的逻辑框图

图 7.5.2 中,CLK 为时标信号,CLKX 为被测脉冲,$\overline{\text{RST}}$为系统复位信号,CNT_H_EN 为高电平计数允许信号,$\overline{\text{CNT\_H\_CLR}}$为计数清 0 信号,H_LOAD 为锁存信号,H_OUT 和 H_LEVEL 分别表示锁存前和锁存后的高电平持续时间,共有 n_1 位。

控制信号发生模块用于产生测量脉冲高电平持续时间所需要的一些控制信号。根据高低电平持续时间测量的工作原理,可知控制信号发生模块可由被测脉冲 CLKX 作为输入,进而产生所需的各种控制信号,高电平持续时间测量模块的控制信号关系的时序图如图 7.5.3 所示。

在一个时钟周期 CLKX 内,首先,到来 $\overline{\text{CNT\_H\_CLR}}$低电平时间($t_1 \sim t_2$),用于

第 7 章 数字电路系统的实用设计

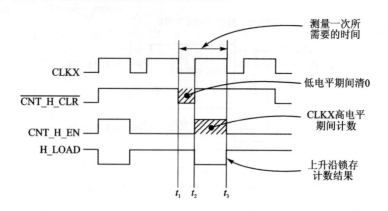

图 7.5.3 高电平持续时间测量模块的控制信号关系的时序图

清 0；随后，CNT_H_EN 在被测脉冲 CLKX 的高电平时间（$t_2 \sim t_3$）内有效，进行计数；最后，当 H_LOAD 的上升沿（t_3）到来时，锁存计数结果。

高电平持续时间的控制信号发生模块共产生 3 个控制信号：计数允许信号 CNT_H_EN、计数清 0 信号 $\overline{\text{CNT\_H\_CLR}}$ 和锁存信号 H_LOAD，分别控制计数模块和锁存模块。从图 7.5.4 中可以看出，计数允许信号 CNT_H_EN 和锁存信号 H_LOAD 的相位正好相反，而计数清 0 信号 $\overline{\text{CNT\_H\_CLR}}$ 可由被测脉冲 CLKX 和计数允许信号 CNT_H_EN 产生。因此，高电平持续时间测量的控制信号发生模块的逻辑电路图如图 7.5.4 所示。

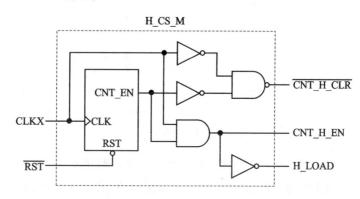

图 7.5.4 高电平持续时间测量的控制信号发生模块的逻辑电路图

计数模块用于在被测脉冲 CLKX 的一个周期内，对时标信号的脉冲进行计数。在计数清 0 信号 $\overline{\text{CNT\_H\_CLR}}$ 的低电平期间，对计数模块进行复位，使其输出 H_OUT=0。在计数允许信号 CNT_H_EN 的高电平期间，计数模块开始对被测脉冲 CLKX 的高电平持续时间进行测量，测量时间为 CLKX 一个周期中的高电平时间，所得结果为脉冲的高电平持续时间 H_OUT。高电平持续时间测量的计数模块的逻辑电路图如图 7.5.5 所示。

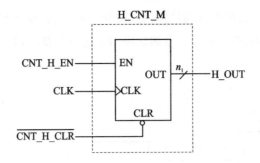

图 7.5.5　高电平持续时间测量的计数模块的逻辑电路图

锁存模块用于锁存测量结果。当锁存信号 H_LOAD 的上升沿到来时,将测量结果 H_OUT 锁存到寄存器中,并从 H_LEVEL 输出。高电平持续时间测量的锁存模块的逻辑电路图如图 7.5.6 所示。

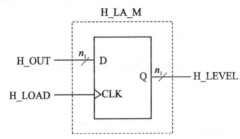

图 7.5.6　高电平持续时间测量的锁存模块的逻辑电路图

根据上述分析,可将图 7.5.2 所示的高电平持续时间测量模块的逻辑框图,细化为图 7.5.7 所示的高电平持续时间测量模块的逻辑电路图。

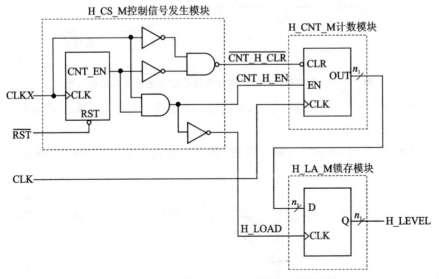

图 7.5.7　高电平持续时间测量模块的逻辑电路图

仿照上述高电平持续时间测量模块的细化过程,可以依次推出低电平持续时间测量模块的逻辑框图、控制信号关系的时序图和逻辑电路图,如图7.5.8～图7.5.10所示。

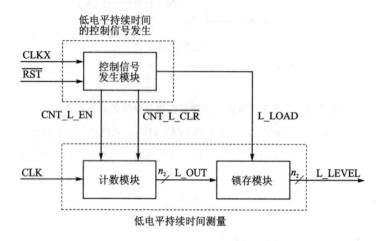

图 7.5.8　低电平持续时间测量模块的逻辑框图

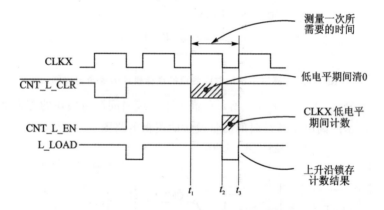

图 7.5.9　低电平持续时间测量模块的控制信号关系的时序图

将图 7.5.7 和 7.5.10 进行综合,即可得到高低电平持续时间测量模块的逻辑电路图,如图 7.5.11 所示。

根据图 7.5.11 所示的逻辑电路图,就可以将高低电平持续时间测量模块用 Verilog-HDL 进行描述了。

第7章 数字电路系统的实用设计

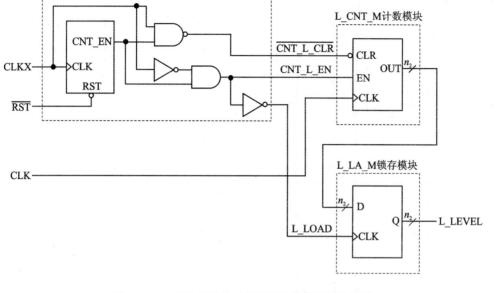

图 7.5.10 低电平持续时间测量模块的逻辑电路图

1. 高低电平持续时间测量模块的 Verilog-HDL 描述(PULSE_LEVEL.v)

```
module  PULSE_LEVEL  (CLK, CLKX, RST, H_LEVEL, L_LEVEL);
                              //模块名 PULSE_LEVEL 及端口参数定义,范围至 endmodule
        input    CLK, CLKX, RST;    //输入端口定义,CLK 为时钟端,CLKX 为被测脉冲输入端,
                                    //RST 为系统复位端
        output   [16:0] H_LEVEL;    //输出端口定义,H_LEVEL 为脉冲高电平持续时间输出端
        output   [7:0] L_LEVEL;     //输出端口定义,L_LEVEL 为脉冲低电平持续时间输出端
        reg      [16:0] H_LEVEL;    //寄存器定义
        reg      [7:0] L_LEVEL;     //寄存器定义
        reg      [16:0] H_OUT;      //寄存器定义,中间变量定义,H_OUT 表示脉冲高电平持续时间
        reg      [7:0] L_OUT;       //寄存器定义,中间变量定义,L_OUT 表示脉冲低电平持续时间
        reg      CNT_EN;            //寄存器定义,中间变量定义,CNT_EN 表示计数允许信号
        wire     CNT_H_EN, CNT_L_EN;//线网定义,中间变量定义
                                    //CNT_H_EN 表示测量高电平持续时间计数允许信号
                                    //CNT_L_EN 表示测量低电平持续时间计数允许信号
        wire     H_LOAD, L_LOAD;    //线网定义,中间变量定义
                                    //H_LOAD 表示测量高电平持续时间锁存信号
                                    //L_LOAD 表示测量低电平持续时间锁存信号
        wire     CNT_H_CLR, CNT_L_CLR;
                                    //线网定义,中间变量定义
                                    //CNT_H_CLR 表示测量高电平持续时间计数清 0 信号
```

第7章 数字电路系统的实用设计

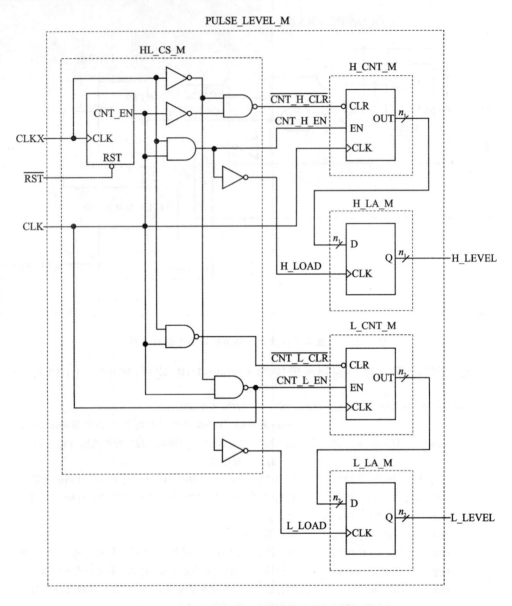

图 7.5.11 高低电平持续时间测量模块的逻辑电路图

//CNT_L_CLR 表示测量低电平持续时间计数清 0 信号

```
/*     HL_CS_M     */
always @ (posedge CLKX or negedge RST)
//always 语句,当 CLKX 的上升沿到来时或当 RST 为低电平时,执行以下语句
    begin
        if (!RST)
```

```verilog
         begin
           CNT_EN = 0;                    //当 RST 为低电平时,CNT_EN = 0
         end
       else
         begin
           CNT_EN = ~CNT_EN;              //当 CLKX 的上升沿到来时,CNT_EN = $\overline{CNT\_EN}$
         end
    end
assign CNT_H_CLR = ~(~CLKX & ~CNT_EN);   //assign 赋值语句
assign CNT_L_CLR = ~(CLKX & CNT_EN);     //assign 赋值语句
assign CNT_H_EN = CLKX & CNT_EN;         //assign 赋值语句
assign CNT_L_EN = ~CLKX & CNT_EN;        //assign 赋值语句
assign H_LOAD = ~CNT_H_EN;               //assign 赋值语句
assign L_LOAD = ~CNT_L_EN;               //assign 赋值语句
/*    H_CNT_M    */
always @ (posedge CLK or negedge CNT_H_CLR)
//always 语句,当 CLK 的上升沿到来时或者当 CNT_H_CLR 为低电平时,执行以下语句
    begin
      if (!CNT_H_CLR)
         H_OUT = 0;                      //当 CNT_H_CLR 为低电平时,H_OUT = 0,即计数器清 0
      else if (CNT_H_EN)                 //在 CNT_H_EN 为高电平期间,执行以下语句
         begin
           if (H_OUT == 99999)
              H_OUT = 99999;             //当 H_OUT = 99 999 时,表示计数器已经计满,停止计数
           else
              H_OUT = H_OUT + 1;
              //当 CLK 的上升沿到来时,H_OUT = H_OUT + 1,即计数器加 1
         end
    end
/*    L_CNT_M    */
always @ (posedge CLK or negedge CNT_L_CLR)
//always 语句,当 CLK 的上升沿到来时或者当 CNT_L_CLR 为低电平时,执行以下语句
    begin
      if (!CNT_L_CLR)
         L_OUT = 0;                      //当 CNT_L_CLR 为低电平时,L_OUT = 0,即计数器清 0
      else if (CNT_L_EN)                 //在 CNT_H_EN 为高电平期间,执行以下语句
         begin
           if (L_OUT == 255)
              L_OUT = 255;               //当 L_OUT = 255 时,表示计数器已经计满,停止计数
           else
              L_OUT = L_OUT + 1;
```

```verilog
            end
        end
    /*     H_LA_M    */
    always @ (posedge H_LOAD)      //当 H_LOAD 的上升沿到来时,执行以下语句
        begin
            H_LEVEL = H_OUT;       //将 H_OUT 赋值给 H_LEVEL
        end
    /*     L_LA_M    */
    always @ (posedge L_LOAD)      //当 L_LOAD 的上升沿到来时,执行以下语句
        begin
            L_LEVEL = L_OUT;       //将 L_OUT 赋值给 L_LEVEL
        end
endmodule                          //模块 PULSE_LEVEL 结束
```

//当 CLK 的上升沿到来时,L_OUT = L_OUT + 1,即计数器加 1

2. 高低电平持续时间测量模块的顶层模块(PULSE_LEVEL_TEST.v)

```verilog
'timescale 1μs / 1μs              //将仿真时延单位和时延精度都设定为 1 μs

module PULSE_LEVEL_TEST;          //测试模块名 PULSE_LEVEL_TEST,范围至 endmodule
    reg     CLK, CLKX, RST;       //寄存器类型定义,输入端口定义
    wire    [16:0] H_LEVEL;       //线网类型定义,输出端口定义
    wire    [7:0] L_LEVEL;        //线网类型定义,输出端口定义

    PULSE_LEVEL PULSE_LEVEL (CLK, CLKX, RST, H_LEVEL, L_LEVEL);
                                  //底层模块名,实例名及参数定义

    always #500  CLK = ~CLK;      //每隔 500 μs,CLK 就翻转一次,即 CLK 的周期为 1 ms

    initial begin : CLOCK         //从 initial 开始,输入信号波形变化
        parameter ON = 6000, OFF = 2000;
                                  //定义 ON 为 6000,OFF 为 2000,在本模块中,凡 ON 和
                                  //OFF 都视为 6000 和 2000
        CLKX = 0;                 //参数初始化,CLKX = 0
        forever                   //forever 循环语句
            begin
                #OFF  CLKX = 1'b1;   //2 000 μs 后,CLKX = 1
                #ON   CLKX = 1'b0;   //6 000 μs 后,CLKX = 0
            end
    end

    initial begin : SIMULATION    //从 initial 开始,输入信号波形变化
```

```
        CLK = 0; RST = 1;              //参数初始化,CLK = 0,RST = 1
        #100 RST = 0;                  //100 μs 后,RST = 0
        #100 RST = 1;                  //100 μs 后,RST = 1
        #50000 $finish;                //50 000 μs 后,仿真结束
        disable CLOCK;                 //停止时钟 CLKX
      end
endmodule                              //模块 PULSE_LEVEL_TEST 结束
```

3. 高低电平持续时间测量模块的逻辑仿真结果

高低电平持续时间测量模块的逻辑仿真结果如图 7.5.12 所示。

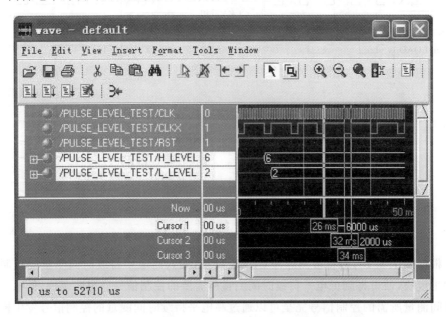

图 7.5.12 高低电平持续时间测量模块的逻辑仿真结果

图 7.5.12 中,系统时钟 CLK 的频率为 1 kHz。系统复位后,开始对被测脉冲 CLKX 进行测量,其结果是:高电平持续时间 H_LEVEL 为 6 ms,低电平持续时间 L_LEVEL 为 2 ms。观察该图标尺 Cursor1～Cursor2 和 Cursor2～Cursor3 的显示,可知被测时钟 CLKX 的高电平持续时间为 6 000 μs = 6 ms,低电平持续时间为 2 000 μs = 2 ms。测量结果和标尺显示的完全相同,表明设计完全正确。

7.5.3 改进型高低电平持续时间测量模块的设计

在 7.5.2 小节中,介绍了一种高低电平持续时间测量模块的设计与实现方法。如图 7.5.1 所示,该方法是先将高低电平持续时间测量模块分解为高电平持续时间测量模块和低电平持续时间测量模块两个子模块,在分别实现这两个子模块后,再将

它们进行组合,最终形成所需要的模块。上述设计方法思路简捷,实现容易。通过比较两个子模块的实现过程,可以观察到它们的设计思想基本相同。既然如此,很自然就可以想到将相同的部分进行合并。在此介绍一种改进型高低电平持续时间测量模块的设计与实现。在图7.5.8中,低电平持续时间测量模块由控制信号发生模块、计数模块和锁存模块三部分实现。首先,在图7.5.3所示的高电平持续时间测量模块的控制信号关系的时序图中,将CLKX反相。比较该时序图和图7.5.9所示的低电平持续时间测量模块的控制信号关系的时序图,可得两者的时序关系完全相同,该过程如图7.5.13所示。

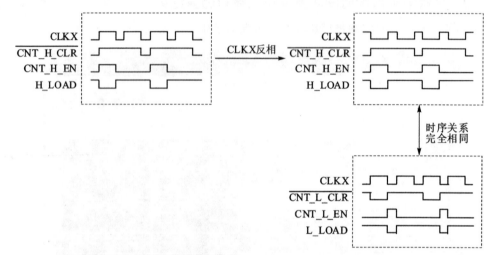

图7.5.13 高低电平持续时间测量模块的控制信号关系转换过程

根据图7.5.13,若将被测脉冲CLKX反相,加入高电平持续时间测量的控制信号发生模块,便可得到低电平持续时间测量所需要的控制信号。也就是说,低电平持续时间测量所需的控制信号完全可以通过高电平持续时间测量的控制信号发生模块来实现。

然后,比较图7.5.7和图7.5.10,可知在高电平持续时间测量模块和低电平持续时间测量模块的逻辑电路图中,计数模块和锁存模块的设计方法完全相同,只有控制信号发生模块的设计方法不同。而低电平持续时间测量所需的控制信号又可以由高电平持续时间测量的控制信号发生模块实现,因此,利用高电平持续时间测量模块便可实现低电平持续时间的测量。改进型低电平持续时间测量模块的逻辑框图如图7.5.14所示。

将图7.5.14和图7.5.2进行比较,可知两者的差别仅在于被测脉冲CLK的输入相位,即在高电平持续时间测量模块中,CLKX是正相输入;而在改进型低电平持续时间测量模块是反相输入。

改进型高低电平持续时间测量模块的逻辑框图如图7.5.15所示。两次使用高

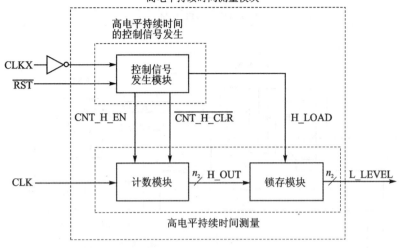

图 7.5.14 改进型低电平持续时间测量模块的逻辑框图

电平持续时间测量模块便可实现改进型高低电平持续时间测量模块应有的功能。

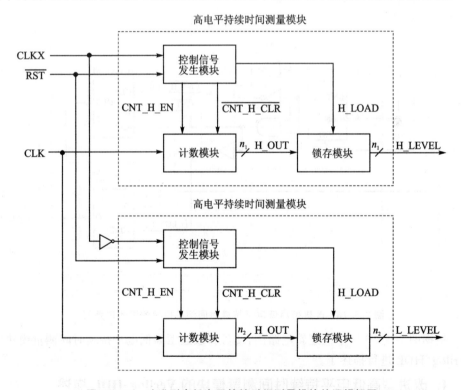

图 7.5.15 改进型高低电平持续时间测量模块的逻辑框图

根据图 7.5.7 所示的高电平持续时间测量模块的逻辑电路图,便可将图 7.5.15 细化为图 7.5.16 所示的改进型高低电平持续时间测量模块的逻辑电路图。

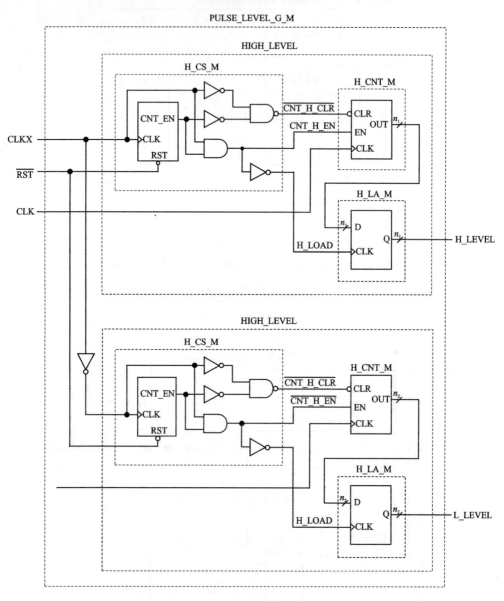

图 7.5.16　改进型高低电平持续时间测量模块的逻辑电路图

根据图 7.5.16 所示的逻辑电路图,便可将改进型高低电平持续时间测量模块用 Verilog-HDL 进行描述了。

1. 改进型高低电平持续时间测量模块的 Verilog-HDL 描述 （PULSE_LEVEL_G.V）

```
module  PULSE_LEVEL_G  (CLK, CLKX, RST, H_LEVEL, L_LEVEL);
```

第7章 数字电路系统的实用设计

```
                         //模块名 PULSE_LEVEL_G 及端口参数定义,范围至 endmodule
    input    CLK, CLKX, RST;     //输入端口定义,CLK 为时钟端,
                         //CLKX 为被测脉冲输入端,RST 为系统复位端
    output   [16:0] H_LEVEL;     //输出端口定义,H_LEVEL 为脉冲高电平持续时间输出端
    output   [7:0] L_LEVEL;      //输出端口定义,L_LEVEL 为脉冲低电平持续时间输出端
    wire     CLKX_N;             //线网定义,中间变量定义,
    wire     [16:0] L_LEVEL_M;   //线网定义,中间变量定义
    assign   CLKX_N = ~CLKX;     //assign 赋值语句,实现功能:将 CLKX 取反赋值给 CLKX_N
    assign   L_LEVEL = L_LEVEL_M[7:0];
                         //assign 赋值语句,
                         //实现功能:取 L_LEVEL_M 的低 8 位赋值给 L_LEVEL
    HIGN_LEVEL   HIGN_LEVEL (CLK, CLKX, RST, H_LEVEL);
                         //调用 HIGN_LEVEL 模块,实现功能:高电平持续时间测量
    HIGN_LEVEL   LOW_LEVEL  (CLK, CLKX_N, RST, L_LEVEL_M);
                         //调用 HIGN_LEVEL 模块,实现功能:低电平持续时间测量
endmodule
/*    HIGN_LEVEL    */
module HIGN_LEVEL  (CLK, CLKX, RST, H_LEVEL);
                         //模块名 HIGH_LEVEL 及端口参数定义,范围至 endmodule
    input    CLK, CLKX, RST;     //输入端口定义,CLK 为时钟端,
                         //CLKX 为被测脉冲输入端,RST 为系统复位端
    output   [16:0] H_LEVEL;     //输出端口定义,H_LEVEL 为脉冲高电平持续时间输出端
    reg      [16:0] H_LEVEL;     //寄存器定义
    reg      [16:0] H_OUT;       //寄存器定义,中间变量定义,
                         //H_OUT 表示脉冲高电平持续时间
    reg      CNT_EN;             //寄存器定义,中间变量定义,CNT_EN 表示计数允许信号
    wire     CNT_H_EN;           //线网定义,中间变量定义,
                         //CNT_H_EN 表示测量高电平持续时间计数允许信号
    wire     H_LOAD;             //线网定义,中间变量定义,
                         //H_LOAD 表示测量高电平持续时间锁存信号
    wire     CNT_H_CLR;          //线网定义,中间变量定义,
                         //CNT_H_CLR 表示测量高电平持续时间计数清 0 信号
/*    HL_CS_M    */
always @ (posedge CLKX or negedge RST)
//always 语句,当 CLKX 的上升沿到来时或当 RST 为低电平时,执行以下语句
```

```verilog
      begin
        if (!RST)
          begin
            CNT_EN = 0;                         //当 RST 为低电平时,CNT_EN = 0
          end
        else
          begin
            CNT_EN = ~CNT_EN;  //当 CLKX 的上升沿到来时,CNT_EN = $\overline{CNT\_EN}$
          end
      end
  assign  CNT_H_CLR = ~(~CLKX & ~CNT_EN);   //assign 赋值语句
  assign  CNT_L_CLR = ~(CLKX & CNT_EN);     //assign 赋值语句
  assign  CNT_H_EN = CLKX & CNT_EN;         //assign 赋值语句
  assign  CNT_L_EN = ~CLKX & CNT_EN;        //assign 赋值语句
  assign  H_LOAD = ~CNT_H_EN;               //assign 赋值语句
  assign  L_LOAD = ~CNT_L_EN;               //assign 赋值语句

  /*    H_CNT_M    */
  always @ (posedge CLK or negedge CNT_H_CLR)
    //always 语句,当 CLK 的上升沿到来时或者当 CNT_H_CLR 为低电平时,执行以下语句
      begin
        if (!CNT_H_CLR)
          H_OUT = 0;           //当 CNT_H_CLR 为低电平时,H_OUT = 0,即计数器清 0
        else if (CNT_H_EN)     //在 CNT_H_EN 为高电平期间,执行以下语句
          begin
            if (H_OUT == 99999)
              H_OUT = 99999;   //当 H_OUT = 99999 时,表示计数器已经计满,停止计数
            else
              H_OUT = H_OUT + 1;
                               //当 CLK 的上升沿到来时,H_OUT = H_OUT + 1,即计数器加 1
          end
      end
  /*    H_LA_M    */
  always @ (posedge H_LOAD)    //当 H_LOAD 的上升沿到来时,执行以下语句
    begin
      H_LEVEL = H_OUT;         //将 H_OUT 赋值给 H_LEVEL
```

```
        end
endmodule                          //模块 PULSE_LEVEL_G 结束
```

2. 改进型高低电平持续时间测量模块的顶层模块 (PULSE_LEVEL_G_TEST.v)

```
`timescale 1µs/ 1µs                //将仿真时延单位和时延精度都设定为 1 µs
module PULSE_LEVEL_G_TEST;
                                   //测试模块名 PULSE_LEVEL_G_TEST,范围至 endmodule
    reg    CLK, CLKX, RST;         //寄存器类型定义,输入端口定义
    wire   [16:0] H_LEVEL;         //线网类型定义,输出端口定义
    wire   [7:0] L_LEVEL;          //线网类型定义,输出端口定义
    PULSE_LEVEL_G  PULSE_LEVEL_G  (CLK, CLKX, RST, H_LEVEL, L_LEVEL);
                                   //底层模块名,实例名及参数定义
    always  #500   CLK = ~CLK;     //每隔 500 µs,CLK 就翻转一次,即 CLK 的周期为 1 ms
    initial  begin : CLOCK         //从 initial 开始,输入信号波形变化
        parameter ON = 5000, OFF = 1000;
                                   //定义 ON 为 5 000,OFF 为 1 000,在本模块中,凡 ON 和
                                   //OFF 都视为 5 000 和 1 000
        CLKX = 0;                  //参数初始化,CLKX = 0
        forever                    //forever 循环语句
            begin
                #OFF   CLKX = 1'b1;  //1 000 µs 后,CLKX = 1
                #ON    CLKX = 1'b0;  //5 000 µs 后,CLKX = 0
            end
    end
    initial begin  : SIMULATION    //从 initial 开始,输入信号波形变化
        CLK = 0; RST = 1;          //参数初始化,CLK = 0, RST = 1
        #100 RST = 0;              //100 µs 后,RST = 0
        #100 RST = 1;              //100 µs 后,RST = 1
        #40000 $finish;            //40 000 µs 后,仿真结束
        disable CLOCK;             //停止时钟 CLKX
    end
endmodule                          //模块 PULSE_LEVEL_G_TEST 结束
```

3. 改进型高低电平持续时间测量模块的逻辑仿真结果

改进型高低电平持续时间测量模块的逻辑仿真结果如图 7.5.17 所示。

图 7.5.17 中,系统时钟 CLK 的频率为 1 kHz。系统复位后,开始对被测脉冲 CLKX 进行测量,其结果是高电平持续时间 H_LEVEL 为 5 ms,低电平持续时间 L_LEVEL 为 1 ms。观察该图标尺 Cursor1~Cursor2 和 Cursor2~Cursor3 的显示,

第 7 章 数字电路系统的实用设计

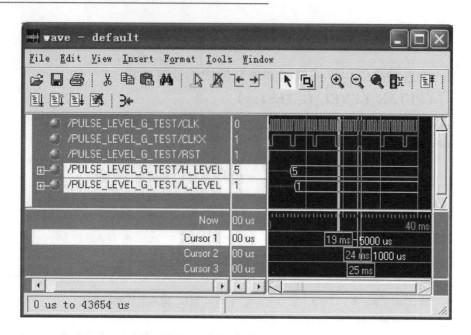

图 7.5.17 改进型高低电平持续时间测量模块的逻辑仿真结果

可知被测时钟 CLKX 的高电平持续时间为 5 000 μs = 5 ms，低电平持续时间为 1 000 μs = 1 ms。测量结果和标尺显示的完全相同，表明设计完全正确。

7.5.4 begin 声明语句的使用方法

begin 声明语句的一般格式如下：

begin[:标识]
　　[局部声明;]
　　　＜语句 1;＞
　　　＜语句 2;＞
　　　　⋮
　　　＜语句 n;＞
end;

其中，"[ ]"表示可选部分。

begin 声明语句的使用方法如下：

① begin 声明语句用于将一条或一条以上的声明语句组合起来成为一个语句块，而其中每条声明语句按照顺序执行。

② 当最后的声明语句执行完毕后，begin – end 语句块便结束。

③ begin – end 语句块可以自身嵌套。下例显示了两个 begin – end 语句块套用的情况：

⋮
　begin
　　⋮
　　　begin
　　　　⋮
　　　end
　end

④ 如果 begin – end 语句块包含局部声明,则其必须有一个标识。如在"PULSE_LEVEL_TEST.v"文件中,标识为"CLOCK"的 begin – end 语句块中包含了参数 ON 和 OFF 的局部声明。

⑤ 如果要用 disable 禁止语句禁止某个 begin – end 语句块,则被禁止的 begin – end 语句块必须有标识。如在"PULSE_LEVEL_TEST.v"文件中,标识为"CLOCK"的 begin – end 语句块被禁止。

⑥ 有时,在没有局部声明,且未使用 disable 禁止语句时,也可以对 begin – end 块加标识用来命名,以提高描述的可读性。如"PULSE_LEVEL_TEST.v"文件中,标识为"SIMULATION"的 begin – end 语句块即属于此种情况。

7.5.5　initial 语句和 always 语句的使用方法

initial 语句的一般格式如下:

initial
　begin
　　＜语句 1＞;
　　＜语句 2＞;
　　　⋮
　　＜语句 n＞;
　end

always 语句的一般格式如下:

always[@（敏感信号表达式）]
　begin
　　＜语句 1＞;
　　＜语句 2＞;
　　　⋮
　　＜语句 n＞;
　end

其中,"[ ]"表示可选部分。

initial 语句和 always 语句的共同点如下：

① initial 语句和 always 语句都属于过程性语句，是行为描述方式的主要机制。

② 一个模块中可以包含任意多条 initial 语句和任意多条 always 语句，它们应放在 begin – end 或 fork – join 语句块中。这些语句相互并行执行，即这些语句的执行顺序与其在模块中的顺序无关。

③ 一个模块中的所有 initial 语句和 always 语句都在零时刻开始并行执行。

④ initial 语句和 always 语句中，赋值的对象必须是寄存器类型变量，而不能是线网类型变量。

initial 语句和 always 语句的不同之处如下：

① initial 语句只执行一次，而 always 语句重复执行，即每个 initial 语句在零时刻开始执行，当执行完成其中包含的所有语句后，便结束，而每个 always 语句在零时刻开始执行后，当其语句块的最后一个语句执行完成，便返回开头重新执行，如图 7.5.18 所示。

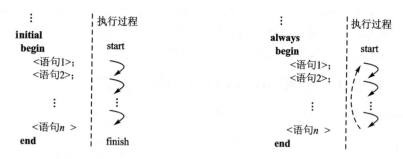

图 7.5.18　initial 语句和 always 语句执行过程对比示意图

在图 7.5.18 中，always 语句块将无限循环。若给 always 语句块加上敏感信号表达式，即加上时间控制，则会避免此种情况发生。

② initial 语句不可综合，而 always 声明语句是用于综合过程的最有用的 Verilog 声明语句之一。

③ initial 语句常用来在仿真的顶层模块中描述激励，或者用于给寄存器变量赋初值。

第 8 章

实用设计与工程制作

8.1 手脉单脉冲发生器

手脉,即手动脉冲发生器(Manual Pulse Generator),也称为电子手轮、手摇脉冲发生器、脉波发生器等,其实物图如图 8.1.1 所示。

(a) 手脉正面

(b) 手脉反面

图 8.1.1 手脉实物图

手脉通常有 6 个端子,本例中的手脉有 2 组输出:正逻辑端和负逻辑端,每组输出有 A 相和 B 相 2 个信号端。本例中各端子的物理意义如表 8.1.1 所列。

表 8.1.1 手脉各端子的物理意义

NO.	端子	物理意义
1	A	正逻辑端,A 相
2	B	正逻辑端,B 相
3	$\overline{A}$	负逻辑端,A 相
4	$\overline{B}$	负逻辑端,B 相
5	Vcc	电源正极
6	0V	电源负极

第 8 章 实用设计与工程制作

经实测,手脉的输出波形如图 8.1.2 所示。

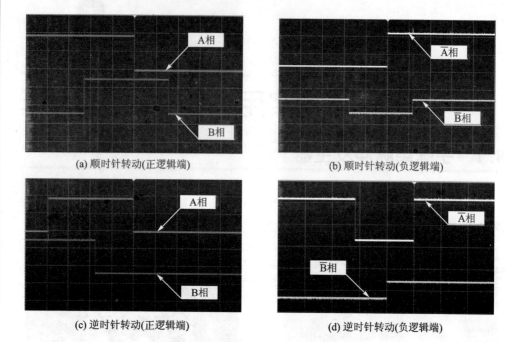

图 8.1.2 手脉转动一格的输出波形

由图 8.1.2 可知,手脉顺时针旋转一格时,正逻辑端的输出状态是:B 相保持高电平情况下,A 相有下跳脉冲;同时,负逻辑端的输出状态是:B 相保持低电平情况下,A 相有上跳沿脉冲。而逆时针旋转时,A 相与 B 相输出相反。

8.1.1 手脉单脉冲发生器的功能描述及系统构建

以手脉的正逻辑端输出、顺时针旋转为例,设计单脉冲发生器,其工作过程是:在系统复位脉冲$\overline{RB}$有效后,手脉每转动一格或一格以上,则只输出一次单脉冲 P_One,其宽度预设为一常数,且其上跳沿与 A 相脉冲的下跳沿同步。若要再输出单脉冲,则需再次给予复位信号,单脉冲发生器的基本功能框图如图 8.1.3 所示。

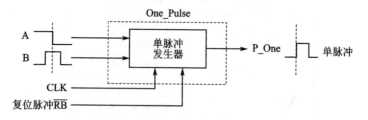

图 8.1.3 单脉冲发生器的基本功能框图

图 8.1.3 中的 A、B 为手脉的 A 相、B 相输出脉冲,CLK 为时钟信号,$\overline{RB}$为系统

复位脉冲,在$\overline{RB}$之后等待手脉顺时针转动,即手脉 B 相高电平与 A 相下跳沿同步发生时,输出单脉冲 P_One。在此,应注意到 A 相下跳沿与系统时钟 CLK 未必同步。

由以上的系统逻辑构建,可描绘出单脉冲发生的时序图,如图 8.1.4 所示。

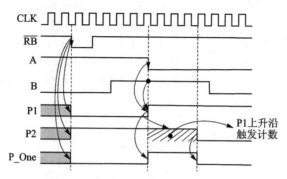

图 8.1.4　单脉冲发生器的时序图

由图 8.1.4 可知,单脉冲发生器的工作过程如下:

① 首先,系统复位脉冲$\overline{RB}$将 P1、P2 复位;

② 在 B 相为高电平状态且 A 相出现下跳沿的情况下,P1 产生上跳,其上升沿与 A 相同步,与时钟 CLK 未必同步;

③ 在 P1 跳变为高电平时,引发 P_One 上跳,同时,内部计算器开始计数;

④ 当计数达到预定值(对应于单脉冲宽度)后,P2 产生下跳,其下降沿与时钟 CLK 同步;

⑤ 由 P1 和 P2 进行逻辑"与"运算,一定宽度的单脉冲 P_One 即由此产生。

根据时序图,进一步可得出单脉冲发生器的逻辑框图,如图 8.1.5 所示。

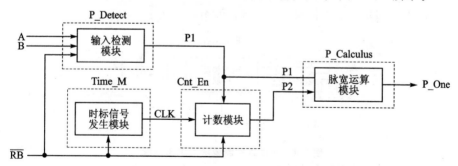

图 8.1.5　单脉冲发生器的逻辑框图

单脉冲发生器系统由 4 大模块组成:① 输入检测模块 P_Detect;② 时标信号发生模块 Time_M;③ 计数模块 Cnt_En;④ 脉宽运算模块 P_Calculus。

在此阶段,应尽可能详细地描述系统,给出合理的逻辑关系,进行正确的功能模块分配。例如,不要把时标信号发生模块 Time_M 和计数模块 Cnt_En 混在一起,否则将给后续的设计带来不必要的麻烦。表 8.1.2 列出了单脉冲发生器各模块的功能

第 8 章 实用设计与工程制作

描述。

表 8.1.2 单脉冲发生器各模块的功能描述

NO.	模块名称	功能描述
1	输入检测模块 (P_Detect)	(1) 系统复位后置 P1 为低电平； (2) 在脉冲 B 为高电平且脉冲 A 的下跳沿出现时，P1 产生上跳，其上跳沿与信号 A 的下跳沿同步； (3) 输出保持高电平状态，直至下次复位信号到来
2	时标信号发生模块 (Time_M)	系统复位后输出 CLK
3	计数模块 (Cnt_En)	(1) 系统复位后置 P2 为高电平； (2) P1 有效（高电平）时，进行减法计数； (3) 当计数器减为 0 时，置 P2 为低电平； (4) P2 保持低电平状态，直至下次复位信号到来
4	脉宽运算模块 (P_Calculus)	脉冲 P1 与 P2 进行"与"运算，产生单脉冲 P_One

功能描述完成后，就可以对各个模块进行详细的设计了。

8.1.2 输入检测模块的设计与实现

1. 输入检测模块的功能描述

输入检测模块的工作过程是：$\overline{RB}$ 为系统复位脉冲，在其之后等待手脉顺时针转动，即在手脉 B 相为高电平且 A 相下跳沿到来时，产生 P1 的上跳，其上升沿与系统时钟 CLK 未必同步。输入检测模块的逻辑框图如图 8.1.6 所示。

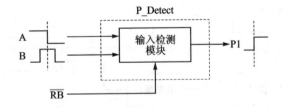

图 8.1.6 输入检测模块的逻辑框图

输入检测模块的时序图如图 8.1.7 所示。

输入检测模块的工作过程如下：

① 系统复位脉冲 $\overline{RB}$ 使 P1 为低电平；

② 等待手脉 B 相为高电平且 A 相出现下跳沿；

③ 当 A 相下跳沿到来时，引发 P1 产生上跳，其上升沿与 A 相下跳沿同步；

④ P1 保持高电平状态，直至复位脉冲 $\overline{RB}$ 的再次到来。

第8章 实用设计与工程制作

2. 逻辑电路与仿真设计

根据数字逻辑电路设计的基本理论,由输入检测模块的逻辑框图和时序图,很容易构建其逻辑电路,如图 8.1.8 所示。

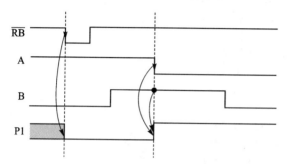

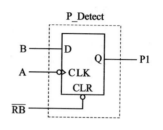

图 8.1.7　输入检测模块的时序图　　　图 8.1.8　输入检测模块的逻辑
　　　　　　　　　　　　　　　　　　　　　　电路图(初步设计)

(1) 输入检测模块 P_Detect 的 Verilog-HDL 描述(P_Detect_1.v)

```
module   P_Detect (RB, B, A, P1);      //模块名 P_Detect 及端口参数定义,范围至 endmodule
input    RB, B, A;                      //输入端口定义
output   P1;                            //输出端口定义
  DFF_R  DFF_R ( RB, B, A, P1);         //调用 D 触发器 DFF_R 模块
endmodule                               //模块 P_Detect 结束
/* D 触发器 DFF_R */
module   DFF_R (CLR, D, CLK, Q);       //模块名 DFF_R 及端口参数定义,范围至 endmodule
input    CLR, D, CLK;                   //输入端口定义,CLR 为复位端,D 为触发器输入端,
                                        //CLK 为时钟端
output   Q;                             //输出端口定义,Q 为 D 触发器输出端
reg      Q;                             //寄存器定义

always   @(negedge CLK or negedge CLR)  //always 语句,当 CLK 的下降沿到来时或者当
                                        //CLR 为低电平时,执行以下语句
         Q <= (!CLR)? 0: D;             //当 CLR 为低电平时,Q = 0,即 D 触发器清 0,当 CLK 的
                                        //下降沿到来时,Q = D
endmodule                               //模块 DFF_R 结束
```

(2) 输入检测模块 P_Detect 的顶层模块(P_Detect_vlg_tst_1.v)

```
`timescale    1ps/1ps                  //将仿真时延单位和时延精度都设定为 1 ps
module   P_Detect_vlg_tst();           //测试模块名 P_Detect_vlg_tst,范围至 endmodule
   reg    RB, B, A;                     //寄存器类型定义,输入端口定义
   wire   P1;                           //线网类型定义,输出端口定义
```

第 8 章 实用设计与工程制作

```
P_DetectP_Detect(RB, B, A, P1);   //底层模块名,实例名及参数定义
initial  begin                     //从 initial 开始,输入信号波形变化
    RB = 1; B = 0; A = 1;          //参数初始化
    #50      RB = 0;               //50 ps 后,RB = 0
    #50      RB = 1;               //50 ps 后,RB = 1
    #50      B = 1;                //50 ps 后,B = 1
    #50      A = 0;                //50 ps 后,A = 0
    #50      B = 0;                //50 ps 后,B = 0
    #100     A = 1;                //100 ps 后,A = 1
    #50      A = 0;                //50 ps 后,A = 0
    #50      A = 1;                //50 ps 后,A = 1
    #100     B = 1;                //100 ps 后,B = 1
    #50      A = 0;                //50 ps 后,A = 0
    #50      B = 1;                //50 ps 后,B = 1
    #50      B = 0;                //50 ps 后,B = 0
    #100     RB = 0;               //100 ps 后,RB = 0
    #50      RB = 1;               //50 ps 后,RB = 1
    #100     $finish;              //100 ps 后,仿真结束
end
endmodule                          //模块 P_Detect_vlg_tst 结束
```

图 8.1.9 为输入检测模块的逻辑仿真结果。

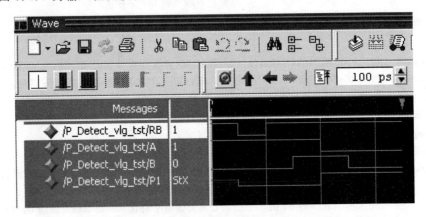

图 8.1.9　输入检测模块的逻辑仿真结果(初步设计)

当对以上电路进行测试时,发现输出 P1 不正常,经检测得知,手脉脉冲有毛刺,从而使输出与预期不符,如图 8.1.10 所示。

为解决上述问题,需对电路进行改进。

3. 改进后的逻辑电路与仿真设计

为防止因手脉脉冲毛刺而带来的误操作,可采取如下措施:当输出脉冲 P1 产生

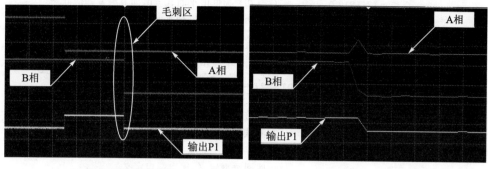

(a) 带有毛刺的手脉脉冲　　　　(b) 毛刺部分局部放大

图 8.1.10　初步设计的输入检测模块的硬件测试结果(示波器截屏)

上跳时,立刻封锁输入信号 A,从而使输出 P1 保持高电平状态,直至下次复位脉冲 $\overline{RB}$ 的到来,改进后的输入检测模块的逻辑电路如图 8.1.11 所示。

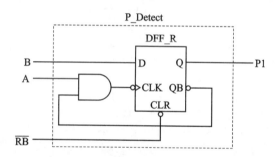

图 8.1.11　输入检测模块的逻辑电路图(改进后)

(1) 输入检测模块 P_Detect 的 Verilog-HDL 描述(P_Detect_2.v)

```
module  P_Detect(RB, B, A, P1);      //模块名 P_Detect 及端口参数定义,范围至 endmodule
input   RB, B, A;                    //输入端口定义
output  P1;                          //输出端口定义
wire    P1_Q;                        //线网类型定义,中间变量定义
DFF_R   DFF_R(RB, B, A&P1_Q, P1,P1_Q);  //调用 D 触发器 DFF_R
endmodule                            //模块 P_Detect 结束
/* D 触发器 DFF_R */
module  DFF_R(CLR, D, CLK, Q,QB);    //模块名 DFF_R 及端口参数定义,范围至 endmodule
input   CLR, D, CLK;                 //输入端口定义,CLR 为复位端,D 为触发器输入端,
                                     //CLK 为时钟端
output  Q,QB;                        //输出端口定义,Q 和 QB 为 D 触发器输出端
reg     Q;                           //寄存器定义
always  @(negedge CLK or negedge CLR)  //always 语句,当 CLK 的下降沿到来时或者
                                     //当 CLR 为低电平时,执行以下语句
```

第 8 章 实用设计与工程制作

```
        Q <= (!CLR) ? 0 : D;       //当 CLR 为低电平时,Q=0,即 D 触发器清 0,
                                   //当 CLK 的下降沿到来时,Q=D
    assign     QB = ~Q;            //赋值语句,实现功能:QB=Q̄
endmodule                          //模块 DFF_R 结束
```

(2) 输入检测模块 P_Detect 的顶层模块(P_Detect_vlg_tst_2.v)

```
'timescale 1ps/1ps                 //将仿真时延单位和时延精度都设定为 1 ps
module    P_Detect_vlg_tst();      //测试模块名 P_Detect_vlg_tst,范围至 endmodule
reg       RB, B, A;                //寄存器类型定义,输入端口定义
wire      P1;                      //线网类型定义,输出端口定义

    P_Detect   P_Detect(RB, B, A, P1);   //底层模块名,实例名及参数定义
    initial  begin                 //从 initial 开始,输入信号波形变化
        RB = 1; B = 0; A = 1;      //参数初始化
        #50     RB = 0;            //50 ps 后,RB = 0
        #50     RB = 1;            //50 ps 后,RB = 1
        #50     B = 1;             //50 ps 后,B = 1
        #50     A = 0;             //50 ps 后,A = 0
        #50     B = 0;             //50 ps 后,B = 0
        #100    A = 1;             //100 ps 后,A = 1
        #50     A = 0;             //50 ps 后,A = 0
        #50     A = 1;             //50 ps 后,A = 1
        #100    B = 1;             //100 ps 后,B = 1
        #50     A = 0;             //50 ps 后,A = 0
        #50     B = 1;             //50 ps 后,B = 1
        #50     B = 0;             //50 ps 后,B = 0
        #100    RB = 0;            //100 ps 后,RB = 0
        #50     RB = 1;            //50 ps 后,RB = 1
        #100    $finish;           //100 ps 后,仿真结束
    end
endmodule                          //模块 P_Detect_vlg_tst 结束
```

图 8.1.12 为输入检测模块改进后的仿真结果。

由图 8.1.12 可看出,在复位脉冲之后,A 和 B 的有效(A 为下降沿且 B 为高电平)使检测模块的输出为高电平,这一电平一直保持到下次系统复位脉冲的到来。从图中还可以看出,在输出 P1 为高电平的情况下,即使 A 再次产生下跳沿,也不会影响输出,这说明输入检测模块一旦有了输入,便立刻禁止其后的输入,除非再次接收到复位脉冲。在仿真时,应该给出尽可能多的信号组合来测试系统,否则会常常将设计者引入误区。

4. 输入检测模块的硬件测试

用示波器对信号进行观察,测试结果如图 8.1.13 所示。

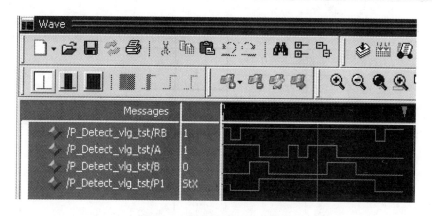

图 8.1.12 输入检测模块的逻辑仿真结果(改进后)

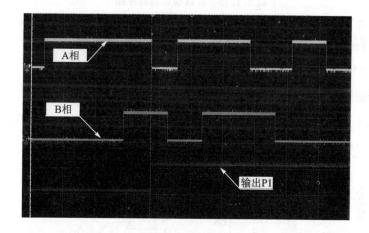

图 8.1.13 改进后输入检测模块的硬件测试结果(示波器截屏)

至此,手脉发生器的输入检测模块功能正确实现。

8.1.3 计数模块的设计与实现

1. 计数模块的功能描述

计数模块的逻辑框图如图 8.1.14 所示。

计数模块的时序图如图 8.1.15 所示。

计数模块的工作过程如下:

① 系统复位脉冲 $\overline{RB}$ 置 P2 为高电平;

② P1 变为高电平后,启动计数器,计数器对预置的数(在此设定为 10)进行

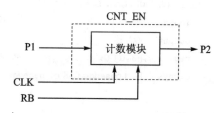

图 8.1.14 计数模块的逻辑框图

第8章 实用设计与工程制作

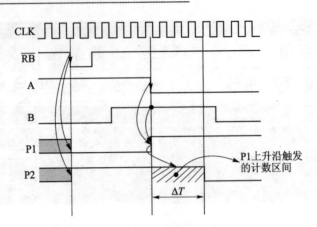

图 8.1.15 计数模块的时序图

减法计数：
③ 计数器减为 0，即达到 ΔT 时间时，使输出 P2 为低电平；
④ 输出 P2 保持低电平状态，直至下次复位脉冲 $\overline{RB}$ 的到来。

2. 计数模块的逻辑构建与仿真

根据以上计数模块的逻辑框图和时序图，试构建其逻辑电路，计数模块的逻辑电路图如图 8.1.16 所示。

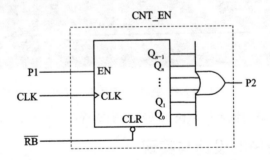

图 8.1.16 计数模块的逻辑电路图

(1) 计数模块 CNT_EN 的 Verilog-HDL 描述（CNT_EN.v）

```
module CNT_EN (CLR, CLK, EN,OUT);   //模块名 CNT_EN 及端口参数定义,范围至 endmodule
    input   CLR, CLK,EN;            //输入端口定义
    output  OUT;                    //输出端口定义
    reg     [3:0] Q;                //寄存器定义
    always  @ (posedge CLK or negedge CLR)  //always 语句,当 CLK 的上升沿到来时或者
                                            //当 CLR 为低电平时,执行以下语句
    begin
    if (!CLR)
        Q <= 10;                    //当 CLR 为低电平时,Q = 10
```

```verilog
        else if(EN)
            if  (Q==0)
                    Q<=0;                     //否则,在 EN 有效的情况下,当 Q=0 时,Q=0
            else
                    Q<=Q-1;                   //在 EN 有效的情况下,当 CLK 的上升沿到来时,Q=Q-1
        end
    assign    OUT = Q[3] | Q[2] | Q[1] | Q[0];    //赋值语句,实现把"或"门的输出赋给 OUT
endmodule                                     //模块 CNT_EN 结束
```

(2) 计数模块 CNT_EN 的顶层模块(CNT_EN_vlg_tst.v)

```verilog
`timescale  1ps/1ps                          //将仿真时延单位和时延精度都设定为 1 ps
module       CNT_EN_vlg_tst();               //测试模块名 CNT_EN_vlg_tst,范围至 endmodule
    reg      CLR, CLK, EN;                   //寄存器类型定义,输入端口定义
    wire     OUT;                            //线网类型定义,输出端口定义
    parameter    STEP = 200;                 //定义 STEP 为 200,其后凡 STEP 都视为 200
    CNT_EN   CNT_EN   (CLR, CLK, EN, OUT);   //底层模块名,实例名及参数定义
always  #(STEP/2)  CLK = ~CLK;               //每隔 100 ps,CLK 就翻转一次
    initial  begin                           //从 initial 开始,输入信号波形变化
        CLR = 1; CLK = 0; EN = 0;            //参数初始化
        #(STEP/10)     CLR = 0;              //20 ps 后,CLR = 0
        #(STEP * 3/2)  CLR = 1;              //300 ps 后,CLR = 1
        #(STEP * 9/2)  EN = 1;               //900 ps 后,EN = 1
        #(12 * STEP)   $finish;              //1 200 ps 后,仿真结束
    end
endmodule                                    //模块 CNT_EN_vlg_tst 结束
```

如图 8.1.17 所示为计数模块的逻辑仿真结果。

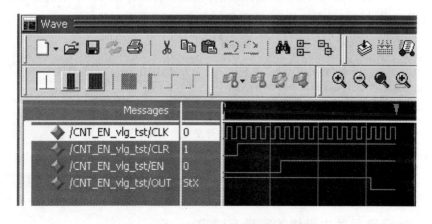

图 8.1.17　计数模块的逻辑仿真结果

由图 8.1.17 可看出,系统复位之后,输出为高电平。在 EN 有效(高电平)的情

第 8 章 实用设计与工程制作

况下,计数器开始做减法计数,当计数值减为 0 时,输出为低电平,该电平一直保持到下次系统复位脉冲的到来。

3. 计数模块的硬件测试

在仿真正确后,进行编译和下载,并用示波器对信号进观察,测试结果如图 8.1.18 所示。

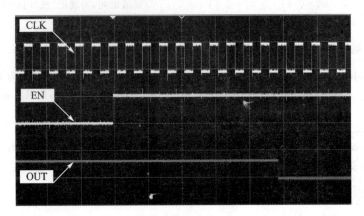

图 8.1.18 计数模块的硬件测试结果(示波器截屏)

经实测,手脉发生器的计数模块功能已实现。

8.1.4 时标信号发生模块的实现

FPGA 开发板 DE2-115 晶振提供 50 MHz 正弦波,锁相环(QUARTUS II 软件 Megafunction 函数库中的 ALTPLL 函数)可将其整形为方波,亦可对方波进行分频和倍频。另外,还可通过 Verilog-HDL 硬件描述语言进行分频。本系统将采用上述两种方式实现时标信号发生模块,其原理如图 8.1.19 所示。

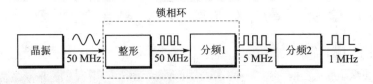

图 8.1.19 时标信号发生模块原理图

图 8.1.19 中的整形和分频 1 采用原理图(Block Diagram/Schematic)设计,图 8.1.19 中的分频 2 则采用 Verilog-HDL 硬件描述语言,下面将详细介绍其实现方法。

1. 时标信号发生模块的实现方法之一

在 Alter DE2-115 开发板配套的软件 QUARTUS II 中提供了优化的 Megafunction 函数库,支持灵活描述各类常用复杂电路,如计数器、锁相环等。通过查阅

Alter DE2-115 开发板的用户手册,可知使用 Megafunction 函数库中的 ALTPLL 函数可实现时钟的分频和倍频,该函数调用开发板上的晶振(DE2-115 开发板晶振是 50 MHz)创建恒定频率的时钟输出。实现时标信号发生模块的具体操作步骤如下:

① 创建原理图文件。选择 File→New→Block Diagram/Schematic File,单击 OK 按钮,如图 8.1.20 所示。

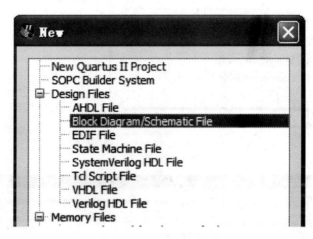

图 8.1.20 创建原理图文件

② 创建 MegaWizard Plug-In Manager。在文件空白处双击或单击 Symbol Tool,弹出如图 8.1.21(a)所示的对话框,单击左下角的 MegaWizard Plug-In Manager按钮,则弹出 MegaWizard Plug-In Manager [page 1]界面,如图 8.1.21(b)所示。

③ 单击图 8.1.21(b)右下角的 Next 按钮,弹出 MegaWizard Plug-In Manager [page 2]界面,如图 8.1.22 所示。设置 MegaWizard Plug-In Manager [page 2]的具体步骤如下:

> 选择 I/O→ALTPLL;
> 在 Which device family will you be using? 中,选择 Cyclone Ⅳ E;
> 在 Which type of output file do you want to create? 中,选择 Verilog HDL;
> 在 What name do you want for the output file? 中,选择 D:/altera/Chaos Encryption/pll.v,其中 D:/altera/Chaos Encryption 为文件所在目录,pll.v 为文件名。

④ 单击图 8.1.22 中的 Next 按钮,弹出 MegaWizard Plug-In Manager [page 3]界面,如图 8.1.23 所示。

设置 MegaWizard Plug-In Manager [page 3]界面的具体步骤如下:
> device speed grade 选择 8(speed grade(FPGA 的速度等级)表示一类内部逻辑器件的运行速度,这些逻辑器件运行时满足一定要求的时钟频率,它没有

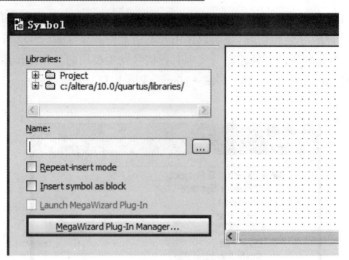

(a) Symbol对话框

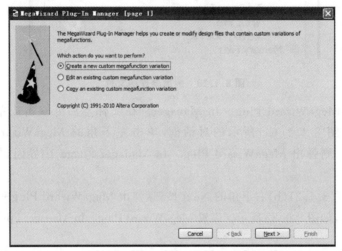

(b) MegaWizarod Plug-In Manager [page 1]

图 8.1.21　创建 MegaWizard Plug – In Manager

具体的物理数据意义,只是一类内部逻辑器件运行速度的代号;speed grade 是一个相对标准,在现代版的(XILINX)FPGA 中,speed grade 的值越大其速率越高);

➢ 设置时钟频率 inclock0,为 50 MHz,因为 DE2 – 115 FPGA 开发板的晶振是 50 MHz,(经验证,inclock0 的设置如与实际硬件不匹配,则输出与设置值不符),其余选项均为默认设置即可。

⑤ 当 MegaWizard Plug – In Manager [page 3]设置完成后,多次单击 Next 按钮,直至弹出 MegaWizard Plug – In Manager [page 8]界面,MegaWizard Plug – In Manager [page 8]的设置如图 8.1.24 所示。

第 8 章 实用设计与工程制作

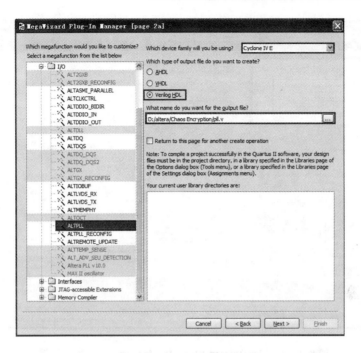

图 8.1.22 MegaWizard Plug - In Manager [page 2] 的设置

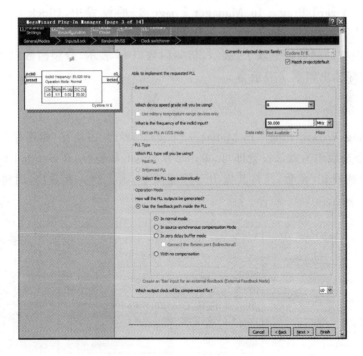

图 8.1.23 MegaWizard Plug - In Manager [page 3] 的设置

第 8 章 实用设计与工程制作

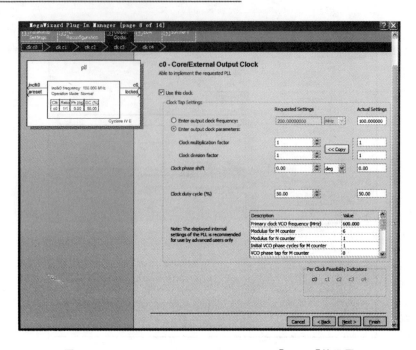

图 8.1.24　MegaWizard Plug‐In Manager［page 8］的设置

在 MegaWizard Plug‐In Manager［page 8］的设置中，Clock multiplication factor 为倍频因数，Clock division factor 为分频因数，若 MegaWizard Plug‐In Manager［page 3］中设置的时钟频率以 f_{clk} 表示，倍频因数以 M 表示，分频因数以 D 表示，则 PLL 模块实际输出频率 f 表示为

$$f = \frac{f_{\text{clk}} \times M}{D} \tag{8.1.1}$$

除了 MegaWizard Plug‐In Manager［page 8］界面、占空比、相移等需要进行设置以外，其余选项均为默认设置即可，单击 2 次 finish 按钮后，在 Symbol 对话框中的 project 库中选择 pll 函数，并将其拖出至原理图中，附上输入和输出，时钟发生模块如图 8.1.25 所示。

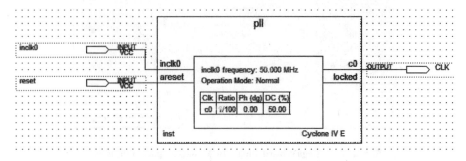

图 8.1.25　时钟发生模块的原理图

第8章 实用设计与工程制作

图 8.1.25 中的 pll 模块输入端有 inclock0 和 areset,输出端则包含 c0 和 locked,其物理意义如表 8.1.3 所列。

表 8.1.3 pll 模块输入和输出端口物理意义

NO.	端 口		物理意义	备 注
1	输入	inclock0	输入时钟	频率为 f_{clk}
2		areset[4]	对 pll 进行复位	高电平有效
3	输出	c0	输出时钟	频率为 f
4		locked[4]	观察 pll 输出时钟是否和输入时钟锁定	若锁定 locked 则变为高电平

pll(锁相环)是一个负反馈系统,正常情况下输入信号发生变化,输出信号在一定时间内跟踪输入信号,此过程称之为捕获;输出信号跟踪完毕时称之为锁定,若输入信号变化过快导致输出信号无法跟踪时则称之为失锁。而在目前的音频加解密系统研究阶段,仅需要时钟为系统提供一个固定频率的时基信号,不需要 pll 模块中的 locked 信号,故未引出 locked 端口,pll 模块的引脚配置如表 8.1.4 所列。

表 8.1.4 时钟发生模块的引脚配置

NO.	节点名称	方 向	端 口	位 置
1	areset	input	SW0	PIN_AB28
2	inclock0		内部晶振	PIN_Y2
3	CLK	output	GPIO_40	PIN_AG26

使用 FPGA 开发板完成的项目,用 Quarturs Ⅱ 软件生成目标文件,通过电缆下载到 FPGA 开发板的 Altera DE2-115 中,用示波器的数字通道观察时钟发生模块的输出结果,如图 8.1.26 所示。

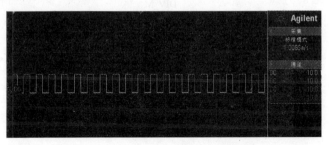

图 8.1.26 时钟发生模块的测试结果

2. 时标信号发生模块的实现方法之二

采用 Verilog-HDL 硬件描述语言实现分频,其逻辑框图如图 8.1.27 所示。分频模块的时序图如图 8.1.28 所示。

第8章 实用设计与工程制作

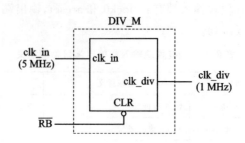

图 8.1.27 分频模块的逻辑框图

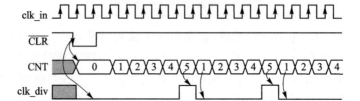

图 8.1.28 分频模块的时序图

分频模块的工作过程如下：

① 系统复位后置计数值 CNT 为 0，且输出 clk_div 为低电平；

② 复位脉冲 $\overline{CLR}$ 到来后，启动计数器，该计数器设计成为加法计数的模式，当时钟 clk_in 的上升沿到来时，CNT 加 1；

③ 由于是 5 分频，因此，当计数值 CNT＝5 时，clk_div 出现一个时钟周期的高电平；

④ 之后，计数器从 1 开始计数，重复上述步骤。

综上所述，设计分频模块的电路图，如图 8.1.29 所示。

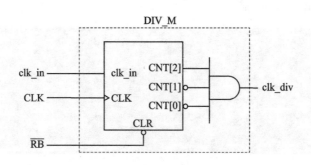

图 8.1.29 分频模块的电路图

(1) 分频模块 DIV_M 的 Verilog-HDL 描述(DIV_M.v)

```
module  DIV_M(clk_in, CLR, clk_div);   //模块名 DIV_M 及端口参数定义,范围至 endmodule
    input    clk_in, CLR;              //输入端口定义
```

```verilog
output      clk_div;            //输出端口定义
reg         clk_div;            //寄存器定义
reg         [2:0] CNT;          //寄存器定义
always      @(posedge clk_in or negedge CLR)
//always 语句,当 clk_in 的上升沿到来时或者当 CLR 为低电平时,执行以下语句
begin
    if(!CLR)
    begin
        CNT <= 0;
        clk_div <= 0;           //当 CLR 为低电平时,CNT=0,clk_div=0
    end
    else
        begin
        if(CNT==5)
        begin
            CNT <= 0;
            clk_div <= 1;       //否则,如果 CNT=5,则 CNT=0,clk_div=1
        end
        else
            begin
            CNT <= CNT+1;       //在 CNT≠5 的情况下,当 clk_in 的上升沿到来时,
            clk_div <= 0;       //CNT≤CNT+1,clk_div=0
            end
        end
end
endmodule                       //模块 DIV_M 结束
```

(2) 分频模块 CNT_EN 的顶层模块(DIV_M_vlg_tst.v)

```verilog
`timescale 1ps/1ps              //将仿真时延单位和时延精度都设定为 1 ps
module    DIV_M_vlg_tst();      //测试模块名 DIV_M_vlg_tst,范围至 endmodule
reg       clk_in,CLR;           //寄存器类型定义,输入端口定义
wire      clk_div;              //线网类型定义,输出端口定义
DIV_M   DIV_M (clk_in, CLR, clk_div);    //底层模块名,实例名及参数定义
always  #5   clk_in = ~clk_in;  //每隔 5 ps,clk_in 就翻转一次
    initial  begin              //从 initial 开始,输入信号波形变化
        CLR=1; clk_in=0;        //参数初始化
        #10      CLR=0;         //10 ps 后,CLR=0
        #10      CLR=1;         //10 ps 后,CLR=1
```

第 8 章　实用设计与工程制作

```
    #200     $finish;           //200 ps 后，仿真结束
  end
endmodule                       //模块 DIV_M_vlg_tst 结束
```

图 8.1.30 为分频模块的逻辑仿真结果。

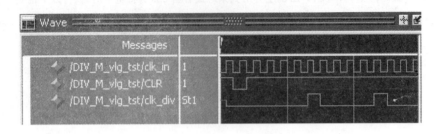

图 8.1.30　分频模块的逻辑仿真结果

由图 8.1.30 可以看出，系统复位之后，输出为低电平，计数器开始做加法计数，当计数值 CNT 为 4 时，输出高电平，之后，计数器循环计数。分频后的频率等于系统时钟频率的 $1/(CNT+1)$。

仿真正确后，进行编译、下载，DE2-115 开发板的晶振 inclk0 为 50 MHz 正弦波，在 ALTPLL 函数中对时钟进行 10 分频，故锁相环输出的信号 clk_in 为 10 MHz 方波，分频模块 DIV_M 又对 clk_in 进行 5 分频，因此，最终输出的分频信号为 1 MHz 方波。用示波器对输入/输出信号进行测试分析，测试结果如图 8.1.31 和图 8.1.32 所示。

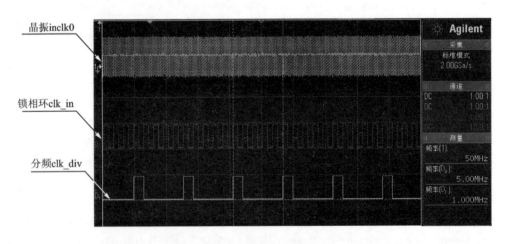

图 8.1.31　时标信号发生模块的硬件测试结果 1（示波器截屏）

由图 8.1.32 可知，FPGA 开发板上的晶振直接输出正弦波，故需处理成方波后方可作为基准时钟。经实测，手脉发生器的时标信号发生模块功能已实现。

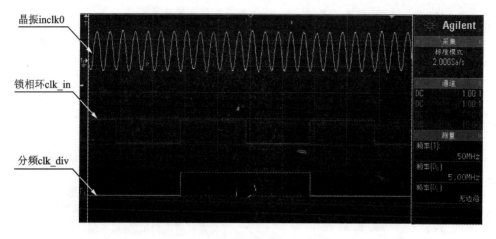

图 8.1.32 时标信号发生模块的硬件测试结果 2(示波器截屏)

8.1.5 手脉单脉冲发生器的硬件实现

根据手脉单脉冲发生器的系统逻辑框图、时序图,以及各个功能模块电路,就可以构建出单脉冲发生器的逻辑电路,如图 8.1.33 所示。

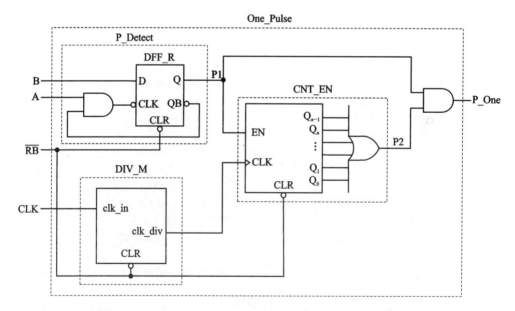

图 8.1.33 手脉单脉冲发生器的逻辑电路图

1. 手脉单脉冲发生器 One_Pulse 的 Verilog-HDL 描述(One_Pulse.v)

  module One_Pulse (RB, B, A, CLK, clk_div, P1, P2, P_One);
  //模块名 One_Pulse 及端口参数定义,范围至 endmodule

第 8 章　实用设计与工程制作

```verilog
    input    RB, B, A, CLK;                //输入端口定义
    output   clk_div, P1, P2, P_One;       //输出端口定义
    DIV_M    DIV_M(CLK, RB, clk_div);      //调用分频模块 DIV_M
    P_Detect P_Detect(RB, B, A, P1);       //调用输入检测模块 P_Detect
    CNT_EN   CNT_EN(RB, clk_div, P1, P2);  //调用计数模块 CNT_EN
    assign   P_One = P1 & P2;
endmodule                                   //模块 One_Pulse 结束
```

2. 手脉单脉冲发生器 One_Pulse 的顶层模块(One_Pulse_vlg_tst.v)

```verilog
'timescale 1ps/1ps                         //将仿真时延单位和时延精度都设定为 1 ps
module    One_Pulse_vlg_tst(); //测试模块名 One_Pulse_vlg_tst,范围至 endmodule
    reg   RB, B, A, CLK;                   //寄存器类型定义,输入端口定义
    wire  clk_div, P1, P2, P_One;          //线网类型定义,输出端口定义

    One_Pulse One_Pulse(RB, B, A, CLK, clk_div, P1, P2, P_One);
                                           //底层模块名,实例名及参数定义
    initial begin                          //从 initial 开始,输入信号波形变化
        RB = 1; B = 0; A = 1; CLK = 0;     //参数初始化
        #50    RB = 0;                     //50 ps 后,RB = 0
        #50    RB = 1;                     //50 ps 后,RB = 1
        #50    B = 1;                      //50 ps 后,B = 1
        #50    A = 0;                      //50 ps 后,A = 0
        #50    B = 0;                      //50 ps 后,B = 0
        #100   A = 1;                      //100 ps 后,A = 1
        #50    A = 0;                      //50 ps 后,A = 0
        #50    A = 1;                      //50 ps 后,A = 1
        #100   B = 1;                      //100 ps 后,B = 1
        #50    A = 0;                      //50 ps 后,A = 0
        #50    B = 1;                      //50 ps 后,B = 1
        #50    B = 0;                      //50 ps 后,B = 0
        #100   RB = 0;                     //100 ps 后,RB = 0
        #50    RB = 1;                     //50 ps 后,RB = 1
        #100   $finish;                    //100 ps 后,仿真结束
    end
endmodule                                   //模块 One_Pulse_vlg_tst 结束
```

图 8.1.34 为手脉单脉冲发生器的仿真结果。

由图 8.1.34 可看出,系统复位之后,输出为高电平。在 EN 有效(高电平)的情况下,计数器开始做减法计数,当计数值减为 0 时,输出为低电平,这一电平一直保持到下次系统复位脉冲的到来。

测试程序用原理图(Block Diagram/Schematic)方式进行编写,其中时钟源调用 QUARTUS Ⅱ 软件 Megafunction 函数库中的 ALTPLL 函数,手脉单脉冲发生器

第8章 实用设计与工程制作

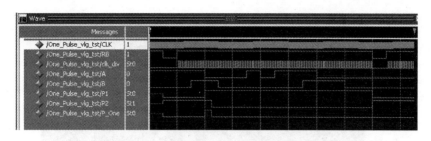

图 8.1.34　手脉单脉冲发生器的逻辑仿真结果

One_Pulse 转换成原理图文件。手脉单脉冲发生器的原理图如图 8.1.35 所示。

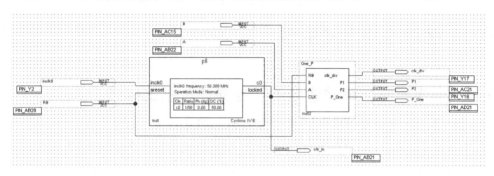

图 8.1.35　手脉单脉冲发生器的原理图

仿真正确后,对 FPGA 开发板 DE2-115 进行引脚配置、编译和下载,手脉单脉冲发生器的测试场景如图 8.1.36 所示。

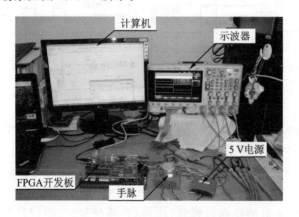

图 8.1.36　手脉单脉冲发生器的硬件测试场景

编译下载后,用示波器对输入/输出信号进行观察,测试结果如图 8.1.37 所示。

由图 8.1.37 可知,在 A 相出现下跳沿和 B 相为高电平的条件下,产生单脉冲 P_One,之后无输出,等待下次复位键的到来。经实测,基于手脉单脉冲发生器的功能能正确实现。

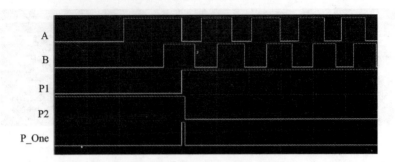

图 8.1.37　手脉单脉冲发生器的硬件测试结果(示波器截屏)

8.2　手脉脉冲串发生器

8.2.1　手脉脉冲串发生器的功能描述及系统构建

以手脉的正逻辑端输出、顺时针旋转为例,设计手脉脉冲串发生器,其操作过程是:在系统复位脉冲$\overline{rb\_sw}$有效后,手脉每转动一格,便产生一次单脉冲,连续旋转则输出脉冲串 P_train,脉冲串的数量与手脉的顺时针旋转格数相同,且其上跳沿与 A 相脉冲的下跳沿同步,手脉脉冲串发生器的基本功能框图如图 8.2.1 所示。

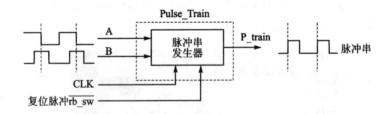

图 8.2.1　手脉脉冲串发生器的基本功能框图

图 8.2.1 中的 A、B 为手脉的 A 相、B 相脉冲,CLK 为时钟信号,$\overline{rb\_sw}$为系统复位脉冲。在$\overline{rb\_sw}$之后等待手脉顺时针转动,当手脉 B 相处于高电平且 A 相下跳沿出现时,输出脉冲串 P_train。在此,应注意到:A 相下跳沿与系统时钟 CLK 未必同步。

手脉单脉冲发生器的操作过程是:$\overline{rb\_sw}$使系统复位,顺时针旋转手脉,仅输出单脉冲,之后输出便保持低电平,直至下次复位脉冲的到来。而脉冲串发生器则要求手脉每转动一格便产生一次单脉冲,这就需要在此次单脉冲下跳产生后且手脉的下次转动到来前,产生复位信号$\overline{rb\_fb}$,并引发$\overline{RB}$的产生,使系统再次复位。之后,当手脉 B 相处于高电平且 A 相下跳沿再次出现时,又输出一个单脉冲,连续转动,便输出脉冲串 P_train,手脉脉冲串发生器的工作过程可用图 8.2.2 中的时序图描述。

第 8 章 实用设计与工程制作

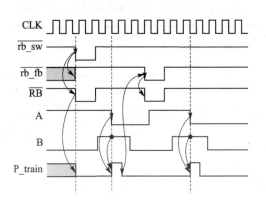

图 8.2.2　手脉脉冲串发生器的时序图

手脉脉冲串发生器的工作过程如下：

① 系统复位脉冲$\overline{rb\_sw}$置$\overline{rb\_fb}$为高电平、$\overline{RB}$为低电平、P_train 为低电平；

② 在 B 为高电平状态且 A 相出现下跳沿的情况下，P_train 产生一次单脉冲（宽度预设为一常数），其上升沿与 A 相同步，与时钟 CLK 未必同步；

③ 在 P_train 下降沿的触发下，$\overline{rb\_fb}$产生下跳，并引发$\overline{RB}$有效；

④ $\overline{RB}$使单脉冲发生器再次复位；

⑤ 若手脉再次转动，则重复上述步骤②～⑤，故产生手脉脉冲串。

根据手脉脉冲串发生器的功能框图和工作时序图，可构建出其逻辑框图，如图 8.2.3 所示。

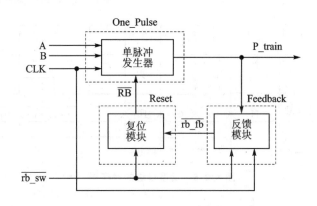

图 8.2.3　手脉脉冲串发生器的逻辑框图

手脉脉冲串发生器由三部分组成，① 单脉冲发生器 One_Pulse；② 反馈模块 Feedback；③ 复位模块 Reset。手脉脉冲串发生器各模块的功能描述如表 8.2.1 所列。

对每一个模块进行详细的功能描述后，就可以将其细化为具体的逻辑电路了。

第8章 实用设计与工程制作

表 8.2.1 手脉脉冲串发生器各模块的功能描述

NO.	模块名称	功能描述
1	单脉冲发生器 (One_Pulse)	(1) 系统复位后输出低电平； (2) 在 A 相出现下跳沿且 B 相为高电平的情况下，产生单脉冲 P_train，其宽度为一定值
2	反馈模块 (Feedback)	(1) 系统复位脉冲$\overline{rb\_sw}$置$\overline{rb\_fb}$为高电平； (2) P_train 下降沿触发产生反馈复位脉冲$\overline{rb\_fb}$
3	复位模块 (Reset)	系统复位脉冲$\overline{rb\_sw}$和反馈复位脉冲$\overline{rb\_fb}$进行逻辑"与"运算，即可得$\overline{RB}$

8.2.2 反馈模块的设计与实现

1. 反馈模块的功能描述

反馈模块的逻辑框图如图 8.2.4 所示。

反馈模块的工作过程是：在系统复位脉冲$\overline{rb\_sw}$后，脉冲 P_train 的下跳沿触发产生单脉冲$\overline{rb\_fb}$，其下跳沿与系统时钟 CLK 同步，且与 P_train 的下跳沿存在延时，延时时间由计数值 Q 和 CLK 控制。反馈模块的工作过程可用时序图来描述，如图 8.2.5 所示。

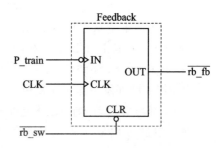

图 8.2.4 反馈模块的逻辑框图

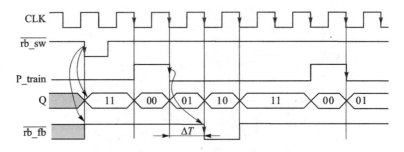

图 8.2.5 反馈模块的时序图

反馈模块的工作原理简述如下：

① 系统复位脉冲$\overline{rb\_sw}$置计数值 Q 为 3(2'b11)，$\overline{rb\_fb}$为高电平；

② 当 P_train 为高电平时，使 Q 为 0(2'b00)；

③ 在 P_train 的下降沿到来时，启动计数器，使 Q 进行加法计数；

④ 仅当 Q 为 2(2'b10)时，$\overline{rb\_fb}$为低电平；

⑤ 当 Q 计数至 3(2'b11)时，则$\overline{rb\_fb}$为高电平，且 Q 值保持不变，直至 P_train

的再次到来；

⑥ $\overline{rb\_fb}$ 的上跳沿和下跳沿均与时钟 CLK 同步。

2. 反馈模块的逻辑构建与仿真

根据以上反馈模块的逻辑框图和时序图，试构建其逻辑电路，如图 8.2.6 所示。

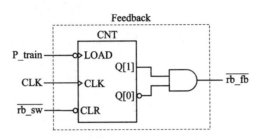

图 8.2.6　反馈模块的逻辑电路图

(1) 反馈模块 Feedback 的 Verilog-HDL 描述(Feedback.v)

```
module  Feedback(CLK, P_train, rb_sw, rb_fb);
//模块名 Feedback 及端口参数定义,范围至 endmodule
input rb_sw, CLK, P_train;           //输入端口定义
output rb_fb;                         //输出端口定义
    reg[1:0]Q;                        //寄存器定义
always@(negedge CLK or posedge P_train or negedge rb_sw)
//always 语句,当 CLK 的下降沿到来时或者当 rb_sw 为低电平时,或者当 P_train 为低电平
//时执行以下语句
    if(rb_sw == 0)
            Q = 3;                    //当 rb_sw 为低电平时,Q = 3
    else if(P_train == 1)
            Q = 0;                    //当 P_train 为低电平时,Q = 0
    else if(Q == 2)
            Q = 3;                    //当 Q = 2 时,Q = 3
    else if(Q<3)
            Q = Q + 1;                //当 Q<3 时,Q = Q + 1
    assign rb_fb = ~(~Q[0]&Q[1]);

endmodule                             //模块 Feedback 结束
```

(2) 反馈模块 Feedback 的顶层模块(Feedback_vlg_tst.v)

```
`timescale 1ps/1ps                    //将仿真时延单位和时延精度都设定为 1 ps
module Feedback_vlg_tst();            //测试模块名 Feedback_vlg_tst,范围至 endmodule
reg rb_sw, P_train, CLK;              //寄存器类型定义,输入端口定义
wire rb_fb;                           //线网类型定义,输出端口定义
parameter    STEP = 50;
```

第 8 章 实用设计与工程制作

```
                Feedback  Feedback (rb_sw, P_train, CLK, rb_fb);
                                                //底层模块名,实例名及参数定义
     always   #(STEP/5)    CLK = ~CLK;          //每隔 5 ps,CLK 就翻转一次
     initial    begin                           //从 initial 开始,输入信号波形变化
     rb_sw = 1; CLK = 0; P_train = 0;           //参数初始化
                #(STEP)     rb_sw = 0;          //50 ps 后,rb_sw = 0
                #(STEP)     rb_sw = 1;          //50 ps 后,rb_sw = 1
                #(STEP)     P_train = 1;        //50 ps 后,P_train = 1
                #(STEP)     P_train = 0;        //50 ps 后,P_train = 0
                #(STEP)                         //延时 50 ps
                #(STEP)                         //延时 50 ps
                #(STEP)                         //延时 50 ps
                #(STEP)                         //延时 50 ps
                #(STEP)                         //延时 50 ps
                #(STEP)     P_train = 1;        //50 ps 后,P_train = 1
                #(STEP/5)   P_train = 0;        //50 ps 后,P_train = 0
                #(STEP)                         //延时 50 ps
                #(STEP)                         //延时 50 ps
                #(STEP)                         //延时 50 ps
                #(STEP)                         //延时 50 ps
                #(STEP/2)   $finish;            //25 ps 后,仿真结束
     end
     endmodule                                  //模块 Feedback_vlg_tst 结束
```

图 8.2.7 为反馈模块的逻辑仿真结果。

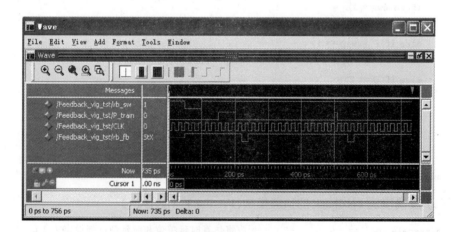

图 8.2.7 反馈模块的逻辑仿真结果

由图 8.2.7 可看出,在系统复位脉冲 $\overline{rb\_sw}$ 之后,$\overline{rb\_fb}$ 为高电平。自脉冲 P_train 的下跳沿到来一个时钟 CLK 后,$\overline{rb\_fb}$ 产生单脉冲(其脉宽为 1 个 CLK 周期)。

3. 反馈模块的硬件测试

仿真正确后进行引脚配置、编译和下载,用示波器对输入/输出信号进行测试分析,测试结果如图8.2.8所示。

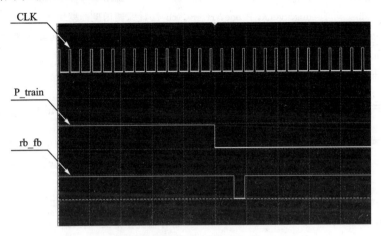

图 8.2.8　反馈模块的硬件测试结果(示波器截屏)

经实测,手脉脉冲串发生器的反馈模块功能已实现。

8.2.3　手脉脉冲串发生器的硬件实现

根据手脉脉冲串发生器的系统逻辑框图、时序图,以及各个功能模块电路图,就可以构建出手脉脉冲串发生器的逻辑电路了,如图8.2.9所示。

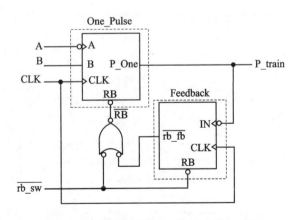

图 8.2.9　手脉脉冲串发生器的逻辑电路图

1. 手脉脉冲串发生器 Pulse_Train 的 Verilog-HDL 描述(Pulse_Train.v)

```
module    Pulse_Train (A, B,CLK,rb_sw, P_train);
//模块名 Pluse_Train 及端口参数定义,范围至 endmodule
```

第8章 实用设计与工程制作

```verilog
    input      A, B, CLK, rb_sw;              //输入端口定义
    output     P_train;                        //输出端口定义
    wire       RB,rb_fb,P1,P2,P_one;          //线网类型定义
      One_Pulse  One_Pluse(RB, B, A, CLK,P_one);    //调用单脉冲发生器 One_Pluse 模块
      Feedback   Feedback(CLK, P_one, rb_sw, rb_fb);  //调用反馈模块 Feedback 模块
      Reset      Reset(rb_sw, rb_fb,RB);      //调用复位模块 Reset 模块
    assign    P_train = P_one;
    endmodule                                  //模块 Pluse_Train 结束
```

2. 手脉脉冲串发生器 Pulse_Train 的顶层模块(Pulse_Train_vlg_tst.v)

```verilog
'timescale 1ps/1ps                     //将仿真时延单位和时延精度都设定为 1 ps
module Pulse_Train_vlg_tst();          //测试模块名 Pulse_Train_vlg_tst,范围至
                                       //endmodule
reg A;                                 //寄存器类型定义,输入端口定义
reg B;                                 //寄存器类型定义,输入端口定义
reg CLK;                               //寄存器类型定义,输入端口定义
reg rb_sw;                             //寄存器类型定义,输入端口定义
wire P_train;                          //线网类型定义,输出端口定义
Pulse_TrainPulse_Train(A, B,CLK,rb_sw, P_train);  //底层模块名,实例名及参数定义
always #10 CLK = ~CLK;                 //每隔 10 ps,clk_in 就翻转一次
initial                                //从 initial 开始,输入信号波形变化
begin
        A = 1;B = 0;CLK = 0;rb_sw = 1;   //参数初始化
        #100 rb_sw = 0;                  //100 ps 后,rb_sw = 0
        #50  rb_sw = 1;                  //50 ps 后,rb_sw = 1
        #100 B = 1;                      //100 ps 后,B = 1
        #50  A = 0;                      //50 ps 后,A = 0
        #50  B = 0;                      //50 ps 后,B = 0
        #50  A = 1;                      //50ps 后,A = 1
        #300 B = 1;                      //300 ps 后,B = 1
        #50  A = 0;                      //50 ps 后,A = 0
        #50  B = 0;                      //50 ps 后,B = 0
        #50  A = 1;                      //50 ps 后,A = 1
        #300 B = 1;                      //300 ps 后,B = 1
        #50  A = 0;                      //50 ps 后,A = 0
        #50  B = 0;                      //50 ps 后,B = 0
        #50  A = 1;                      //50 ps 后,A = 1
```

```
    #10 $finish;              //10 ps 后,结束仿真
end
endmodule                     //模块 Pulse_Train_vlg_tst 结束
```

图 8.2.10 为手脉脉冲串发生器的仿真结果。

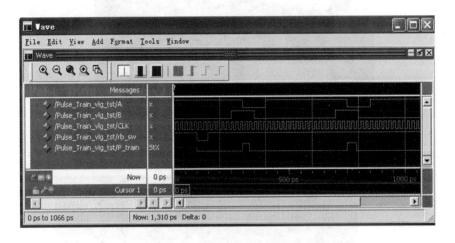

图 8.2.10　手脉脉冲串发生器的逻辑仿真结果

由图 8.2.10 可看出,在系统复位脉冲 $\overline{rb\_sw}$ 之后,当 A 的下跳沿出现且 B 处于高电平时,产生脉冲串 P_train,其数量与输入的变化次数相同。

测试程序用原理图(Block Diagram/Schematic)方式进行编写,其中门控信号发生模块调用 QUARTUS Ⅱ 软件 Megafunction 函数库中的 ALTPLL 函数,手脉脉冲串发生器的原理图如图 8.2.11 所示。

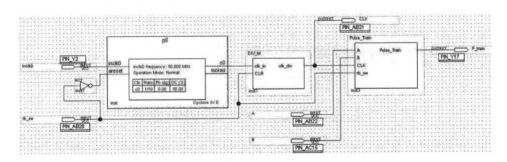

图 8.2.11　手脉脉冲串发生器的原理图

对 FPGA 开发板 DE2-115 的引脚进行配置、编译和下载,测试场景如图 8.2.12 所示。

编译下载后,用示波器对输入/输出信号进行观察,测试结果如图 8.2.13 所示。经实测,手脉脉冲串发生器功能已正确实现。

第 8 章 实用设计与工程制作

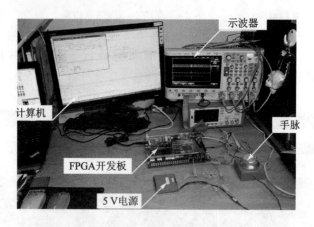

图 8.2.12 手脉脉冲串发生器的硬件测试场景

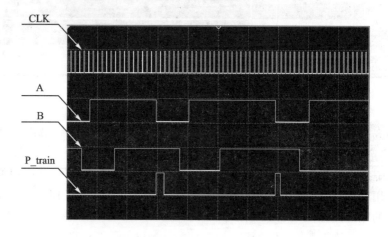

图 8.2.13 手脉脉冲串发生器的硬件测试结果(示波器截屏)

8.3 手脉有效沿和转向识别

8.3.1 手脉有效沿和转向识别模块的功能描述

以手脉的正逻辑端输出为例,设计手脉有效沿和转向识别模块,其具体工作过程是:在系统复位脉冲$\overline{rb\_sw}$有效后,当手脉顺时针转动时,OUT1 产生正向单脉冲,且其脉冲串的数量与顺时针旋转格数相同;相反,当手脉逆时针转动时,OUT2 产生负向单脉冲,且其脉冲串的数量与逆时针旋转格数相同。通过观察 OUT1 和 OUT2 的输出状态,判断手脉是否转动及其转向。手脉有效沿和转向识别模块的逻辑框图如图 8.3.1 所示。

手脉有效沿和转向识别模块的时序图如图 8.3.2 所示。

第 8 章　实用设计与工程制作

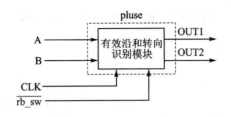

图 8.3.1　手脉有效沿和转向识别模块的逻辑框图

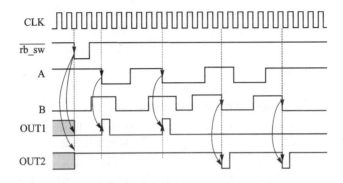

图 8.3.2　手脉有效沿和转向识别模块的时序图

手脉有效沿和转向识别模块的工作原理简述如下：
① 系统复位脉冲$\overline{\text{rb\_sw}}$置 OUT1 为低电平，OUT2 为高电平；
② 在 B 相为高电平且 A 相出现下跳沿的条件下，OUT1 产生正向单脉冲；
③ 当 A 相为高电平且 B 相出现下跳沿时，OUT2 产生负向单脉冲；
④ 若手脉再次转动，则重复上述步骤②～③，OUT1 和 OUT2 产生脉冲串。

8.3.2　手脉有效沿和转向识别模块的设计与仿真

根据手脉有效沿和转向识别模块的逻辑框图和时序图，试构建其逻辑电路，如图 8.3.3 所示。

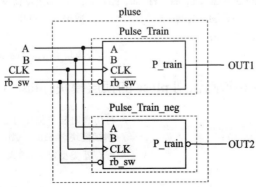

图 8.3.3　手脉有效沿和转向识别模块的逻辑电路图

第8章 实用设计与工程制作

1. 手脉有效沿和转向识别 pluse 的 Verilog-HDL 描述(pluse.v)

```verilog
module    pluse (rb_sw, B, A, CLK,OUT1, OUT2);
//模块名 pluse 及端口参数定义,范围至 endmodule
input     rb_sw, B, A, CLK;                //输入端口定义
output    OUT1, OUT2;                      //输出端口定义
          Pulse_Train_neg  Pulse_Train_neg(B, A,CLK,rb_sw, OUT2);
          //调用负脉冲串发生器 Pulse_Train_neg 模块
          Pulse_Train   Pulse_Train(A, B,CLK,rb_sw, OUT1);
                                           //调用正脉冲串发生器 Pulse_Train 模块
endmodule                                  //模块 pluse 结束
/* Pulse_Train_neg */
module    Pulse_Train_neg (A, B,CLK,rb_sw, P_train);
//模块名 Pulse_Train_neg 及端口参数定义,范围至 endmodule
input     A, B, CLK,rb_sw;                 //输入端口定义
output    P_train;                         //输出端口定义
wire      RB,rb_fb,P1,P2,P_one;            //线网类型定义
          One_Pulse One_Pluse(RB, B, A, CLK,P_one);//调用单脉冲发生器 One_Pluse 模块
          Feedback Feedback(CLK, P_one, rb_sw, rb_fb);  //调用反馈模块 Feedback 模块
          Reset Reset(rb_sw, rb_fb,RB);    //调用复位模块 Reset 模块
assign    P_train = (~P_one);
endmodule                                  //模块 Pulse_Train_neg 结束
/* Pulse_Train    */
module    Pulse_Train (A, B,CLK,rb_sw, P_train);
//模块名 Pluse_Train 及端口参数定义,范围至 endmodule
input     A, B, CLK,rb_sw;                 //输入端口定义
output    P_train;                         //输出端口定义
wire      RB,rb_fb,P1,P2,P_one;            //线网类型定义
          One_Pulse One_Pluse(RB, B, A, CLK,P_one);//调用单脉冲发生器 One_Pluse 模块
          Feedback Feedback(CLK, P_one, rb_sw, rb_fb);  //调用反馈模块 Feedback 模块
          Reset Reset(rb_sw, rb_fb,RB);    //调用复位模块 Reset 模块
assign    P_train = P_one;
endmodule                                  //模块 Pluse_Train 结束
```

2. 手脉有效沿和转向识别 pluse 的顶层模块(pluse_vlg_tst.v)

```verilog
`timescale 1ps/1ps                         //将仿真时延单位和时延精度都设定为 1 ps
module pluse_vlg_tst();                    //测试模块名 pluse_vlg_tst,范围至 endmodule
reg A;                                     //寄存器类型定义,输入端口定义
reg B;
reg CLK;
reg rb_sw;
```

```
    wire OUT1, OUT2;                              //线网类型定义,输出端口定义
    pluse pluse (rb_sw, B, A, CLK,OUT1, OUT2);    //底层模块名,实例名及参数定义
    always  #10 CLK = ~CLK;                       //每隔10 ps,clk_in就翻转一次
    initial                                       //从 initial 开始,输入信号波形变化
        begin
            B = 1;A = 0;CLK = 0;rb_sw = 1;        //参数初始化
            #100   rb_sw = 0;                     //100 ps 后,rb_sw = 0
            #50    rb_sw = 1;                     //50 ps 后,rb_sw = 1
            #100   A = 1;                         //100 ps 后,A = 1
            #50    B = 0;                         //50 ps 后,B = 0
            #50    A = 0;                         //50 ps 后,A = 0
            #50    B = 1;                         //50 ps 后,B = 1
            #50    A = 1;                         //50 ps 后,A = 1
            #50    A = 0;                         //50 ps 后,A = 0
            #50    A = 1;                         //50 ps 后,A = 1
            #50    B = 0;                         //50 ps 后,B = 0
            #300   B = 1;                         //300 ps 后,B = 1
            #50    B = 1;                         //50 ps 后,B = 1
            #100   $finish;                       //100 ps 后,仿真结束
        end
    endmodule                                     //模块 pluse_vlg_tst 结束
```

图 8.3.4 为手脉有效沿和转向识别模块的仿真结果。

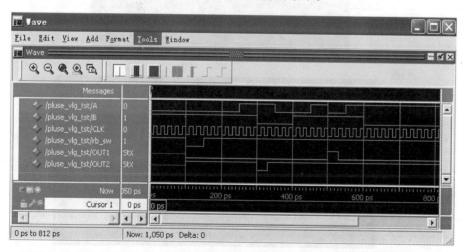

图 8.3.4 手脉有效沿和转向识别模块的仿真结果

由图 8.3.4 可看出,系统复位之后,在 B 相为高电平且 A 相出现下跳沿的条件下,OUT1 产生了正脉冲,当 A 相为高电平且 B 相出现下跳沿时,OUT2 产生了负脉冲。

8.3.3 手脉有效沿和转向识别模块的硬件实现

仿真无误后进行编译下载,用示波器对输入/输出信号进行观察,测试结果如图 8.3.5 所示。

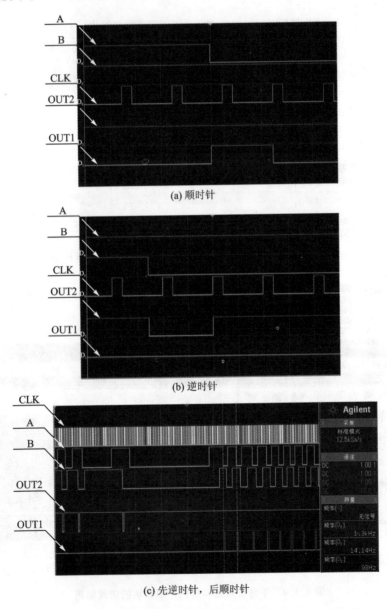

(a) 顺时针

(b) 逆时针

(c) 先逆时针,后顺时针

图 8.3.5 手脉有效沿和转向识别的硬件测试结果(示波器截屏)

经实测,手脉有效沿和转向识别功能已正确实现。

第 8 章　实用设计与工程制作

8.4　手脉脉冲串计数器

8.4.1　手脉脉冲串计数器的功能描述及系统构建

以手脉的正逻辑端输出为例,设计手脉脉冲串计数器,其具体工作过程是:在系统复位脉冲$\overline{rb\_sw}$有效后,当手脉转动时,分别累积计算其顺时针旋转格数 num1 和逆时针旋转格数 num2,以及两者之差 num,即 num1－num2。例如:依次对手脉进行如下操作:①复位→②顺时针旋转 5 格→③逆时针旋转 2 格→④顺时针旋转 6 格→⑤逆时针旋转 3 格,则 num1、num2、num 将会依次显示为:①0、0、0→②5、0、5→③5、2、3→④11、2、9→⑤11、5、6。手脉脉冲串计数器的逻辑框图如图 8.4.1 所示。

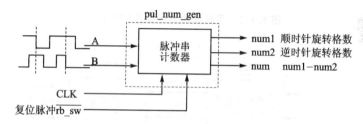

图 8.4.1　手脉脉冲串计数器的逻辑框图

图 8.4.1 中的 A、B 为手脉的 A、B 相输出信号,CLK 为时钟信号,$\overline{rb\_sw}$为系统复位脉冲。

手脉有效沿和转向识别模块的工作过程是:在系统复位脉冲$\overline{rb\_sw}$有效后,当手脉顺时针转动时,产生正向单脉冲 OUT1,且其脉冲串的数量与顺时针旋转格数相同;相反,当手脉逆时针转动时,产生负向单脉冲 OUT2,且其脉冲串的数量与逆时针旋转格数相同。因此,只要分别对 OUT1 和 OUT2 的脉冲串计数,便可分别得到顺时针与逆时针旋转格数 num1 与 num2,做减法运算即可得两者之差 num,手脉脉冲串计数器的工作过程可用图 8.4.2 中的时序图描述。

手脉脉冲串计数器的工作原理如下:
① 系统复位脉冲置 num、num1 和 num2 为 0;
② 当 B 相为高电平且 A 相出现下跳沿时,OUT1 产生正向单脉冲,且计数值 num1 加 1;
③ 当 A 相为高电平且 B 相出现下跳沿时,OUT2 产生负向单脉冲,且计数值 num2 加 1;
④ num1 与 num2 进行减法运算,产生 num。

根据手脉脉冲串计数器的时序图,进一步可得出其逻辑框图,如图 8.4.3 所示。手脉脉冲串计数器由两大模块组成:① 手脉有效沿和转向识别模块 pluse;② 计

第8章 实用设计与工程制作

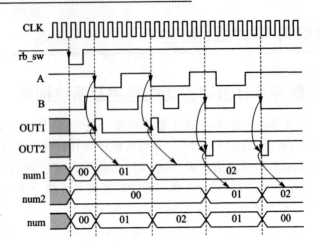

图 8.4.2　手脉脉冲串计数器的时序图

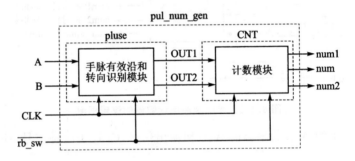

图 8.4.3　手脉脉冲串计数器的逻辑框图

数模块 CNT。手脉脉冲串计数器各模块的功能描述如表 8.4.1 所列。

表 8.4.1　手脉脉冲串计数器各模块的功能描述

NO.	模块名称	功能描述
1	手脉有效沿和转向识别模块（pluse）	(1) 系统复位脉冲置 OUT1 为低电平，OUT2 为高电平； (2) 在 B 相为高电平且 A 相出现下跳沿的条件下，OUT1 产生正向单脉冲； (3) 当 A 相为高电平且 B 相出现下跳沿时，OUT2 产生负向单脉冲； (4) 若手脉再次转动，则重复上述步骤(2)~(3)
2	计数模块（CNT）	(1) 系统复位脉冲使计数值 num1、num2、num 复位； (2) 对脉冲串 OUT1 计数，计数值为 num1； (3) 对脉冲串 OUT2 计数，计数值为 num2； (4) num1 与 num2 进行减法运算，产生 num

　　对每一个模块进行详细的功能描述后，下一步就可以将其细化为具体的逻辑电路了。

8.4.2 计数模块的设计与仿真实现

1. 计数模块的功能描述

计数模块的逻辑框图如图 8.4.4 所示。

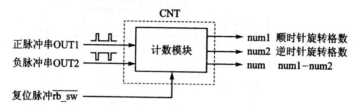

图 8.4.4　计数模块的逻辑框图

计数模块的时序图如图 8.4.5 所示。

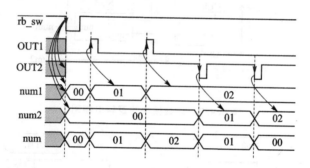

图 8.4.5　计数模块的时序图

计数模块的工作原理如下：

① 系统复位脉冲使计数值 num1、num2、num 复位；

② 对脉冲串 OUT1 计数，计数值为 num1，即每当 OUT1 上跳沿出现时，num1 加 1；

③ 对脉冲串 OUT2 计数，计数值为 num2，即每当 OUT2 上跳沿出现时，num2 加 1；

④ num1 与 num2 进行减法运算，产生 num。

根据计数模块的逻辑框图和时序图，可进一步描述其功能。图 8.4.6 给出了计数模块的功能框图。

由图 8.4.6 可知，计数模块由三个单元组成：正脉冲计数单元 P_CNT、负脉冲计数单元 N_CNT 和减法单元 SUB。

2. 计数模块的逻辑构建与仿真

根据计数模块的时序图和功能框图，试构建其逻辑电路，如图 8.4.7 所示。

正脉冲计数单元 P_CNT 与负脉冲计数单元 N_CNT 的流程图如图 8.4.8 所示。

第 8 章 实用设计与工程制作

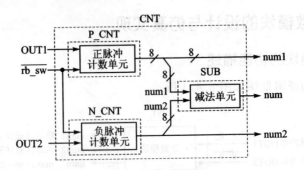

图 8.4.6 计数模块的功能框图

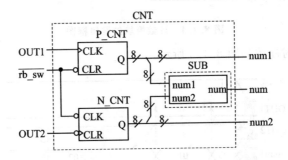

图 8.4.7 计数模块的逻辑电路图

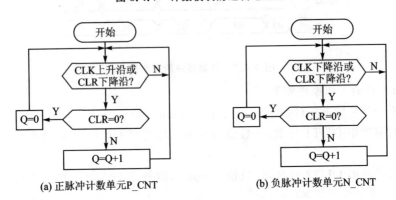

(a) 正脉冲计数单元 P_CNT　　　　　　(b) 负脉冲计数单元 N_CNT

图 8.4.8 正脉冲与负脉冲计数单元的流程图

(1) 计数模块 CNT 的 Verilog-HDL 描述(CNT.v)

```
module    CNT (OUT1,OUT2,rb_sw,num1,num2,num);
//模块名 CNT 及端口参数定义,范围至 endmodule
input     OUT1,OUT2,rb_sw;               //输入端口定义
output    [7:0]num,num1,num2;            //输出端口定义
    P_CNT   P_CNT (OUT1,rb_sw,num1);     //调用正脉冲计数器 P_CNT 模块
    N_CNT   N_CNT (OUT2,rb_sw,num2);     //调用负脉冲计数器 N_CNT 模块
assign    num = num1 - num2;
```

```verilog
endmodule                                    //模块 CNT 结束
/*      P_CNT       */
module    P_CNT (CLK, CLR, Q);               //模块名 P_CNT 及端口参数定义,范围至 endmodule
input     CLK,CLR;                           //入端口定义
output    [7:0]Q;                            //输出端口定义
reg       [7:0]Q;                            //寄存器定义
always    @ (posedge CLK or negedge CLR)     //always 语句,当 CLK 的上升沿到来时或者当
                                             //CLR 为低电平时,执行以下语句
begin
if (!CLR)
        Q = 0;                               //当 CLR 为低电平时,Q = 0
else
        Q = Q + 1;                           //当 CLK 上升沿到来时,Q = Q + 1
end
endmodule                                    //模块 P_CNT 结束
/*      N_CNT       */
module    N_CNT (CLK, CLR,Q);                //模块名 N_CNT 及端口参数定义,范围至 endmodule
input     CLK,CLR;                           //输入端口定义
output    [7:0]Q;                            //输出端口定义
reg       [7:0]Q;                            //寄存器定义
always    @ (negedge CLK or negedge CLR)     //always 语句,当 CLK 的上升沿到来时或者
                                             //当 CLR 为低电平时,执行以下语句
begin
if(!CLR)
        Q = 0;                               //当 CLR 为低电平时,Q = 0
else
        Q = Q + 1;                           //当 CLK 上升沿到来时,Q = Q + 1
end
endmodule                                    //模块 N_CNT 结束
```

(2) 计数模块 CNT 的顶层模块(CNT_vlg_tst.v)

```verilog
'timescale  1ps/1ps                          //将仿真时延单位和时延精度都设定为 1 ps
module    CNT_vlg_tst();                     //测试模块名 CNT_vlg_tst,范围至 endmodule
reg       OUT1;                              //寄存器类型定义,输入端口定义
reg       OUT2;
reg       rb_sw;
wire      [7:0]num;                          //线网类型定义,输出端口定义
wire      [7:0]num1;
wire      [7:0]num2;

    CNT CNT (OUT1,OUT2,rb_sw,num1,num2,num);  //底层模块名,实例名及参数定义
```

第8章　实用设计与工程制作

```
initial                                //从initial开始,输入信号波形变化
begin
    OUT1 = 0;OUT2 = 1;rb_sw = 1;       //参数初始化
    #10 rb_sw = 0;                     //10 ps后,rb_sw = 0
    #10 rb_sw = 1;                     //10 ps后,rb_sw = 1
    #10 OUT1 = 1;                      //10 ps后,OUT1 = 1
    #10 OUT1 = 0;                      //10 ps后,OUT1 = 0
    #10 OUT1 = 1;                      //10 ps后,OUT1 = 1
    #10 OUT1 = 0;                      //10 ps后,OUT1 = 0
    #10 OUT2 = 0;                      //10 ps后,OUT2 = 0
    #10 OUT2 = 1;                      //10 ps后,OUT2 = 1
    #10 OUT2 = 0;                      //10 ps后,OUT2 = 0
    #10 OUT2 = 1;                      //10 ps后,OUT2 = 1
    #100 $finish;                      //100 ps后,仿真结束
end
endmodule                              //模块CNT_vlg_tst结束
```

图8.4.9为计数模块的仿真结果。

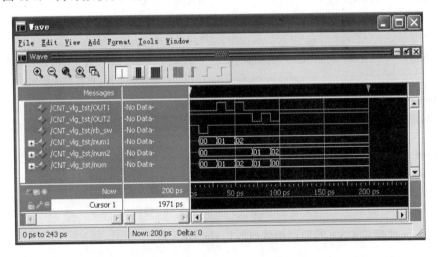

图8.4.9　计数模块的仿真结果

由图8.4.9可看出,系统复位之后,num、num1、num2输出的初始值为0,随着OUT1和OUT2的变化,num、num1、num2产生相应的变化,与计数模块的时序图一致。

8.4.3　手脉脉冲串计数器的仿真实现

根据手脉脉冲串计数器的逻辑框图和时序图,构建其逻辑电路,如图8.4.10所示。

第8章 实用设计与工程制作

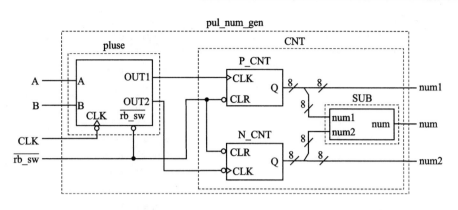

图 8.4.10 手脉脉冲串计数器的逻辑电路图

1. 手脉脉冲串计数器 pul_num_gen 的 Verilog-HDL 描述(pul_num_gen.v)

```
module    pul_num_gen (rb_sw, B, A, CLK,num1,num2,num);
//模块名 pul_num_gen 及端口参数定义,范围至 endmodule
input     rb_sw, B, A, CLK;              //输入端口定义
output    [7:0]num1;                     //输出端口定义
output    [7:0]num2;                     //输出端口定义
output    [7:0]num;                      //输出端口定义
wire      OUT1;                          //线网类型定义
wire      OUT2;                          //线网类型定义
pluse pluse (rb_sw, B, A, CLK,OUT1, OUT2);//调用脉冲串计数器 pluse 模块
CNT CNT (OUT1,OUT2,rb_sw,num1,num2,num); //调用计数模块 CNT 模块
endmodule                                //模块 pul_num_gen 结束
```

2. 手脉脉冲串计数器 pul_num_gen 的顶层模块(pul_num_gen_vg_tst.v)

```
`timescale  1us/1us                  //将仿真时延单位和时延精度都设定为 1 ps
module   pul_num_gen_vlg_tst();      //测试模块名 pul_num_gen_vlg_tst,范围至
                                     //endmodule
   reg   A;                          //寄存器类型定义,输入端口定义
   reg   B;                          //寄存器类型定义,输入端口定义
   reg   CLK;                        //寄存器类型定义,输入端口定义
   reg   rb_sw;                      //寄存器类型定义,输入端口定义
   wire  [7:0]num1;                  //线网类型定义,输出端口定义
   wire  [7:0]num2;
   wire  [7:0]num;
   pul_num_gen   pul_num_gen (rb_sw, B, A, CLK,num1,num2,num);
   //底层模块名,实例名及参数定义
   always  #10 CLK = ~CLK;           //每隔 10 ps,CLK 就翻转一次
   initial                           //从 initial 开始,输入信号波形变化
```

第 8 章　实用设计与工程制作

```
        begin
            B = 0;A = 1;CLK = 0;rb_sw = 1;        //参数初始化
            #10      rb_sw = 0;                    //10 ps 后,rb_sw = 0
            #10      rb_sw = 1;                    //10 ps 后,rb_sw = 1
            #1000    B = 1;                        //1 000 ps 后,B = 1
            #500     A = 0;                        //500 ps 后,A = 0
            #500     B = 0;                        //500 ps 后,B = 0
            #28000   A = 1;                        //28 000 ps 后,A = 1
            #10      rb_sw = 1;                    //10 ps 后,rb_sw = 1
            #10      rb_sw = 0;                    //10 ps 后,rb_sw = 0
            #10      rb_sw = 1;                    //10 ps 后,rb_sw = 1
            #100     B = 1;                        //100 ps 后,B = 1
            #1000    A = 1;                        //1 000 ps 后,A = 1
            #500     B = 0;                        //500 ps 后,B = 0
            #500     A = 0;                        //500 ps 后,A = 0
            #40000   $finish;                      //40 000 ps 后,仿真结束
        end
        endmodule                                   //模块 pul_num_gen_vlg_tst 结束
```

图 8.4.11 为手脉脉冲串计数器的仿真结果。

图 8.4.11　手脉脉冲串计数器的仿真结果

由图 8.4.11 可看出,系统复位之后,在 A 和 B 的作用下 lcd_data、lcd_e、lcd_rw 和 lcd_rs 的产生与预期相符,当手脉顺时针旋转时,lcd_data 中的数据输出不断增大。

8.5　具有 LCD 显示单元的手脉脉冲串计数器

8.5.1　LCD 显示单元的工作原理

本实验所用的 LCD1602 液晶显示屏如图 8.5.1 所示。

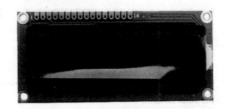

图 8.5.1　LCD1602 液晶显示屏

如图 8.5.1 所示，LCD1602 模块共有 16 个引脚，部分引脚的物理意义及功能如表 8.5.1 所列。

表 8.5.1 LCD1602 引脚的定义

NO.	引脚名	方向	作用
1	lcd_rs	输入	0：输入指令； 1：输入数据
2	lcd_rw	输入	0：向 LCD 写入指令或数据； 1：从 LCD 读取信息
3	lcd_e	输入	使能信号 1：读取信息； 下降沿：执行指令
4	lcd_data[7...0]	双向	数据总线 line7～line0

如表 8.5.1 所列，LCD1602 数据的写入是通过调用字库来完成的。以 LCD 显示屏的第一行第一列开始显示"－22"为例，介绍 LCD 的两位十进制数显示。参照 LCD1602 内置字符显示的参考资料，可得出对应的指令功能如表 8.5.2 所列。

表 8.5.2 LCD 显示指令功能及其编码对照表

指令功能	指令编码		
	lcd_rs	lcd_rw	lcd_data(H)
清屏	0	0	01
功能设置	0	0	38
模式设置	0	0	06
开关控制	0	0	0C
设定地址	0	0	80
数据写入	1	0	lcd_data

LCD 指令执行流程如图 8.5.2 所示。

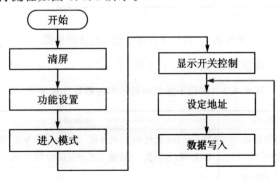

图 8.5.2 LCD 显示指令执行流程

以显示数字"-22"为例,介绍 LCD 显示原理,其时序图如图 8.5.3 所示。

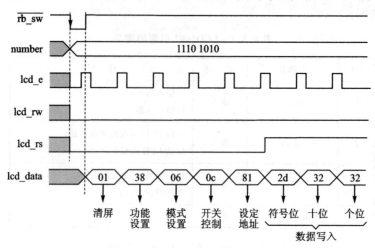

图 8.5.3 LCD 显示的时序图

由图 8.5.3 可知,输入的数据"number"为二进制形式,即十进制数"-22"。为在 LCD 显示屏上显示"-22",必须将二进制数转化为 BCD 码并提取其符号位,因此,在数据写入 LCD 之前需要进行 BCD 码的转换。

两位十进制数显示的主要功能如下:
① 利用算术运算符"/"和"%"实现将二进制数转化为 BCD 码;
② 将所得 BCD 码代表的数字在 LCD1602 上进行显示。

两位十进制数显示的逻辑框图如图 8.5.4 所示。

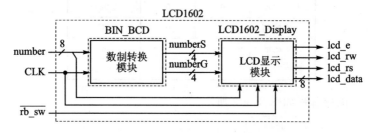

图 8.5.4 两位十进制数显示的逻辑框图

图 8.5.4 中各模块的功能如表 8.5.3 所列。

表 8.5.3 两位十进制数显示的各模块功能列表

NO.	模块名称	功能描述
1	数制转换模块 (BIN_BCD)	将 number 进行 BCD 码转换,若 number 为正,则转换为正数的 BCD 码,若为负,则转换为其绝对值的 BCD 码
2	LCD 显示模块 (LCD1602_Display)	将 number 在 LCD1602 上进行显示

8.5.2 系统硬件实现

1. 系统功能描述

具有 LCD 显示单元的脉冲串计数器的具体工作过程为：将脉冲串计数器中统计出的脉冲个数以"num=num1－num2"形式在 LCD 显示屏上显示出来，如图 8.5.5 所示。

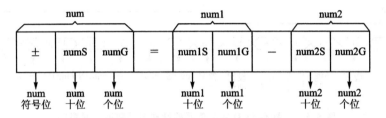

图 8.5.5　LCD 显示示意图

根据基于 LCD1602 两位十进制数显示的工作原理，可得具有 LCD 显示单元的脉冲串计数器的逻辑框图，如图 8.5.6 所示。

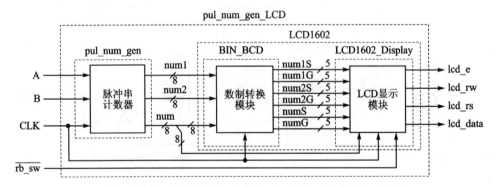

图 8.5.6　具有 LCD 显示单元的脉冲串计数器的逻辑框图

具有 LCD 显示单元的脉冲串计数器的时序图如图 8.5.7 所示。
具有 LCD 显示单元的脉冲串计数器的工作原理简述如下：
① 脉冲 $\overline{rb\_sw}$ 使系统复位；
② 当手脉转动时，手脉脉冲串计数器分别累积计算其顺时针旋转的格数 num1 和逆时针旋转的格数 num2，以及两者之差 num；
③ 在时钟信号 lcd_e 的作用下，对 LCD 进行指令输入与数据输入。

2. 系统逻辑构建与仿真

根据具有 LCD 显示单元的脉冲串计数器的逻辑框图和时序图，构建其逻辑电路，如图 8.5.8 所示。

第 8 章 实用设计与工程制作

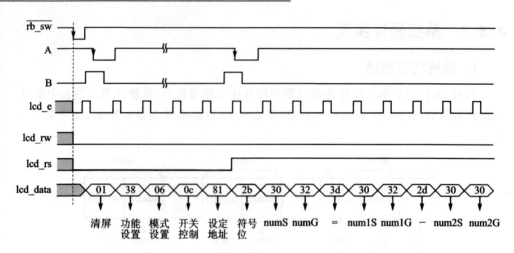

图 8.5.7 具有 LCD 显示单元的脉冲串计数器的时序图

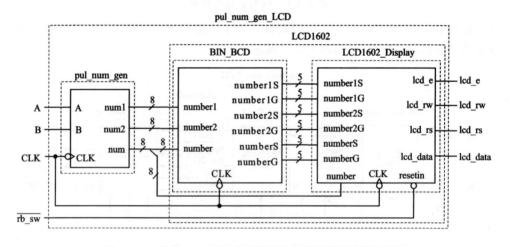

图 8.5.8 具有 LCD 显示单元的脉冲串计数器的逻辑电路图

若要实现正确的显示,要求数据按顺序依次写入到 LCD 中,即在设定完地址后,可增加一个循环结构来实现多个数据的写入,具体步骤如下:

① 将所要显示的所有字符定义到一个数组 data[13] 中;
② 根据所要显示的字符分别调用 data 数组,从而形成待显示数组 data1[9];
③ 对数组 data1[9] 进行循环调用,即可实现多个数据的显示。

(1) 具有 LCD 显示单元的脉冲串计数器的 Verilog-HDL 描述(pul_num_gen_LCD.v)

```
module    pul_num_gen_LCD (rb_sw, B, A, CLK,lcd_data,lcd_e,lcd_rw,lcd_rs);
                          //模块名 pul_num_gen_LCD 及端口参数定义,范围至 endmodule
input rb_sw, B, A, CLK;        //输入端口定义
output lcd_e,lcd_rw,lcd_rs;    //输出端口定义
output [7:0]lcd_data;          //输出端口定义
```

```verilog
    wire    [7:0]num1;               //线网类型定义
    wire    [7:0]num2;               //线网类型定义
    wire    [7:0]num;                //线网类型定义
pul_num_gen   pul_num_gen(rb_sw, B, A, CLK,num1,num2,num);
                                    //调用脉冲个数发生器 pul_num_gen 模块
LCD1602   LCD1602 (CLK,rb_sw,num,num1,num2,lcd_e,lcd_rw,lcd_rs,lcd_data);
                                    //调用 LCD 显示 LCD1602 模块
endmodule                           //模块 pul_num_gen_LCD 结束
/*    LCD1602    */
module LCD1602(CLK,resetin,number,number1,number2,lcd_e,lcd_rw,lcd_rs,lcd_data);
                                    //模块名 LCD1602 及端口参数定义,范围至 endmodule
input    CLK,resetin;                //输入端口定义
input    [7:0]number1;               //输入端口定义
input    [7:0]number2;               //输入端口定义
input    [7:0]number;                //输入端口定义
output   [7:0] lcd_data;             //输出端口定义
output   lcd_e,lcd_rw,lcd_rs;        //输出端口定义
wire     [4:0] number1S, number1G, number2S, number2G, numberS, numberG;
                                    //线网类型定义
    LCD1602_Display   LCD1602_Display(CLK,resetin,number,number1S,number1G,
         number2S,number2G,numberS,numberG,lcd_e,lcd_rw,lcd_rs,lcd_data);
                                    //调用 LCD 显示模块 LCD1602_Display
    BIN_BCD   BIN_BCD(CLK, number1,number2,number, number1S, number1G, number2S,
         number2G,numberS, numberG);
                                    //调用数制转换模块 BIN_BCD
endmodule                           //模块 LCD1602 结束
/*    BIN_BCD    */
module BIN_BCD  (CLK, number1,number2,number, number1S, number1G, number2S,
         number2G,numberS, numberG);
                                    //模块名 BIN_BCD 及端口参数定义,范围至 endmodule
input    CLK;                        //输入端口定义
input    [4:0] number1,number2;      //输入端口定义
input    [7:0] number;               //输入端口定义
output   [4:0] number1S, number1G, number2S, number2G,numberS, numberG;
                                    //输出端口定义
reg      [4:0] number1S, number1G, number2S, number2G,numberS, numberG;
                                    //寄存器定义
reg      [7:0] number_1;             //寄存器定义
always   @ (negedge CLK)             //CLK 下降沿到来时执行以下程序
begin
```

```verilog
            number1S = number1/10;        //求 number1 十位数的 BCD 码
            number1G = number1 % 10;      //求 number1 个位数的 BCD 码
            number2S = number2/10;        //求 number2 十位数的 BCD 码
            number2G = number2 % 10;      //求 number2 个位数的 BCD 码
                if(number[7] == 0)  //number[7]为 0 时执行以下程序
                begin
                    numberS = number/10;              //求 number 十位数的 BCD 码
                    numberG = number % 10;            //求 number 个位数的 BCD 码
                end
                else                              //number[7]不为 0 时执行以下程序
                begin
                    number_1 = ~(number) + 8'b1;   //求 number 的绝对值 number_1
                    numberS = number_1/10;            //求 number_1 十位数的 BCD 码
                    numberG = number_1 % 10;          //求 number_1 个位数的 BCD 码
                end
    end
endmodule                                        //模块 BIN_BCD 结束
/*   LCD1602_Display   */
module LCD1602_Display(CLK,resetin,number,number1S,number1G,number2S,number2G,num-
                    berS,numberG,lcd_e,lcd_rw,lcd_rs,lcd_data);
                        //模块名 LCD1602_Display 及端口参数定义,范围至 endmodule
    input       CLK,resetin;                          //输入端口定义
    input       [7:0]number;                          //输入端口定义
    input       [4:0]number1S, number1G, number2S, number2G,numberS, numberG;
                                                      //输入端口定义
    output      [7:0] lcd_data;                       //输出端口定义
    output      lcd_e,lcd_rw,lcd_rs;                  //输出端口定义
    reg         [7:0] lcd_data;                       //寄存器定义
    reg         lcd_e,lcd_rw,lcd_rs;                  //寄存器定义
    parameter set_Func = 8'b0000_0001,             //定义符号常量 set_Func = 8'b0000_0001
              set_DispSwitch = 8'b0000_0010,//定义符号常量 set_DispSwitch = 8'b0000_0010
              set_EntryMd = 8'b0000_0100,     //定义符号常量 set_EntryMd = 8'b0000_0100
              clr_Disp = 8'b1000_1000,        //定义符号常量 clr_Disp = 8'b1000_1000
              set_DDAd1 = 8'b0001_0000,       //定义符号常量 set_Func = 8'b0000_0001
              Display1 = 8'b0100_0000,        //定义符号常量 Display1 = 8'b0100_0000
              Over = 8'b0000_0000;            //定义符号常量 Over = 8'b0000_0000
    reg[7:0] lcd_state;                        //寄存器定义
    reg[7:0] delay_cnt;                        //寄存器定义
    reg[3:0] char_cnt;                         //寄存器定义
    reg[7:0] data [12:0];                      //寄存器定义
    reg[7:0] data1 [8:0];                      //寄存器定义
```

```verilog
always @ (resetin)                    //always 语句,当 resetin 变化时执行以下语句
    if(!resetin)                      //resetin 为低电平时,执行以下语句
        begin
            data[0] <= 8'h30;         //赋值语句 data[0] = 8'h30
            data[1] <= 8'h31;         //赋值语句 data[1] = 8'h31
            data[2] <= 8'h32;         //赋值语句 data[2] = 8'h32
            data[3] <= 8'h33;         //赋值语句 data[3] = 8'h33
            data[4] <= 8'h34;         //赋值语句 data[4] = 8'h34
            data[5] <= 8'h35;         //赋值语句 data[5] = 8'h35
            data[6] <= 8'h36;         //赋值语句 data[6] = 8'h36
            data[7] <= 8'h37;         //赋值语句 data[7] = 8'h37
            data[8] <= 8'h38;         //赋值语句 data[8] = 8'h38
            data[9] <= 8'h39;         //赋值语句 data[9] = 8'h39
            data[10] <= 8'h2d;        //赋值语句 data[10] = 8'h2d
            data[11] <= 8'h3d;        //赋值语句 data[11] = 8'h3d
            data[12] <= 8'h2b;        //赋值语句 data[12] = 8'h2b
        end

always @ (negedge resetin or negedge CLK)  //always 语句,当 CLK 的下降沿到来时或者
                                           //当 resetin 为低电平时,执行以下语句
    if(!resetin)                           //当 resetin 为低电平时,执行以下语句
        begin
            lcd_state <= clr_Disp;         //赋值语句 lcd_state = clr_Disp
            delay_cnt <= 1'b0;             //赋值语句 delay_cnt = 1'b0
            char_cnt <= 1'b0;              //赋值语句 char_cnt = 1'b0
            lcd_e <= 1'b0;                 //赋值语句 lcd_e = 1'b0
        end
    else                                   //当 CLK 下降沿到来时,执行以下语句
    begin
     if(number[7] == 0)                    //当 number[7] = 0 时,执行以下语句
        begin
            data1[0] = data[12];              //赋值语句 data1[0] = data[12]
            data1[1] = data[0 + numberS];     //赋值语句 data1[1] = data[0 + numberS]
            data1[2] = data[0 + numberG];     //赋值语句 data1[2] = data[0 + numberG]
            data1[3] = data[11];              //赋值语句 data1[3] = data[11]
            data1[4] = data[0 + number2S];    //赋值语句 data1[4] = data[0 + number2S]
            data1[5] = data[0 + number2G];    //赋值语句 data1[5] = data[0 + number2G]
            data1[6] = data[10];              //赋值语句 data1[6] = data[10]
            data1[7] = data[0 + number1S];    //赋值语句 data1[7] = data[0 + number1S]
            data1[8] = data[0 + number1G];    //赋值语句 data1[8] = data[0 + number1G]
        end
      else                                    //当 number[7] = 1 时,执行以下语句
```

第8章 实用设计与工程制作

```verilog
        begin
            data1[0] = data[10];            //赋值语句 data1[0] = data[10]
            data1[1] = data[0 + numberS];   //赋值语句 data1[1] = data[0 + numberS]
            data1[2] = data[0 + numberG];   //赋值语句 data1[2] = data[0 + numberG]
            data1[3] = data[11];            //赋值语句 data1[3] = data[11]
            data1[4] = data[0 + number2S];  //赋值语句 data1[4] = data[0 + number2S]
            data1[5] = data[0 + number2G];  //赋值语句 data1[5] = data[0 + number2G]
            data1[6] = data[10];            //赋值语句 data1[6] = data[10]
            data1[7] = data[0 + number1S];  //赋值语句 data1[7] = data[0 + number1S]
            data1[8] = data[0 + number1G];  //赋值语句 data1[8] = data[0 + number1G]
        end
    case (lcd_state)                        //case 语句
        clr_Disp:                           //当 lcd_state 为 clr_Disp 时执行以下语句
            begin
                delay_cnt <= delay_cnt + 1; //delay_cnt 进行加1运算
                if (delay_cnt <= 2)         //当 delay_cnt <= 2 时执行以下语句
                    begin
                        lcd_rs <= 1'b0;     //赋值语句 lcd_rs = 1'b0
                        lcd_rw <= 1'b0;     //赋值语句 lcd_rw = 1'b0
                        lcd_e  <= 1'b1;     //赋值语句 lcd_e = 1'b1
                    end
                else if (delay_cnt <= 4)    //当 delay_cnt≤4 时执行以下语句
                    lcd_data <= 8'h01;      //赋值语句 lcd_data = 8'h01
                else if(delay_cnt <= 6)     //当 delay_cnt≤6 时执行以下语句
                    lcd_e <= 1'b0;          //赋值语句 lcd_e = 1'b0
                else if(delay_cnt >= 200)   //当 delay_cnt≥200 时执行以下语句
                    begin
                        delay_cnt <= 0;     //赋值语句 delay_cnt = 0
                        lcd_state <= set_Func; //赋值语句 lcd_state = set_Func
                    end
            end
        set_Func:                           //当 lcd_state 为 set_Func 时执行以下语句
            begin
                delay_cnt <= delay_cnt + 1; //delay_cnt 进行加1运算
                if (delay_cnt <= 2)         //当 delay_cnt≤2 时执行以下语句
                    begin
                        lcd_rs <= 1'b0;     //赋值语句 lcd_rs = 1'b0
                        lcd_rw <= 1'b0;     //赋值语句 lcd_rw = 1'b0
                        lcd_e  <= 1'b1;     //赋值语句 lcd_e = 1'b1
                    end
                else if (delay_cnt <= 4)    //当 delay_cnt≤4 时执行以下语句
                    lcd_data <= 8'h38;      //赋值语句 lcd_data = 8'h38
```

```verilog
            else if (delay_cnt <= 6)      //当 delay_cnt≤6 时执行以下语句
                lcd_e <= 1'b0;            //赋值语句 lcd_e = 1'b0
            else if (delay_cnt >= 100)    //当 delay_cnt≥100 时执行以下语句
                begin
                    delay_cnt <= 0;       //赋值语句 delay_cnt = 0
                    lcd_state <= set_EntryMd;
                                          //赋值语句 lcd_state = set_EntryMd
                end
        end
set_EntryMd:                              //当 lcd_state 为 set_EntryMd 时执行以下语句
    begin
        delay_cnt <= delay_cnt + 1;       //delay_cnt 进行加 1 运算
        if (delay_cnt <= 2)               //当 delay_cnt≤2 时执行以下语句
            begin
                lcd_rs <= 1'b0;           //赋值语句 lcd_rs = 1'b0
                lcd_rw <= 1'b0;           //赋值语句 lcd_rw = 1'b0
                lcd_e <= 1'b1;            //赋值语句 lcd_e = 1'b1
            end
        else if (delay_cnt <= 4)          //当 delay_cnt≤4 时执行以下语句
            lcd_data <= 8'h06;            //赋值语句 lcd_data = 8'h06
        else if (delay_cnt <= 6)          //赋值语句 lcd_data = 8'h01
            lcd_e <= 1'b0;                //赋值语句 lcd_e = 1'b0
        else if (delay_cnt >= 100)        //当 delay_cn≥100 时执行以下语句
            begin
                delay_cnt <= 0;           //赋值语句 delay_cnt≤0
                lcd_state <= set_DispSwitch;
                                          //赋值语句 lcd_state = set_DispSwitch
            end
    end
set_DispSwitch:                           //当 lcd_state 为 set_DispSwitch 时执行以下语句
    begin
        delay_cnt <= delay_cnt + 1;       //delay_cnt 进行加 1 运算
        if (delay_cnt <= 2)               //当 delay_cnt≤2 时执行以下语句
            begin
                lcd_rs <= 1'b0;           //赋值语句 lcd_rs = 1'b0
                lcd_rw <= 1'b0;           //赋值语句 lcd_rw = 1'b0
                lcd_e <= 1'b1;            //赋值语句 lcd_data = 8'h01
            end
        else if (delay_cnt <= 4)          //当 delay_cnt≤4 时执行以下语句
            lcd_data <= 8'h0C;            //赋值语句 lcd_data = 8'h0C
        else if (delay_cnt <= 6)          //当 delay_cnt≤6 时执行以下语句
            lcd_e <= 1'b0;                //赋值语句 lcd_e = 1'b0
```

```verilog
                    else if (delay_cnt >= 100)  //当 delay_cnt≥100 时执行以下语句
                        begin
                            delay_cnt <= 0;         //赋值语句 delay_cnt = 0
                            lcd_state <= set_DDAd1; //赋值语句 lcd_state = set_DDAd1
                        end
                end
    set_DDAd1:                              //当 lcd_state 为 set_DDAd1 时执行以下语句
        begin
            delay_cnt <= delay_cnt + 1;  //delay_cnt 进行加 1 运算
            if (delay_cnt <= 2)          //当 delay_cnt≤2 时执行以下语句
                begin
                    lcd_rs <= 1'b0;      //赋值语句 lcd_rs = 1'b0
                    lcd_rw <= 1'b0;      //赋值语句 lcd_rw = 1'b0
                    lcd_e  <= 1'b1;      //赋值语句 lcd_e = 1'b1
                end
            else if (delay_cnt <= 4)     //当 delay_cnt≤4 时执行以下语句
                lcd_data <= 8'h80;       //赋值语句 lcd_data = 8'h80
            else if (delay_cnt <= 6)     //当 delay_cnt≤6 时执行以下语句
                lcd_e <= 1'b0;           //赋值语句 lcd_e = 1'b0
            else if (delay_cnt >= 100)   //当 delay_cnt≥100 时执行以下语句
                begin
                    delay_cnt <= 0;          //赋值语句 delay_cnt = 0
                    lcd_state <= Display1;   //赋值语句 lcd_state = Display1
                    char_cnt <= 0;           //赋值语句 char_cnt = 0
                end
        end
    Display1:                            //当 lcd_state 为 Display1 时
                                         //执行以下语句
        begin
            if (char_cnt<9)              //当 char_cnt<9 时执行以下语句
                begin
                    delay_cnt <= delay_cnt + 1;  //delay_cnt 进行加 1 运算
                    if (delay_cnt <= 2)  //当 delay_cnt≤2 时执行以下语句
                        begin
                            lcd_rs <= 1'b1;   //赋值语句 lcd_rs = 1'b1
                            lcd_rw <= 1'b0;   //赋值语句 lcd_rw = 1'b0
                            lcd_e  <= 1'b1;   //赋值语句 lcd_e = 1'b1
                        end
                    else if (delay_cnt <= 4)  //当 delay_cnt≤4 时执行
                                              //以下语句
                        lcd_data <= data1[char_cnt];
                                              //赋值语句 lcd_data = data1[char_cnt]
```

```verilog
                        else if(delay_cnt <= 6)      //当delay_cnt≤6时执行
                                                     //以下语句
                            lcd_e <= 1'b0;           //赋值语句lcd_e = 1'b0
                        else if(delay_cnt >= 100)    //当delay_cnt≥100时
                                                     //执行以下语句
                            begin
                                delay_cnt <= 0;      //赋值语句delay_cnt = 0
                                lcd_state <= Display1;
                                                     //赋值语句lcd_state = Display1
                                char_cnt <= char_cnt + 1;
                                                     //char_cnt进行加1运算
                            end
                    end
                else                                 //当char_cnt≥9时执行以下语句
                    begin
                        delay_cnt <= 0;              //赋值语句delay_cnt = 0
                        if(char_cnt == 9)            //当char_cnt = 9时执行以下语句
                        lcd_state <= set_DDAd1;      //赋值语句lcd_state = set_DDAd1
                        char_cnt = 0;                //赋值语句char_cnt = 0
                    end
                end
            default:;
        endcase                                      //case语句结束
    end
endmodule                                            //模块LCD1602_Display结束
```

(2) 具有LCD显示单元的脉冲串计数器 pul_num_gen_LCD 的顶层模块(pul_num_gen_LCD_vlg_tst.v)

```verilog
`timescale 1us/1ps                   //将仿真时延单位和时延精度都设定为1 ps
module pul_num_gen_LCD_vlg_tst();    //测试模块名pul_num_gen_LCD_vlg_tst,
                                     //范围至endmodule
    reg A;                           //寄存器类型定义,输入端口定义
    reg B;
    reg CLK;
    reg rb_sw;
    wire[7:0]lcd_data;               //线网类型定义,输出端口定义
    wire lcd_e,lcd_rw,lcd_rs;
pul_num_gen_LCD   pul_num_gen_LCD (rb_sw, B, A, CLK,lcd_data,lcd_e,lcd_rw,lcd_rs);
                                     //底层模块名,实例名及参数定义
    always #10 CLK = ~CLK;           //每隔10 ps,CLK就翻转一次
    initial                          //从initial开始,输入信号波形变化
    begin
```

第8章 实用设计与工程制作

```
         B = 0;A = 1;CLK = 0;rb_sw = 1;    //参数初始化
         #10      rb_sw = 0;                //10 ps 后,rb_sw = 0
         #10      rb_sw = 1;                //10 ps 后,rb_sw = 1
         #1000    B = 1;                    //1 000 ps 后,B = 1
         #500     A = 0;                    //500 ps 后,A = 0
         #500     B = 0;                    //500 ps 后,B = 0
         #28000   A = 1;                    //28 000 ps 后,A = 1
         #10      rb_sw = 1;                //10 ps 后,rb_sw = 1
         #10      rb_sw = 0;                //10 ps 后,rb_sw = 0
         #10      rb_sw = 1;                //10 ps 后,rb_sw = 1
         #100     B = 1;                    //100 ps 后,B = 1
         #1000    A = 1;                    //1 000 ps 后,A = 1
         #500     B = 0;                    //500 ps 后,B = 0
         #500     A = 0;                    //500 ps 后,A = 0
         #40000   $finish;                  //40 000 ps 后,仿真结束
      end
endmodule                                    //模块 pul_num_gen_LCD_vlg_tst 结束
```

图 8.5.9 为具有 LCD 显示单元的脉冲串计数器的仿真结果。

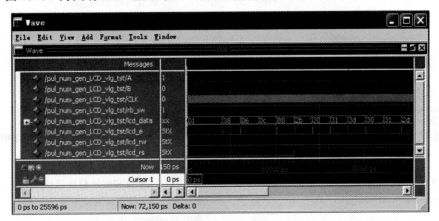

图 8.5.9　具有 LCD 显示单元的脉冲串计数器仿真结果

由图 8.5.9 可看出,系统复位之后,在 A 和 B 的作用下 lcd_data、lcd_e、lcd_rw 和 lcd_rs 的产生与预期相符,当手脉顺时针旋转时,lcd_data 中的数据输出不断增大。

3. 硬件测试

编译下载后,用示波器对输入/输出信号进行测试分析,测试结果如图 8.5.10 所示。

经实测,具有 LCD 显示单元的脉冲串计数器功能已实现,且由测试结果可知,当手脉顺时针旋转时,正脉冲个数增加;当手脉逆时针旋转时,负脉冲个数增加,正负脉

图 8.5.10 具有 LCD 显示单元的脉冲串计数器的硬件测试结果

冲个数之差即为总脉冲数,其中程序设置个数显示最大为 99,若要显示更大的值,则需要对程序进行相应的修改。

8.6 频率可调的方波发生器

8.6.1 频率可调的方波发生器的功能描述及系统构建

以手脉正逻辑端输出为例,设计占空比为 50%、频率可调的方波发生器。其具体工作过程是:在系统复位脉冲$\overline{rb\_sw}$有效后,当手脉顺时针旋转时,输出频率逐渐增大的方波;而当手脉逆时针旋转时,输出方波频率逐渐减小。频率可调的方波发生器的逻辑框图如图 8.6.1 所示。

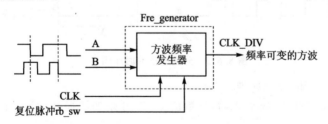

图 8.6.1 频率可调的方波发生器的逻辑框图

图 8.6.1 中的 A、B 为手脉 A 相、B 相的输出信号,CLK 为系统时钟,$\overline{rb\_sw}$ 为系统复位脉冲,CLK_DIV 为频率可调的方波信号。

系统利用计数法对系统时钟进行分频,设计数值为 CNT,为得到占空比为 50% 的输出信号 OUT,分频值取 2N,具体分频原理如表 8.6.1 所列。

第8章 实用设计与工程制作

表 8.6.1 分频原理

N \ CNT \ OUT	0			1			分频值
01	00			01			2
02	00	01		02	03		4
...	...			...			...
N	00	...	N−1	N	...	2N−1	2N

由表 8.6.1 可得分频输出结果 OUT 的表达式为

$$\mathrm{OUT} = \begin{cases} 0, & 0 \leqslant \mathrm{CNT} \leqslant N-1 \\ 1, & N \leqslant \mathrm{CNT} \leqslant 2N-1 \end{cases} \tag{8.6.1}$$

由式(8.6.1)可知,分频后输出信号的频率 f_{OUT} 为

$$f_{\mathrm{OUT}} = \frac{f_{\mathrm{CLK}}}{2N} \tag{8.6.2}$$

式中,f_{CLK} 为系统时钟频率,单位 MHz。

上述分频原理可进一步用图 8.6.2 分频原理的时序图来描述。

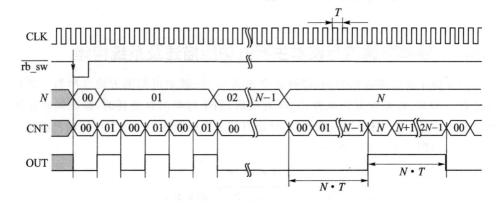

图 8.6.2 分频原理的时序图

由图 8.6.2 可知,分频原理如下:

① 系统复位脉冲 $\overline{\mathrm{rb\_sw}}$ 到来后,计数值 CNT 开始加法循环计数,计数范围:$0 \leqslant \mathrm{CNT} \leqslant 2N-1$;

② 根据式(8.6.1),输出 OUT 在 $[0, N-1]$ 区间为低电平,在 $[N, 2N-1]$ 区间为高电平,由此可得占空比为 50% 的方波。

手脉脉冲串计数器的工作过程是:在系统复位脉冲有效后,当手脉顺时针旋转时,num 逐渐增大,而当手脉逆时针旋转时,num 逐渐减小。因此,为保证顺时针旋转时,手脉输出方波的频率呈增大趋势,N 与 num 的关系为

$$N = -\mathrm{num}, \quad \mathrm{num} < 0 \tag{8.6.3}$$

根据式(8.6.2)和式(8.6.3),可得手脉输出信号 CLK_DIV 的频率 $f_{\text{CLK\_DIV}}$ 为

$$f_{\text{CLK\_DIV}} = \frac{f_{\text{CLK}}}{-2\text{num}} \qquad (8.6.4)$$

取 $-20 \leqslant \text{num} \leqslant -1$,根据式(8.6.3)和式(8.6.4),可得 $1 \leqslant N \leqslant 20$,$1.25 \text{ MHz} \leqslant f_{\text{CLK\_DIV}} \leqslant 25 \text{ MHz}$,频率可调的方波发生器的时序图如图 8.6.3 所示。

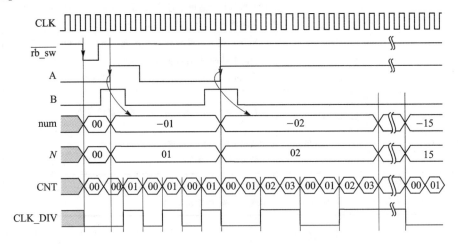

图 8.6.3 频率可调的方波发生器的时序图

频率可调的方波发生器的工作原理如下:

① 系统复位脉冲 $\overline{\text{rb\_sw}}$ 置 num 和 CNT 为 0,同时使 CLK_DIV 复位;

② 在 B 相为高电平且 A 相出现下跳沿,或 A 相为高电平且 B 相出现下跳沿的情况下,num 值会改变(具体原理详见手脉脉冲串计数器);

③ 根据式(8.6.3),N 值随 num 的变化而变化;

④ 计数值 CNT 对 CLK 进行加法循环计数,计数范围:$0 \leqslant \text{CNT} \leqslant 2N-1$;

⑤ 根据分频原理,输出方波 CLK_DIV 的表达式为

$$\text{CLK\_DIV} = \begin{cases} 0, & 0 \leqslant \text{CNT} \leqslant N-1 \\ 1, & N \leqslant \text{CNT} \leqslant 2N-1 \end{cases} \qquad (8.6.5)$$

根据频率可调的方波发生器的时序图,可得频率可调的方波发生器的功能框图如图 8.6.4 所示。

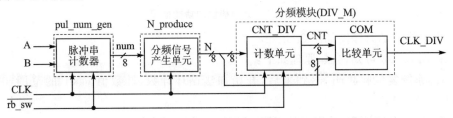

图 8.6.4 频率可调的方波发生器的功能框图

第 8 章 实用设计与工程制作

由图 8.6.4 可知频率可调的方波发生器的各模块功能如表 8.6.2 所列。

表 8.6.2 频率可调的方波发生器的各模块功能描述

NO.	模块名称		功能描述
1	脉冲串计数器 （pul_num_gen）		(1) 系统复位脉冲置 num、num1 和 num2 为 0； (2) 当 B 相为高电平且 A 相出现下跳沿时，OUT1 产生正向单脉冲，且计数值 num1 加 1； (3) 当 A 相为高电平且 B 相出现下跳沿时，OUT2 产生负向单脉冲，且计数值 num1 加 1； (4) num1 与 num2 进行减法运算，产生 num
2	分频信号产生单元 （N_produce）		进行 $N = -\text{num}$ 运算，产生分频控制信号 N
3	分频模块 （DIV_M）	计数单元 （CNT_DIV）	计数值 CNT 对 CLK 进行加法循环计数； 计数范围：$0 \leqslant \text{CNT} \leqslant 2N-1$
4		比较单元 （COM）	通过比较 CNT 和 N 的大小，得到输出方波 CLK_DIV，具体实现方案参见式(8.6.5)

对每一个模块进行详细的功能描述后，下一步就可以将其细化为具体的逻辑电路了。

8.6.2 分频模块的设计与实现

1. 分频模块的功能描述

分频模块由两个单元组成：计数单元 CNT_DIV 和比较单元 COM。分频模块的功能框图如图 8.6.5 所示。

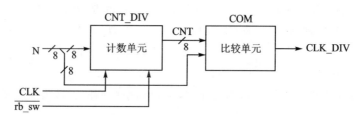

图 8.6.5 分频模块的功能框图

分频模块的时序图如图 8.6.6 所示。

由图 8.6.6 可知，分频原理如下：

① 系统复位脉冲 $\overline{\text{rb\_sw}}$ 到来后，开始加法循环计数，计数值 CNT 的范围：$0 \leqslant \text{CNT} \leqslant 2N-1$；

② 根据分频原理，输出方波 CLK_DIV。

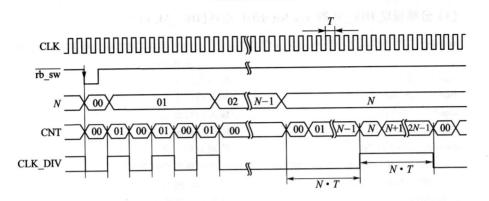

图 8.6.6 分频模块的时序图

2. 分频模块的逻辑构建与仿真

根据分频模块的逻辑框图和时序图构建其逻辑电路,如图 8.6.7 所示。

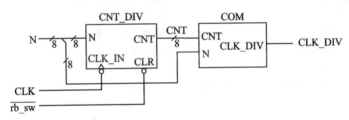

图 8.6.7 分频模块的逻辑电路图

根据其逻辑电路可得各个模块的程序流程图,如图 8.6.8 所示。

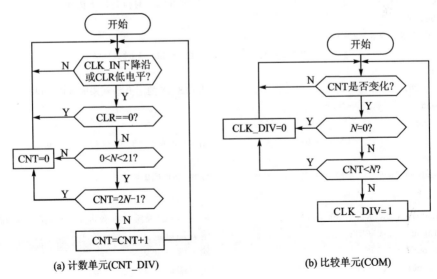

图 8.6.8 程序流程图

第8章 实用设计与工程制作

(1) 分频模块 DIV_M 的 Verilog-HDL 描述(DIV_M.v)

```verilog
module  DIV_M(CLK, N, rb_sw, CLK_DIV,CNT);    //模块名 DIV_M 及端口参数定义,范围
                                              //至 endmodule
    input    CLK;                             //输入端口定义
    input    rb_sw;                           //输入端口定义
    input    [7:0]N;                          //输入端口定义
    output   CLK_DIV;                         //输出端口定义
    output   [7:0]CNT;                        //线网类型定义
        CNT_DIV U1(CLK,N, rb_sw,CNT);         //调用计数器 CNT_DIV 模块
        COM U2(CNT,N,CLK_DIV);                //调用 SEL 模块
endmodule                                     //模块 DIV_M 结束
/*   CNT_DIV   */
module  CNT_DIV(CLK_IN, N, CLR, CNT);         //模块名 CNT_DIV 及端口参数定义,范围至
                                              //endmodule
    input    CLK_IN;                          //输入端口定义
    input    CLR;                             //输入端口定义
    input    [7:0]N;                          //输入端口定义
    output   [7:0]CNT;                        //输出端口定义
    reg      [7:0]CNT;                        //寄存器定义
    always  @(posedge CLK_IN or negedge CLR)  //always 语句,当 CLK_IN 的上升沿到来时或
                                              //当 CLR 为低电平时,执行以下语句
        begin
        if(!CLR)
                        CNT <= 0;             //当 CLR 为低电平时,CNT = 0
        else if(N>0&N<21)
        begin
        if  (CNT == N * 2 - 1)
                        CNT <= 0;             //当 CNT = 2N-1 时,CNT = 0
        else
          CNT <= CNT + 1;                     //当 CLK_IN 的上升沿到来时,CNT = CNT + 1
        end
        else
                        CNT <= 0;             //当 N≤0 或 N>20 时执行以下语句
        end
endmodule                                     //模块 CNT_DIV 结束
/*  COM   */
module COM(CNT,N,CLK_DIV);                    //模块名 COM 及端口参数定义,范围至 endmodule
    input   [7:0]CNT;                         //输入端口定义
    input   [7:0]N;                           //输入端口定义
    output  CLK_DIV;                          //输出端口定义
    reg     CLK_DIV;                          //寄存器定义
    always  @ (CNT)                           //always 语句,当 CNT 变化时执行以下语句
```

```verilog
            if(N==0)
                CLK_DIV = 0;                //当 N=0 时,CLK_DIV = 0
            else if(CNT<N)
                CLK_DIV = 0;                //当 CNT<N 时,CLK_DIV = 0
            else
                CLK_DIV = 1;                //当 CNT≥N 时,CLK_DIV = 1
        endmodule                            //模块名 COM 结束
```

(2) 分频模块 DIV_M 的顶层模块(DIV_M_vlg_tst.v)

```verilog
'timescale 1ps/1ps                          //将仿真时延单位和时延精度都设定为 1 ps
module DIV_M_vlg_tst();                     //测试模块名 DIV_M_vlg_tst,范围至 endmodule
reg     CLK;                                //寄存器类型定义,输入端口定义
reg     [7:0] N;                            //寄存器类型定义,输入端口定义
reg     rb_sw;                              //寄存器类型定义,输入端口定义
wire    CLK_DIV;                            //线网类型定义,输出端口定义

        DIV_M i1 (CLK, N, rb_sw, CLK_DIV);  //底层模块名,实例名及参数定义
always  #1 CLK = ~CLK;                      //每隔 1 ps,CLK 就翻转一次
initial                                     //从 initial 开始,输入信号波形变化
begin
        CLK=0;N=0;rb_sw=1;                  //参数初始化
        #1    rb_sw = 0;                    //1 ps 后,rb_sw = 0
        #1    rb_sw = 1;                    //1 ps 后,rb_sw = 1
        #8    N = 2;                        //8 ps 后,number = 2
        #20   N = 3;                        //20 ps 后,number = 3
        #20   N = 20;                       //20 ps 后,number = 211
        #10   $finish;                      //10 ps 后,仿真结束
    end
endmodule                                    //模块 DIV_M_vlg_tst 结束
```

图 8.6.9 为分频模块的仿真结果。

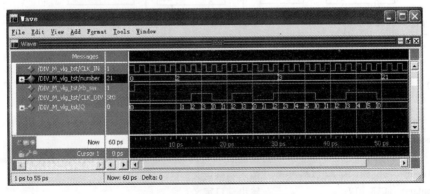

图 8.6.9 分频模块的仿真结果

第 8 章 实用设计与工程制作

由图 8.6.9 可看出,系统复位之后,CLK_DIV 输出低电平,且随着 N 的变化,CLK_DIV 输出信号频率不同,N 范围限制在 1~20 之间,所以当 N 超出范围后分频不再起作用,输出信号为低电平。程序实现了其功能。

3. 分频模块的硬件测试

仿真无误后进行编译下载,用示波器对输入/输出信号进行观察,测试结果如图 8.6.10 所示。

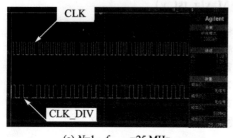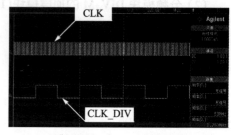

(a) $N=1$, $f_{CLK\_DIV}=25$ MHz (b) $N=20$, $f_{CLK\_DIV}=1.25$ MHz

图 8.6.10 分频模块的硬件测试结果

由测试结果可知,当 N 输入的值不同时,输出信号的频率也不同。当 N 取最小值 1 时,输出信号为 25 MHz;当 N 取最大值 20 时,输出信号为 1.25 MHz。因此,分频模块功能已实现。

8.6.3 频率可调的方波发生器的 Verilog-HDL 描述

根据频率可调的方波发生器的逻辑框图和时序图构建其逻辑电路,如图 8.6.11 所示。

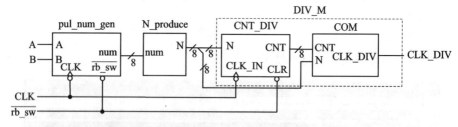

图 8.6.11 频率可调的方波发生器的逻辑电路图

1. 频率可调的方波发生器 Fre_generator 的 Verilog-HDL 描述(Fre_generator.v)

```
module Fre_generator (rb_sw, B, A, CLK, CLK_DIV);
                            //模块名 Fre_generator 及端口参数定义,范围至 endmodule
    input    rb_sw, B, A, CLK;    //输入端口定义
    output   CLK_DIV;             //输出端口定义
    wire     [7:0]num;            //线网类型定义
```

```
pul_num_gen pul_num_gen(rb_sw, B, A, CLK, num);   //调用脉冲个数发生器 pul_num_gen 模块
assign N = - num;                                  //assign 语句,实现功能:N = - num
    DIV_M DIV_M(CLK,N, rb_sw, CLK_DIV);            //调用分频 DIV_M 模块
endmodule                                          //模块 Fre_generator 结束
```

2. 频率可调的方波发生器 Fre_generator 的顶层模块(Fre_generator_vlg_tst.v)

```
`timescale 1ps/1ps              //将仿真时延单位和时延精度都设定为 1 ps
module Fre_generator_vlg_tst();  //测试模块名 Fre_generator_vlg_tst,范围至 endmodule
reg    A;                        //寄存器类型定义,输入端口定义
reg    B;                        //寄存器类型定义,输入端口定义
reg    CLK;                      //寄存器类型定义,输入端口定义
reg    rb_sw;                    //寄存器类型定义,输入端口定义
wire   CLK_DIV;                  //线网类型定义,输出端口定义
Fre_generator i1 (rb_sw, B, A, CLK, CLK_DIV);  //底层模块名,实例名及参数定义
always  #10 CLK = ~CLK;          //每隔 10 ps,CLK 就翻转一次
initial                          //从 initial 开始,输入信号波形变化
begin
        B = 1;A = 1;CLK = 0;rb_sw = 1;   //参数初始化
        #10     rb_sw = 0;               //10 ps 后,rb_sw = 0
        #10     rb_sw = 1;               //10 ps 后,rb_sw = 1
        #10     B = 0;                   //10 ps 后,B = 0
        #500    B = 1;                   //500 ps 后,B = 1
        #1000   B = 0;                   //1 000 ps 后,B = 0
        #500    B = 1;                   //500 ps 后,B = 1
        #100    B = 0;                   //100 ps 后,B = 0
        #100    $finish;                 //100 ps 后,仿真结束
end
endmodule                               //模块 Fre_generator_vlg_tst 结束
```

图 8.6.12 为频率可调的方波发生器的仿真结果。

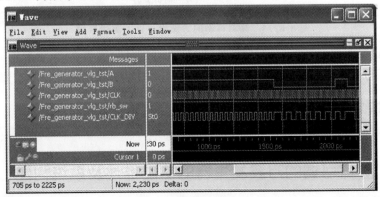

图 8.6.12 频率可调的方波发生器的仿真结果

第8章 实用设计与工程制作

由图 8.6.12 可看出,系统复位之后,在 A 和 B 的作用下输出频率发生了改变。

8.6.4 频率可调的方波发生器的硬件实现

编译下载后,用示波器对输入/输出信号进行测试分析,测试结果如图 8.6.13 所示。

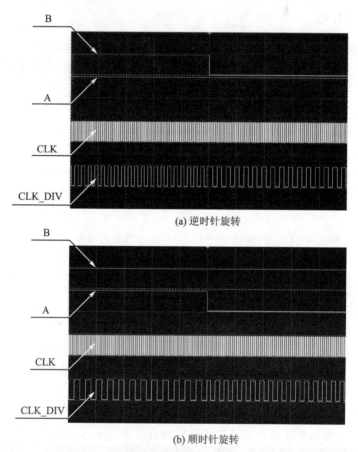

(a) 逆时针旋转

(b) 顺时针旋转

图 8.6.13 频率可调的方波发生器的测试结果

由测试结果可知,当手脉顺时针旋转时,输出信号频率增大;当手脉逆时针旋转时,输出信号频率减小,满足设计要求。经实测,频率可调的方波发生器功能已实现。

8.7 脉宽可调的方波发生器

8.7.1 脉宽可调的方波发生器的功能描述及系统构建

以手脉正逻辑端输出为例,设计频率一定、脉宽可调的方波发生器(PWM,以下简称PWM发生器),其具体工作过程是:在系统复位脉冲$\overline{\text{rb\_sw}}$有效后,当手脉顺时针旋转时,输出方波脉宽逐渐增大;而当手脉逆时针旋转时,输出方波脉宽逐渐减小。PWM发生器的逻辑框图如图8.7.1所示。

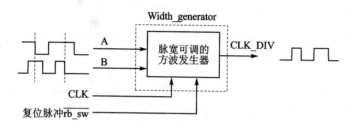

图 8.7.1　PWM 发生器的逻辑框图

图8.7.1中的A、B为手脉A相、B相的输出信号,CLK为时钟信号,$\overline{\text{rb\_sw}}$为系统复位脉冲,CLK_DIV为PWM输出。

通过对系统时钟进行分频得到输出方波,其频率f_{OUT}为

$$f_{\text{OUT}} = \frac{f_{\text{CLK}}}{\text{div}} \tag{8.7.1}$$

式中,f_{CLK}为系统时钟频率,div为分频值。

利用计数法对系统时钟进行分频,设分频值div=10,计数值1≤CNT≤10,为得到PWM的输出信号OUT,可通过高电平持续时间参数$N(1\leqslant N\leqslant 9)$来控制输出信号的占空比。高电平持续时间的调节原理如表8.7.1所列。

表 8.7.1　高电平持续时间的调节原理

N \ CNT / OUT	01	02	03	04	05	06	07	08	09	10	占空比
01	1	0									10%
02	1	1	0								20%
03	1	1	1	0							30%
…			…				0				…
N	1							0			N/div
09	1									0	90%

由表8.7.1可知,脉宽可调的输出信号OUT的表达式为

$$\text{OUT} = \begin{cases} 1, & 1 \leqslant \text{CNT} \leqslant N \\ 0, & N+1 \leqslant \text{CNT} \leqslant 10 \end{cases} \tag{8.7.2}$$

PWM输出信号OUT的占空比d为

$$d = \frac{N}{\text{div}} \times 100\% \tag{8.7.3}$$

式(8.7.3)中分频值 div 为 10,故 PWM 的输出信号 OUT 的占空比为

$$d = \frac{N}{10} \times 100\% \tag{8.7.4}$$

由以上描述可得高电平持续时间调节原理的时序图如图 8.7.2 所示。

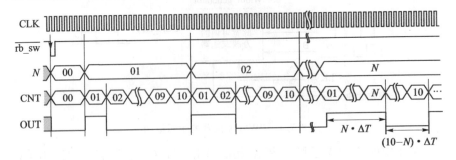

图 8.7.2　高电平持续时间调节原理的时序图

由图 8.7.2 可知,改变参数 N 即可得到 PWM 脉冲,且脉宽随 N 的增大而增大。由手脉脉冲串计数器可累积计算其顺时针旋转的格数 num1 和逆时针旋转的格数 num2,以及两者之差 num,即 num1－num2。若通过脉冲串计数器控制参数 N,即取 N＝num,那么当手脉顺时针旋转时,num 逐渐增大,PWM 输出的脉宽逐渐增大;反之,当手脉逆时针旋转时,num 逐渐减小,脉宽也随之减小,由此可得 PWM 发生器,其工作时序图如图 8.7.3 所示。

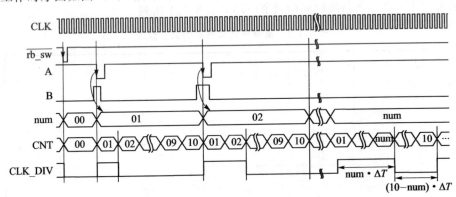

图 8.7.3　PWM 发生器的时序图

PWM 发生器的工作原理如下:

① 系统复位脉冲 $\overline{rb\_sw}$ 置 num 和 CNT 为 0,同时使 CLK_DIV 复位;

② 在 B 相为高电平且 A 相出现下跳沿,或 A 相为高电平且 B 相出现下跳沿的情况下,num 值会改变(具体原理详见手脉脉冲串计数器);

③ 计数值 CNT 对 CLK 进行加法循环计数,计数范围:0≤CNT≤10;

④ 取分频值为 10,计数单元对时钟 CLK 进行循环加法计数,计数值 CNT 范围

为 $1 \leqslant CNT \leqslant 10$；

⑤ 通过 CNT 和 num 的取值控制 CLK_DIV 的输出，具体控制方法如下：

$$CLK\_DIV = \begin{cases} 1, & 1 \leqslant CNT \leqslant num \\ 0, & num+1 \leqslant CNT \leqslant 10 \end{cases} \quad (8.7.5)$$

根据 PWM 发生器的时序图，可得其功能框图，如图 8.7.4 所示。

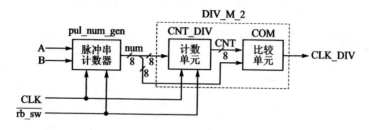

图 8.7.4 PWM 发生器的功能框图

由图 8.7.4 可知，PWM 发生器的各模块功能如表 8.7.2 所列。

表 8.7.2 PWM 发生器的各模块功能描述

NO.	模块名称		功能描述
1	脉冲串计数器 （pul_num_gen）		(1) 系统复位脉冲置 num、num1 和 num2 为 0； (2) 当 B 相为高电平且 A 相出现下跳沿时，OUT1 产生正向单脉冲，且计数值 num1 加 1； (3) 当 A 相为高电平且 B 相出现下跳沿时，OUT2 产生负向单脉冲，且计数值 num1 加 1； (4) num1 与 num2 进行减法运算，产生 num
2	高电平持续时间 调节模块 （DIV_M_2）	计数单元 （CNT_DIV）	(1) 对计数值 CNT 进行循环加法计数； (2) 计数范围：$1 \leqslant CNT \leqslant 10$
3		比较单元 （COM）	(1) 根据 CNT 和 num 的关系控制 CLK_DIV 的输出，具体实现方案参见式(8.7.5)； (2) 输出信号分频值为 10； (3) 输出信号占空可变

对每一个模块进行详细的功能描述后，下一步就可以将其细化为具体的逻辑电路了。

8.7.2 高电平持续时间调节模块的设计与实现

1. 高电平持续时间调节模块的功能描述

高电平持续时间调节模块由两个单元组成，即计数单元 CNT_DIV 和比较单元 COM。高电平持续时间调节模块的逻辑框图如图 8.7.5 所示。

高电平持续时间调节模块的时序图如图 8.7.6 所示。

第8章 实用设计与工程制作

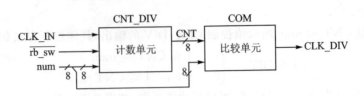

图 8.7.5 高电平持续时间调节模块的逻辑框图

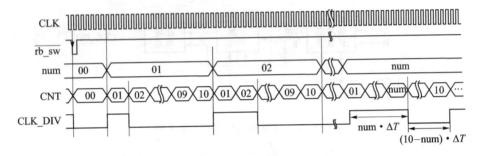

图 8.7.6 高电平持续时间调节模块的时序图

高电平持续时间调节模块的工作原理简述如下：
① 系统复位脉冲使$\overline{rb\_sw}$、CLK_DIV 和 CNT 复位；
② 计数值 CNT 对 CLK 进行加法循环计数，计数范围为 $1 \leqslant CNT \leqslant 10$；
③ 根据高电平持续时间调节原理，输出 CLK_DIV。

2. 高电平持续时间调节模块的逻辑构建与仿真

根据高电平持续时间调节模块的逻辑框图和时序图，试构建其逻辑电路，如图 8.7.7 所示。

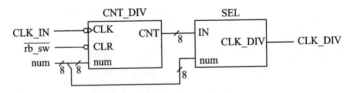

图 8.7.7 高电平持续时间调节模块的逻辑电路图

根据图 8.7.7 可得各个模块的程序流程图，如图 8.7.8 所示。
(1) 高电平持续时间调节模块 DIV_M_2 的 Verilog-HDL 描述(DIV_M_2.v)

```
module  DIV_M_2(CLK, num, rb_sw, CLK_DIV);
                                //模块名 DIV_M_2 及端口参数定义，范围至 endmodule
input   CLK;                    //输入端口定义
input   rb_sw;                  //输入端口定义
input   [7:0]num;               //输入端口定义
output  CLK_DIV;                //输出端口定义
```

第8章 实用设计与工程制作

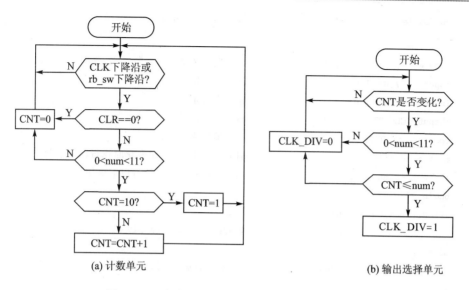

(a) 计数单元　　　　　　　　　　　　　(b) 输出选择单元

图 8.7.8　高电平持续时间调节模块的程序流程图

```
    wire    [7:0]CNT;                    //线网类型定义
        CNT_DIV U1(CLK,num,rb_sw,CNT);   //调用计数器 CNT_DIV 模块
        COM U2(CNT,num,CLK_DIV);         //调用 COM 模块
    endmodule                            //模块 DIV_M_2 结束
/*    CNT_DIV    */
module CNT_DIV(CLK, num, CLR, CNT);   //模块名 CNT_DIV 及端口参数定义,范围至 endmodule
    input   CLK;                         //输入端口定义
    input   CLR;                         //输入端口定义
    input   [7:0]num;                    //输入端口定义
    output  [7:0]CNT;                    //输出端口定义
    reg     [7:0]CNT;                    //寄存器定义
    always  @(posedge CLK or negedge CLR)  //always 语句,当 CLK 的上升沿到来时或者
                                         //当 CLR 为低电平时,执行以下语句
begin
if (!CLR)
             CNT <= 0;            //当 CLR 为低电平时,CNT = 0
else if(num>0&num<11)             //当 0<num<11 时,执行以下语句
if(CNT = 10)                      //当 CNT = 10 时,执行以下语句
             CNT <= 1;            //当 CNT = 10 时,CNT = 1
    else
             CNT <= CNT + 1;      //当 CLK 上升沿到来时,CNT = CNT + 1
    else
             CNT <= 0;            //当 num≤0 或 num≥11 时,CNT = 0
end
```

第 8 章 实用设计与工程制作

```
endmodule                              //模块 CNT_DIV 结束
/*  COM   */
module  COM(CNT,num,CLK_DIV);          //模块名 COM 及端口参数定义,范围至 endmodule
input    [7:0]CNT;                     //输入端口定义
input    [7:0]num;                     //输入端口定义
output   CLK_DIV;                      //输出端口定义
reg      CLK_DIV;                      //寄存器定义
always  @ (CNT)                        //always 语句,当 CNT 变化时执行以下语句
if((num>0&num<11))                     //当 0<num<11 时,执行以下语句
begin
if(CNT<num|CNT == num)
         CLK_DIV = 1;                  //当 CNT≤num 时,CLK_DIV = 1
else
         CLK_DIV = 0;                  //当 CNT>number 时,CLK_DIV = 0
end
else
CLK_DIV = 0;                           //当 num≤0 或 num≥11 时,CLK_DIV = 0
endmodule                              //模块名 COM 结束
```

(2) 高电平持续时间调节模块 DIV_M_2 的顶层模块(DIV_M_2_vlg_tst.v)

```
'timescale  1ps/1ps                    //将仿真时延单位和时延精度都设定为 1 ps
module  DIV_M_2_vlg_tst();             //测试模块名 DIV_M_2_vlg_tst,范围至 endmodule
reg     CLK;                           //寄存器类型定义,输入端口定义
reg     [7:0] num;                     //寄存器类型定义,输入端口定义
reg     rb_sw;                         //寄存器类型定义,输入端口定义
wire    CLK_DIV;                       //线网类型定义,输出端口定义
        DIV_M_2 i1 (CLK, num, rb_sw, CLK_DIV);  //底层模块名,实例名及参数定义
always  #1 CLK = ~CLK;                 //每隔 1 ps,CLK 就翻转一次
initial                                //从 initial 开始,输入信号波形变化
begin
        CLK = 0;num = 1;rb_sw = 1;     //参数初始化
        #10    rb_sw = 0;              //10 ps 后,rb_sw = 0
        #10    rb_sw = 1;              //10 ps 后,rb_sw = 1
        #100   num = 2;                //100 ps 后,number = 2
        #100   $finish;                //100 ps 后,仿真结束
end
endmodule                              //模块 DIV_M_2_vlg_tst 结束
```

图 8.7.9 为高电平持续时间调节模块的仿真结果。

由图 8.7.9 可知,高电平持续时间调节模块的功能已实现。

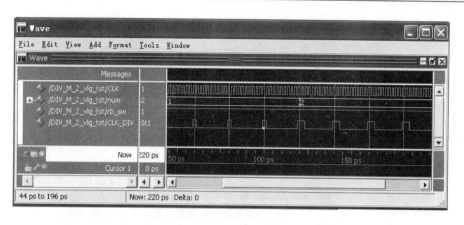

图 8.7.9 高电平持续时间调节模块的仿真结果

3. 高电平持续时间调节模块的硬件测试

仿真无误后进行编译下载,用示波器对输入/输出信号进行观察分析,测试结果如图 8.7.10 所示。

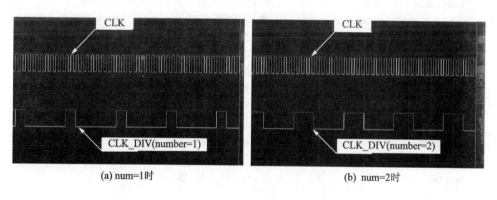

图 8.7.10 高电平持续时间调节模块的硬件测试结果

经实测,高电平持续时间调节模块的功能已实现。

8.7.3 PWM 发生器的 Verilog-HDL 描述

根据 PWM 发生器的逻辑框图和时序图,构建其逻辑电路,如图 8.7.11 所示。

1. PWM 发生器 Width_generator 的 Verilog-HDL 描述(Width_generator.v)

```
module    Width_generator (rb_sw, B, A, CLK,  CLK_DIV);
                        //模块名 Width_generator 及端口参数定义,范围至 endmodule
input    rb_sw, B, A, CLK;          //输入端口定义
output   CLK_DIV;                   //输出端口定义
wire     [3:0]num;                  //线网类型定义
```

第8章 实用设计与工程制作

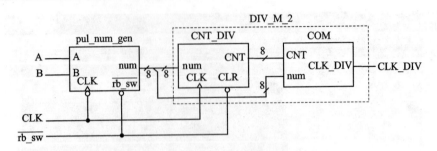

图 8.7.11　PWM 发生器的逻辑电路图

```
pul_num_gen   pul_num_gen(rb_sw, B, A, CLK, num);
                              //调用脉冲个数发生器 pul_num_gen 模块
    DIV_M_2   DIV_M_2(CLK, num, rb_sw, CLK_DIV);   //调用分频 DIV_M_2 模块
endmodule                     //模块 Width_generator 结束
```

2. PWM 发生器 Width_generator 的顶层模块（Width_generator_vlg_tst.v）

```
`timescale  1ps/1ps           //将仿真时延单位和时延精度都设定为 1 ps
module Width_generator_vlg_tst();//测试模块名 Width_generator_vlg_tst,范围至 endmodule
    reg    A;                 //寄存器类型定义,输入端口定义
    reg    B;                 //寄存器类型定义,输入端口定义
    reg    CLK;               //寄存器类型定义,输入端口定义
    reg    rb_sw;             //寄存器类型定义,输入端口定义
    wire   CLK_DIV;           //线网类型定义,输出端口定义
         Width_generator i1 (rb_sw, B, A, CLK,   CLK_DIV);
                              //底层模块名,实例名及参数定义
    always  #10   CLK = ~CLK; //每隔 10 ps,CLK 就翻转一次
    initial                   //从 initial 开始,输入信号波形变化
         begin
             B = 0;A = 1;CLK = 0;rb_sw = 1;   //参数初始化
             #10      rb_sw = 0;    //10 ps 后,rb_sw = 0
             #10      rb_sw = 1;    //10 ps 后,rb_sw = 1
             #1000    B = 1;        //1 000 ps 后,B = 1
             #500     A = 0;        //500 ps 后,A = 0
             #500     B = 0;        //500 ps 后,B = 0
             #28000   A = 1;        //28 000 ps 后,A = 1
             #1000    B = 1;        //1 000 ps 后,B = 1
             #500     A = 0;        //500 ps 后,A = 0
             #500     B = 0;        //500 ps 后,B = 0
             #28000   A = 1;        //28 000 ps 后,A = 1
             #100     $finish;      //100 ps 后,仿真结束
         end
endmodule                     //模块 Width_generator_vlg_tst 结束
```

图 8.7.12 为 PWM 发生器的仿真结果。

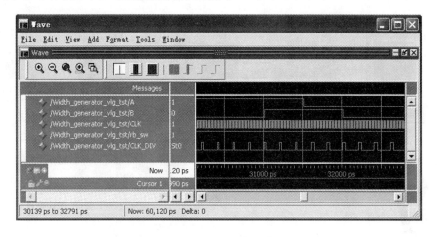

图 8.7.12　PWM 发生器的仿真结果

由图 8.7.12 可看出,系统复位之后,在 A 和 B 的作用下产生不同占空比的输出信号。

8.7.4　PWM 发生器的硬件实现

引脚配置完成后,进行编译和下载,并用示波器对输入/输出信号进行观察,测试结果如图 8.7.13 所示。

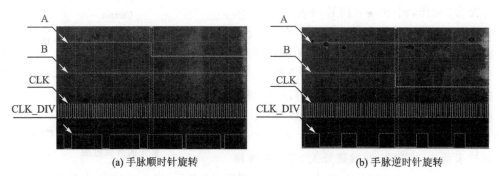

图 8.7.13　PWM 发生器的硬件测试结果

经实测,PWM 发生器功能已实现。

8.8　电动窗帘的控制

8.8.1　电动窗帘控制系统的设计原理

电动窗帘控制系统包括 PC、XBOX 360、arduino 开发板、FPGA、步进电机、驱动器 LMD18200、触碰开关以及窗帘等，电动窗帘控制系统如图 8.8.1 所示。

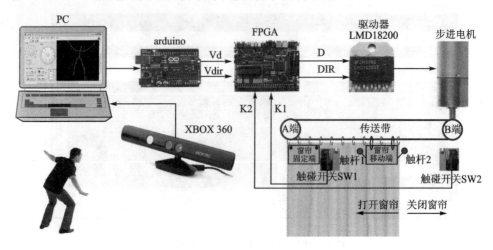

图 8.8.1　电动窗帘控制系统的示意图

图 8.8.1 中触碰开关 SW1、SW2 分别安装在窗帘的两端，用于检测窗帘的移动端是否到达端部。XBOX 360 检测并识别人体姿态，经 PC 分析处理后由 arduino 开发板输出控制信号 Vd、Vdir，FPGA 根据控制信号 Vd、Vdir 以及触碰开关的状态 K1、K2，经分析输出信号 D 和 DIR 驱动步进电机转动，进而控制窗帘的关闭。窗帘固定端在传送带 A 端附近，窗帘移动端随传送带移动，向 A 端方向移动表示执行"打开窗帘"动作，向 B 端方向移动表示执行"闭合窗帘"动作。当完成"打开窗帘"或"闭合窗帘"动作时，触碰开关的状态 K1 或 K2 随即发生变化，且 FPGA 执行"窗帘停止"命令。根据电动窗帘控制系统图，可得 FPGA 控制电机驱动系统的逻辑框图，如图 8.8.2 所示。

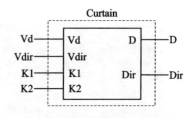

图 8.8.2　FPGA 控制电机驱动系统的逻辑框图

若要打开窗帘，则其移动端向 A 端移动，触杆未到达 A 端时，即触碰开关 SW1 未被碰触，此时 SW1 为断开状态，且为高电平，用逻辑"1"表示；当移动端向 A 端移动且触杆碰到开关 SW1 时，SW1 闭合，且为低电平，用逻辑"0"表示；同理，当移动端向 B 端移动，触杆未到达 B 端时，即触碰开关 SW2 未被碰触，此时 SW2 为断开状态，且为高电平，用逻辑"1"表示；当移动端向 B 端移动且触杆碰到开关 SW2 时，SW2 闭合，且为低电平，用逻辑"0"表示。FPGA 控制电机驱动系统的逻辑符号及其物理意义如表 8.8.1 所列。

设计的 FPGA 控制电机驱动系统的逻辑关系如下：

① 当 SW1 和 SW2 均未被碰触时（K1、K2 均为高电平），FPGA 执行上位机发出的命令，即 D＝Vd，Dir＝Vdir；

第8章 实用设计与工程制作

表 8.8.1 FPGA 控制电机驱动系统的逻辑符号

NO.	逻辑符号	物理意义	备 注
1	Vd	上位机发出的窗帘移动命令	1:窗帘移动; 0:窗帘停止
2	Vdir	上位机发出的窗帘移动方向命令	1:窗帘关闭(移动端向 B 端移动); 0:窗帘打开(移动端向 A 端移动)
3	K1	触碰开关 SW1 的状态	1:开关断开,表示未被窗帘移动端触碰;
4	K2	触碰开关 SW2 的状态	0:开关闭合,表示被窗帘移动端触碰
5	D	FPGA 发出的窗帘移动使能信号	1:窗帘移动; 0:窗帘停止
6	Dir	FPGA 发出的窗帘移动方向信号	1:窗帘关闭(移动端向 B 端移动); 0:窗帘打开(移动端向 A 端移动)

② 当执行"打开窗帘"动作且仅 SW1 被碰触(K1 为低电平)时,说明窗帘已完全打开,故设计执行"窗帘停止"命令;

③ 当执行"关闭窗帘"动作且仅 SW2 被碰触(K2 为低电平)时,说明窗帘已完全关闭,故设计执行"窗帘停止"命令;

④ 当 SW1 和 SW2 均被碰触时(K1、K2 均为低电平),可能有异常情况出现,故设计执行"窗帘停止"命令;

⑤ 当执行"打开窗帘"动作且仅 SW2 被碰触(K2 为低电平)时,设计依然执行"打开窗帘"命令;

⑥ 当执行"闭合窗帘"动作且仅 SW1 被碰触(K1 为低电平)时,设计依然执行"闭合窗帘"命令。

综上所述,得出 FPGA 控制电机驱动系统的真值表如表 8.8.2 所列。

表 8.8.2 FPGA 控制电机驱动系统的真值表

输 入				输 出	
Vd	Vdir	K1	K2	D	Dir
1	1	1	1	1	1
1	1	0	1	1	1
1	1	1	0	0	×
1	1	0	0	0	×
1	0	1	1	1	0
1	0	1	0	1	0
1	0	0	1	0	×
1	0	0	0	0	×
0	×	×	×	0	×

根据 FPGA 控制电机驱动系统的真值表,得出其逻辑函数,如下:

$$D = Vd \times Vdir \times K1 \times K2 + Vd \times Vdir \times \overline{K1} \times K2 +$$
$$Vd \times \overline{Vdir} \times K1 \times K2 + Vd \times \overline{Vdir} \times K1 \times \overline{K2}$$
$$= Vd \times Vdir \times K2 + Vd \times \overline{Vdir} \times K1 \tag{8.8.1}$$

$$Dir = Vd \times Vdir \times K1 \times K2 + Vd \times Vdir \times \overline{K1} \times K2$$
$$= Vd \times Vdir \times K2 \tag{8.8.2}$$

8.8.2 FPGA 控制电机驱动系统的仿真实现

根据上述 FPGA 控制电机驱动系统的逻辑函数构建,其逻辑电路如图 8.8.3 所示。

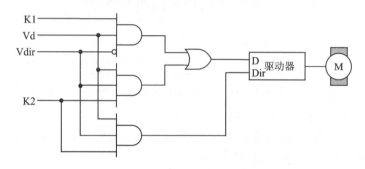

图 8.8.3 FPGA 控制电机驱动系统的逻辑电路图

根据系统电路图,可进行 Verilog-HDL 代码的编写。

1. 电动窗帘 Curtain 的 Verilog-HDL 代码(Curtain.v)

```
module      Curtain (Vd, Vdir, K1, K2, D, Dir);
                                //模块名 Curtain 及端口参数定义,范围至 endmodule
   input    Vd, Vdir, K1, K2;   //输入端口定义
   output   D, Dir;             //输出端口定义
   assign   D = Vd&(~Vdir)&K1 | Vd&Vdir&K2;   //赋值语句,实现输出 D 功能
   assign   Dir = Vd&Vdir&K2;   //赋值语句,实现输出 Dir 功能
endmodule                       //模块 Curtain 结束
```

2. 电动窗帘 Curtain 的顶层模块(Curtain_vlg_tst.v)

```
`timescale 1 ps/1 ps            //将仿真时延单位和时延精度都设定为 1 ps
module     Curtain_vlg_tst();   //测试模块名 Curtain_vlg_tst,范围至 endmodule
   reg     Vd, Vdir,K1, K2;     //寄存器类型定义,输入端口定义
   wire    D, Dir;              //线网类型定义,输出端口定义
Curtain    Curtain(Vd, Vdir, K1, K2, D, Dir);  //底层模块名,实例名及参数定义
   initial begin                //从 initial 开始,输入信号波形变化
      Vd = 1;Vdir = 1;K1 = 1;K2 = 1;   //输入与真值表对应,以便观察对应的输出
      #100  Vd = 1;Vdir = 1;K1 = 1;K2 = 1;
```

```
    #100    Vd = 1;Vdir = 1;K1 = 0;K2 = 1;
    #100    Vd = 1;Vdir = 1;K1 = 1;K2 = 0;
    #100    Vd = 1;Vdir = 1;K1 = 0;K2 = 0;
    #100    Vd = 1;Vdir = 0;K1 = 1;K2 = 1;
    #100    Vd = 1;Vdir = 0;K1 = 1;K2 = 0;
    #100    Vd = 1;Vdir = 0;K1 = 0;K2 = 1;
    #100    Vd = 1;Vdir = 0;K1 = 0;K2 = 0;
    #100    Vd = 0;
    end
endmodule                                //模块 Curtain_vlg_tst 结束
```

利用 ModelSim 仿真软件进行仿真测试的结果如图 8.8.4 所示。

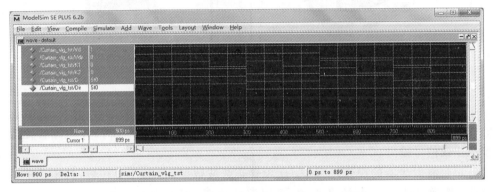

图 8.8.4　FPGA 控制电机驱动系统的逻辑仿真结果

将仿真结果与图 8.8.2 进行对比，可看出仿真结果与预期相符。

8.8.3　FPGA 控制电机驱动系统的硬件测试

仿真正确后，对 FPGA 开发板 DE2-115 进行引脚配置、编译和下载。实验过程中，触碰开关 K1、K2 用开发板上的开关 SW1、SW0 模拟。电动窗帘硬件测试的实验场景如图 8.8.5 所示。

经实测，FPGA 控制电机驱动系统的功能已正确实现。

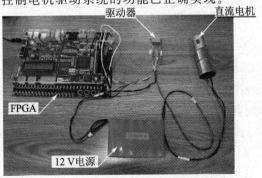

图 8.8.5　FPGA 控制电机驱动系统的测试场景

8.9 基于 FPGA – IP 核的正弦波发生器

8.9.1 系统设计与时序分析

正弦波发生系统包括 FPGA 开发板、D/A 转换电路和示波器，系统构成如图 8.9.1 所示。

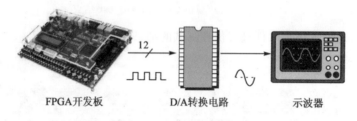

图 8.9.1　正弦波发生系统

如图 8.9.1 所示的正弦波发生系统将在 FPGA 开发板内部配置一个正弦数据的存储单元，利用查表法读取输出 12 位正弦波数字信号，经由 AD7541 电路转化为模拟正弦信号输出。

正弦波发生器的操作过程是：① 预置正弦波数据；② 按下复位键，初始化子系统；③ 拨动启动开关，开始寻址；④ 通过寻址找到相应的正弦波数据并输出。这一过程可用图 8.9.2 的时序来描述。

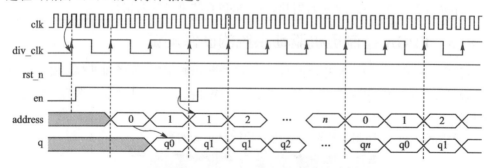

图 8.9.2　正弦波发生器的时序图

在图 8.9.2 中，按动复位键 rst_n 初始化子系统。对 clk 分频，得到同步时钟 div_clk。在 div_clk 的控制下对 address 进行寻址，找到正弦波数据 q 存储的相应位置。en 使能后，相应引脚输出正弦波数据对应的电平。

根据时序图，可以将 FPGA 系统分为三大模块：分频模块 Frequency_Division、寻址模块 address、数据存储模块 ROM，相应的系统功能如图 8.9.3 所示。将图 8.9.3 中的系统功能转化为逻辑框图，如图 8.9.4 所示。

① 分频模块 Frequency_Division。由系统时钟提供 clk 信号，通过加法计数分

第 8 章 实用设计与工程制作

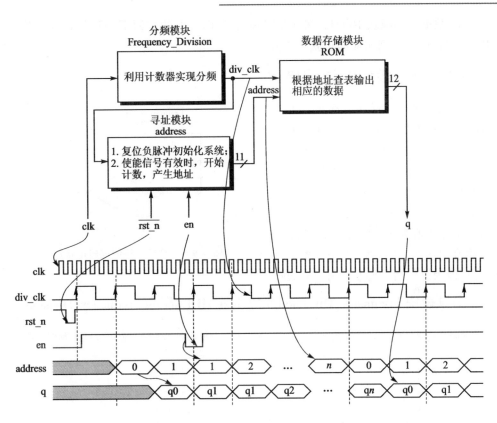

图 8.9.3 正弦波发生器的系统功能描述

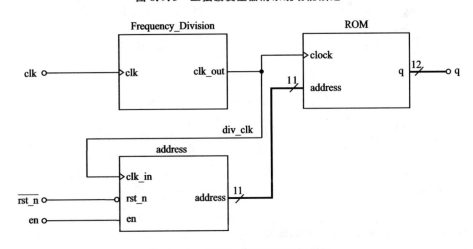

图 8.9.4 正弦波发生器的逻辑框图

频,产生 div_clk 同步时钟。

② 寻址模块 address。在同步时钟的作用下,通过加法计数产生地址。系统复位后,在 en 有效的情况下,输出地址信号。

③ 数据存储模块 ROM。在同步时钟信号 div_clk 的控制下,根据 address 地址数据进行寻址,找到相应的正弦数据 q 输出。

8.9.2 分频模块的详细描述

分频模块用于产生一个同步信号 div_clk(这里为 8.3 kHz)。由于硬件系统时钟为 50 MHz,因此,该模块主要完成对 50 MHz 系统时钟进行分频,从而得到 8.3 kHz 的同步信号。其逻辑电路图如图 8.9.5 所示。该功能可用一个计数值为 300 的计数器完成,当计数值到达 300 时,将 clk_out 翻转并输出,即为分频后的同步信号 div_clk。

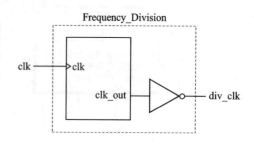

图 8.9.5 分频模块的逻辑电路图

分频模块 Frequency_Division 的 Verilog-HDL 描述(Frequency_Division.v)

```
module   Frequency_Division (clk, clk_out);   //模块名 Frequency_Division 及端口参数
                                              //定义,范围至 endmodule
    input   clk;                              //输入时钟 50 MHz
    outputreg   clk_out;                      //输出时钟
    integer   p = 1;                          //定义整型变量
    initial   clk_out = 0;                    //初始化输出时钟置为低电平
    always @ (posedge clk)                    //每当 CLK 上升沿时执行以下语句
        begin
            if(p == 300)                      //当 p = 300 时执行以下语句
                begin
                    p = 0;                    //p 归零
                    clk_out = ~ clk_out;      //CLK_OUT 取反
                end
            else
                p = p + 1;                    //当 p 不等于 300 时 p 加 1
        end
endmodule
```

8.9.3 寻址模块的详细描述

寻址模块用于完成地址信号输出、复位和使能功能。寻址模块 address 利用加法计数的方式,实现在同步时钟信号 div_clk 作用下的地址数据的产生,其逻辑电路图如图 8.9.6 所示。在此,考虑到 ROM 的地址为 11 位,故 address 产生 11 位地址。rst_n 为系统复位端,en 为使能端。

第 8 章　实用设计与工程制作

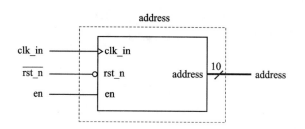

图 8.9.6　寻址模块的逻辑电路图

Verilog-HDL 程序代码如下：

```
module  address(                      //模块名 address 及端口参数定义，
                                      //范围至 endmodule
          input    clk_in,            //时钟输入
          input    rst_n,             //复位信号输入
          input    en,                //使能信号输入
          output   [10:0]  addr       //地址信号输出
          );
reg    [10:0]  cnt;                   //寄存器定义,中间变量定义
always @ (posedge clk_in or negedge rst_n)
begin
if(!rst_n)
        cnt <= 11'd0;                 //当 rst_n = 0 时,cnt = 0
else if(en)
begin
           cnt <= cnt + 11'd1;        //当 en = 1 时,cnt 加 1
       if(cnt >= 2047)                //如果 cnt>2 047,将 cnt 清零
              cnt <= 0;
      end
    else
cnt <= cnt;                           //否则 cnt 不变
end
assign  address = cnt;                //令 address = cnt
endmodule
```

8.9.4　数据存储模块的详细描述

1. 数据存储模块的设计原理

数据存储模块由 ROM 实现。实现思路为：利用 IP 核在 FPGA 的片内存储器中配置一个 ROM,在该 ROM 中存储数据宽度为 12 的正弦波数据,在同步时钟 div_clk 的作用下对该 ROM 的地址 address 进行连续的寻址操作,读取输出正弦波数据

q,其逻辑电路图如图 8.9.7 所示。

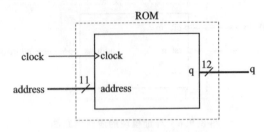

图 8.9.7　数据存储模块的逻辑电路图

由于此方式配置的 ROM 为只读存储器,故需先对其进行初始化,即烧录所需数据,之后创建 ROM 的 IP 核,读取已存入的数据,并对其进行 ModelSim 仿真。系统设计流程如图 8.9.8 所示。

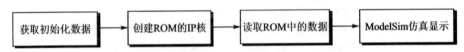

图 8.9.8　系统设计流程

以正弦波信号为例设计存储容量为 2 048×12 bit 的数字发生器,即存储单元个数(DEPTH)为 2 048,存储单元宽度(WIDTH)为 12,产生正弦波数据的算法如下:

$$s = \sin\left(\frac{i \times 2\pi}{n}\right) \qquad (0 \leqslant i \leqslant n) \tag{8.9.1}$$

$$temp = \frac{s+1}{2} \times (2^m - 1) \tag{8.9.2}$$

式中,n 为存储单元总量;m 为存储单元宽度;s 为标准正弦波值;temp 为正弦波转换值。

2. 初始化数据的获取

利用 C 语言编写程序获取正弦波的初始化数据,操作如下:

① 打开 Microsoft Visual C++软件,选择"文件"→"新建",新建名为 shuju 的源文件,如图 8.9.9 所示。

② 依据式(8.9.1)和式(8.9.2)编写 C 语言程序,代码如下:

```
#include    <stdio.h>
#include    <math.h>
#define     PI 3.141592          //定义常量 π
#define     DEPTH 2048           //定义数据深度,即存储单元的个数
#define     WIDTH 12             //定义存储单元的宽度
int main(void)
{
    int     i,temp;              //定义整型变量 i,temp
```

第 8 章 实用设计与工程制作

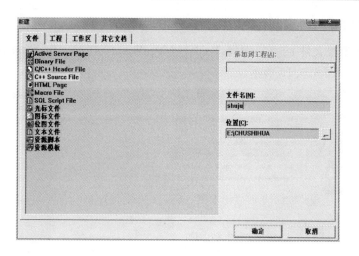

图 8.9.9 新建 C++ 源文件

```
float    s;                              //定义整型变量 s
FILE    *fp;                             //定义文件指针
fp = fopen("TestMif.mif","w");           //文件名命名为 TestMif.mif
if(NULL == fp)
    printf("Can not creat file!\r\n");   //当指针 = NULL 时,不生成该文件
else
{
    printf("File created successfully!\n");//当指针有效时,输出该字符串
    fprintf(fp,"DEPTH = %d;\n",DEPTH);   //在文件中写入以下字符串
    fprintf(fp,"WIDTH = %d;\n",WIDTH);
    fprintf(fp,"ADDRESS_RADIX = HEX;\n");
    fprintf(fp,"DATA_RADIX = HEX;\n");
    fprintf(fp,"CONTENT\n");
    fprintf(fp,"BEGIN\n");
    for(i = 0;i<DEPTH;i++)               //当变量 i 的值小于 DEPTH 时,执行以下语句
    {
        s = sin(PI * i/1024);            //周期为 2 048 个点的正弦波
        temp = (int)((s + 1) * 255/2);   //将正弦波的值扩展到 0~255 之间
        fprintf(fp,"%x\t:\t%x;\n",i,temp); //以十六进制形式输出地址和数据
    }
    fprintf(fp,"END;\n");                //在文件中写入"END"字符串
 fclose(fp);                             //关闭文件
   }
}
```

③ 单击 F7 进行编译,无误后单击 F5 运行程序,可得名为 TestMif.mif 的初始化数据文件。

3. ROM 的 IP 核创建

① 新建工程文件 ex_11,选择 Tools→MegaWizard Plug‐In Manager,进入 IP 核创建界面,如图 8.9.10 所示。

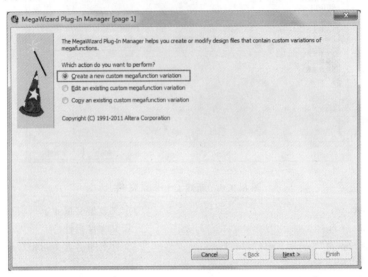

图 8.9.10　MegaWizard Plug‐In Manager [page 1]界面

② 在 MegaWizard Plug‐In Manager [page 1]界面中,进行如下操作:
- 选择 Create a new custom megafunction variation,创建一个新的 IP 核模块;
- 单击 Next 按钮,进入 MegaWizard Plug‐In Manager [page 2a]界面,如图 8.9.11 所示。

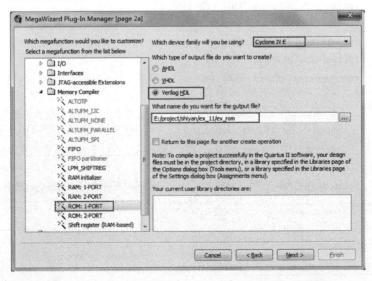

图 8.9.11　MegaWizard Plug‐In Manager [page 2a]界面

第8章 实用设计与工程制作

③ 在 MegaWizard Plug-In Manager[page 2a]界面中,进行如下设置:
➢ 选择"ROM:1-PORT"外设,并设置器件的系列为 Cylone IV E;
➢ 选择输出文件的代码为 Velilog HDL;
➢ 输出文件路径为当前工程所在文件夹 E:/project/shiyan/ex_11/ex_rom;
➢ 单击 Next 按钮,进入 Parameter Settings/General 界面,如图 8.9.12 所示。

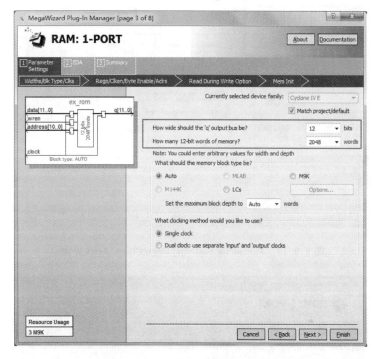

图 8.9.12　Parameter Settings/General 界面

④ 在 Parameter Settings/General 界面中,进行如下操作:
➢ 设置 ROM 的数据位宽为 12,存储数据量为 2 048;
➢ 单击 Next 按钮,进入 Parameter Settings/Regs/Clken/Aclrs 界面,如图 8.9.13 所示。
⑤ 在 Parameter Settings/Regs/Clken/Aclrs 界面中,进行如下操作:
➢ 在 Which ports should be registered 选项框中,勾选"'q'output port"选项;
➢ 单击 Next 按钮,进入 Parameter Settings/Mem Init 界面,如图 8.9.14 所示。
⑥ 在 Parameter Settings/Mem Init 界面中,单击 Browse 按钮,弹出一对话框,如图 8.9.15 所示。
⑦ 加载初始化文件的具体操作如下:
➢ 选择已创建好的 TestMif.mif 文件;
➢ 单击 Open 按钮返回 Parameter Settings/Mem Init 界面,连续单击两次 Next 按钮,进入 Summary 界面,如图 8.9.16 所示。

第8章 实用设计与工程制作

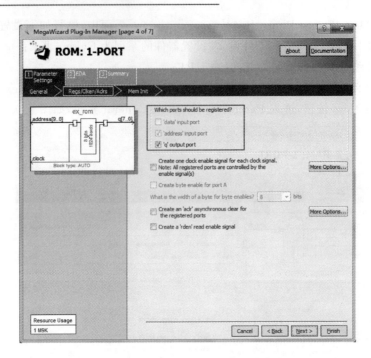

图 8.9.13　Parameter Settings/Regs/Clken/Aclrs 界面

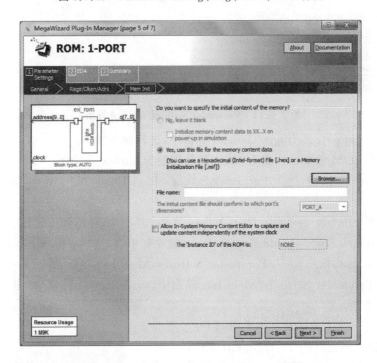

图 8.9.14　Parameter Settings/Mem Init 界面

第 8 章 实用设计与工程制作

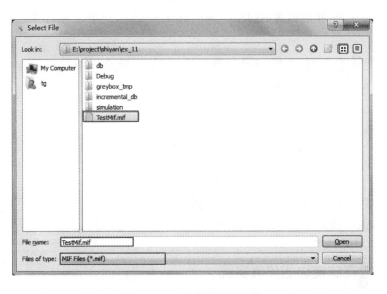

图 8.9.15 加载初始化文件

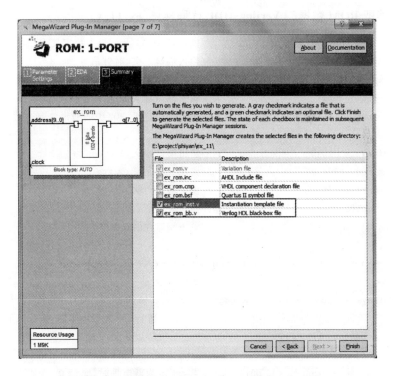

图 8.9.16 Summary 界面

⑧ Summary 界面中的具体操作如下：
➤ 勾选 ex_rom_inst.v 文件，此文件为 ROM 的例化模板文件；
➤ 单击 Finish 按钮，则完成了 ROM 的 IP 核创建。

返回 Quartus Ⅱ 主界面,打开 ex_rom_inst.v 文件,如图 8.9.17 所示。

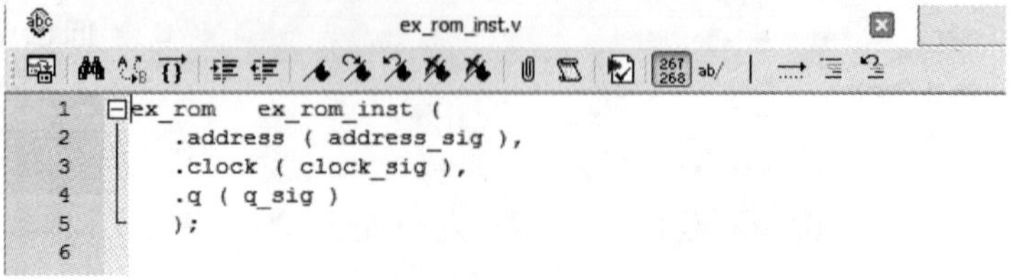

图 8.9.17 ex_rom_inst.v 文件内容

如图 8.9.17 所示,ex_rom 模块有三个信号:存储器地址 address(11 bit)、数据输出时钟 clock、输出数据 q(12 bit),ex_rom 的逻辑框图如图 8.9.18 所示。

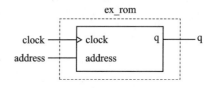

图 8.9.18 ex_rom 的逻辑框图

4. 数据存储模块的仿真实现

创建好 ROM 的 IP 核后,编写 Velilog-HDL 程序,读取 ROM 中的数据。

(1) 读取 ROM 数据的 Verilog-HDL 代码描述(ex_11.v)

```
module      ex_11(                  //模块名 ex_11 及端口参数定义,范围至 endmodule
    input       clk,                //输入端口定义,时钟信号
    input       rst_n,              //输入端口定义,复位信号,低电平有效
    input       en,                 //输入端口定义,使能控制信号,高电平有效
    output  [11:0]  q               //输出端口定义,ROM 中的输出数据
    );
    wire    [10:0]  addr;           //输出端口定义,address 为 11 bit
    ex_rom  ex_rom(                 //调用 ROM 模块 ex_rom
    .address(addr),                 //模块端口声明,存储地址
    .clock(clk),                    //模块端口声明,同步时钟
    .q(q)                           //模块端口声明,输出数据
    );
/*************** address generate ****************/
    reg     [10:0]  cnt;            //寄存器定义
    always @ (posedge clk or negedge rst_n) //always 语句,当 clk 的上升沿到来时或者
                                    //当 rst_n 为低电平时,执行以下语句
        begin
            if(!rst_n)
                cnt <= 11'd0;       //当 rst_n 为低电平时,cnt = 0
            else if(en)
                cnt <= cnt + 11'd1; //当 clk 的上升沿到来时且 en 为高电平时,
                                    //cnt = cnt + 1
            else
```

```
            cnt<= cnt;            //当clk的上升沿到来时且en为低电平时,
                                  //cnt保持不变
        end
    assign     addr = cnt;         //assign赋值语句
    endmodule                      //模块结束
```

（2）读取ROM数据的顶层模块（ex_11_vlg_tst.v）

```
`timescale 1ps/1ps              //将仿真时延单位和时延精度都设定为1 ps
module      ex_11_vlg_tst();     //测试模块名ex_11_vlg_tst,范围至endmodule
    reg     clk;                 //寄存器类型定义,输入端口定义
    reg     en;
    reg     rst_n;
    wire    [11:0]  q;           //线网类型定义,输出端口定义
    ex_11 ex_11(                 //底层模块名,实例名及参数定义
    .clk(clk),
    .en(en),
    .q(q),
    .rst_n(rst_n)
    );
    always  #50   clk = ~clk;    //每隔50 ps,clk翻转一次
    initial  begin               //从initial开始,输入信号波形变化
        clk=1;  rst_n=0;  en=0;  //参数初始化
        #100    en=1;            //100 ps后,en=0
        #100    rst_n=1;         //100 ps后,rst_n = 0
    end
endmodule                        //模块结束
```

编译无误后,进入ModelSim软件进行仿真,仿真波形如图8.9.19所示。

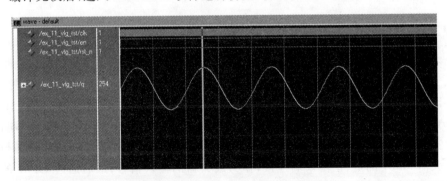

图 8.9.19   ModelSim 中显示的正弦波

由图 8.9.19 可知,ModelSim 仿真软件中显示了初始化的数据,实现了基于 IP 核的正弦波发生器。

8.9.5 正弦波发生器的 Verilog-HDL 描述

正弦波发生器 FPGA_DAC 的 Verilog-HDL 描述(FPGA_DAC.v)

```
module FPGA_DAC (                    //模块名 FPGA_DAC 及端口参数定义,
                                     //范围至 endmodule
            input   clk,             //时钟输入端口定义
            input   rst_n,           //复位端口定义
            input   en,              //使能输入端口定义
            output  [11:0] q         //数据输出端口定义
            );
wire    [9:0]   address;             //ROM 地址线定义
wire    clk_out;                     //ROM 取样时钟线定义
ROM  ROM (                           //ROM 模块调用
    .address(address),
    .clock(clk_out),
    .q(q)
    );
Frequency_Division Frequency_Division(  //分频模块调用
    .clk(clk),
    .clk_out (clk_out)
    );
address  address(                    //寻址模块调用
    .clk_in(clk_out),
    .rst_n(rst_n),
    .en(en),
    .address(address)
    );
endmodule
```

8.9.6 正弦波发生器的硬件实现

本系统所利用的 AD7541 芯片能够实现 12 位的数/模转换,外围电路如图 8.9.20 所示。

图 8.9.20 中 AD7541 芯片的引脚 4~15 作为 FPGA 的数字输入端;引脚 16 提供+12 V 的电源电压;引脚 17 作为参考电压输入端;引脚 18 为反馈电阻输入端,通过 R2 与放大器 OP07 的输出端连接;AD7541 的输出端 OUT1 与 OUT2 分别与差分放大器 OP07 的负、正输入端连接,作为放大器的输入信号;最后通过 OP07 的输出端输出模拟电压。

对 FPGA 开发板的 EP4C115F29C7 进行电路连接,如图 8.9.21 所示。

配置相应引脚后,进行编译和下载,正弦波发生器的硬件测试平台如图 8.9.22 所示。

第 8 章　实用设计与工程制作

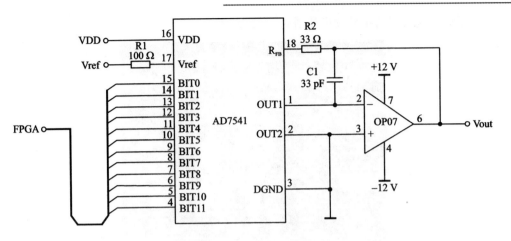

图 8.9.20　AD7541 外围电路

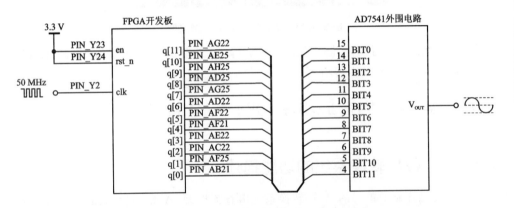

图 8.9.21　正弦波发生器系统的电路连接

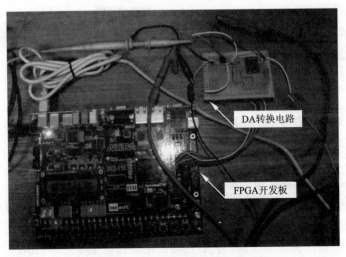

图 8.9.22　正弦波发生器的硬件测试平台

第 8 章 实用设计与工程制作

示波器观察到的正弦波形如图 8.9.23 所示。

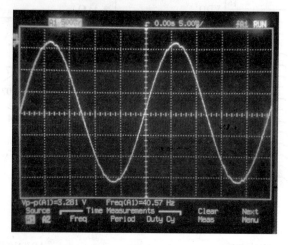

图 8.9.23 输出正弦波的实测波形

根据图 8.9.23 可知,实际产生的正弦波峰-峰值为 3.3 V,频率为 40.57 Hz,故基于 FPGA 的正弦波发生器功能已实现。

8.10 具有数码管显示单元的 A/D 转换系统

8.10.1 A/D 转换系统的功能描述

具有数码管显示单元的 A/D 转换系统由直流电源、A/D 转换电路、FPGA 开发板和数码管构成,系统构架如图 8.10.1 所示。

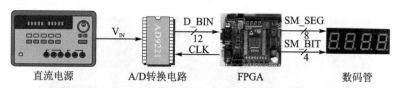

图 8.10.1 A/D 转换系统构架

在 A/D 转换系统中,直流电源提供模拟电压 V_{IN},FPGA 为 A/D 转换电路提供采样时钟 CLK,A/D 转换电路将模拟电压 V_{IN} 转换成 12 位数字信号 D_BIN,FPGA 接收到 D_BIN 后进行处理,并输出 4 位数码管显示所需的段码 SM_SEG 和位码 SM_BIT,数码管最终显示相关数据。

根据系统功能描述,FPGA 软件设计主要分 2 个模块,即 A/D 采样时钟发生模块和数码管显示模块,其功能如下:

① A/D 采样时钟发生模块,为 A/D 转换电路提供采样时钟 CLK;
② 数码管显示模块,控制数码管的显示。

8.10.2 A/D 采样时钟发生模块

A/D 转换电路采用 AD9221 芯片实现,它将 0~2 V 的模拟信号 V_{IN} 转化为 12 位数字信号 D_BIN,A/D 转换电路示意图如图 8.10.2 所示。

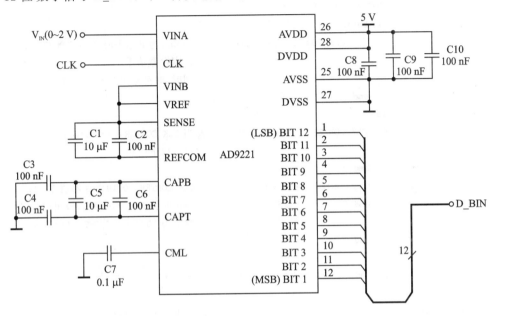

图 8.10.2 A/D 转换电路示意图

由图 8.10.2 可知,A/D 转换电路需要时钟 CLK(AD9221 芯片的最高采样频率为 1.5 MHz,在此将 CLK 设置为 5 Hz,即可满足数码管显示的需求),故设计采样时钟发生模块产生此时钟信号 CLK,该模块通过对 50 MHz 系统时钟 CLKX 进行分频得到 5 Hz 的时钟信号 CLK,其逻辑框图如图 8.10.3 所示。

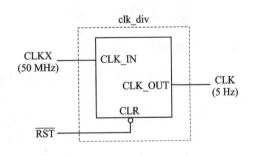

图 8.10.3 A/D 采样时钟发生模块

A/D 采样时钟发生模块 clk_div 的 Verilog-HDL 描述(clk_div.v)

```
module clk_div(                //模块名 clk_div 及端口参数定义,
                               //范围至 endmodule
    input    CLK_IN ,          //输入时钟(50 MHz)端口定义
    input    CLR,              //输入复位端口定义
    output reg  CLK_OUT        //时钟输出端口定义
        );
```

第8章 实用设计与工程制作

```
        reg  [35:0]  CLK_CONTER;                    //寄存器定义
        always @(posedge CLK_IN or negedge CLR)     //always 语句,当 CLK_IN 的上升沿到来
                                                    //时,或者 CLR 为低电平时,执行以下语句
          begin
             if(CLR == 1'b0)
                begin
                   CLK_CONTER <= 36'b0;             //当 CLR 为低电平时,CLK_CONTER = 0,
                                                    //即寄存器清零
                   CLK_OUT <= 1'b0;                 //同时,时钟输出 CLK_OUT = 0
                end
             else
             if (CLK_CONTER == 36'd5000000)         //当 CLK_CONTER = $5 \times 10^6$ 时,
                                                    //执行以下语句
                begin
                   CLK_CONTER <= 36'b0;             //CLK_CONTER = 0,即寄存器清零
                   CLK_OUT <= ~CLK_OUT;             //输出时钟 CLK_OUT 翻转,输出时钟
                                                    //频率为 50 MHz/5 000 000/2 = 5 Hz
                end
             else
                CLK_CONTER <= CLK_CONTER + 26'b1;   //否则,CLK_CONTER 计数值加 1
          end
        endmodule                                   //模块 clk_div 结束
```

8.10.3 数码管显示模块

1. 数码管显示原理

下面以显示数字"1"为例,简介数码管显示原理,如图 8.10.4 所示。

由于系统所用数码管是共阳极数码管,所以置"0"时数码管发光,若要 b 和 c 段发光显示出数字"1",则置 b 和 c 段为"0",其他段为"1",数字"1"的数码管显示原理如表 8.10.1 所列。

图 8.10.4 数码管"1"的显示示意图

表 8.10.1 数字"1"的数码管显示原理

数码管亮灭情况	段名	dp	g	f	e	d	c	b	a
	状态	灭	灭	灭	灭	灭	亮	亮	灭
SM_SEG	Bin	1	1	1	1	1	0	0	1
	Hex	F				9			

由表 8.10.1 可知,数字"1"的段码 SM_SEG 为"1111 1001",即"F9"。同理,可类推其他字符的显示原理,共阳极数码管 0~F 的段编码如表 8.10.2 所列。

表 8.10.2 共阳极数码管 0~F 的段编码表

显示字符	0	1	2	3	4	5	6	7
段码 SM_SEG	0xc0	0xf9	0xa4	0xb0	0x99	0x92	0x82	0xf8
显示字符	8	9	A	B	C	D	E	F
段码 SM_SEG	0x80	0x90	0x88	0x83	0xc6	0xa1	0x86	0x8e

本设计采用的数码管为 4 位 8 端共阳极数码管,其驱动电路如图 8.10.5 所示。

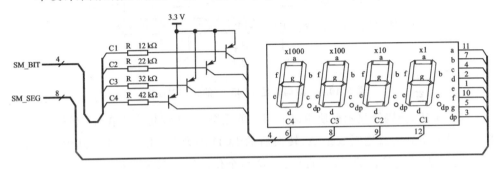

图 8.10.5 数码管驱动电路

由于该数码管是共阳极数码管,故要点亮某一位,需将其对应位置"0",其他位置"1",其位编码表如表 8.10.3 所列。

表 8.10.3 共阳极数码管的位编码表

位 选	C4	C3	C2	C1
千位	0	1	1	1
百位	1	0	1	1
十位	1	1	0	1
个位	1	1	1	0

假设要在数码管上显示数字"4321",需要其相应的 BCD 码(用 BCD_DATA 表示)根据该数字千、百、十、个位对应的 BCD 码"0100"、"0011"、"0010"、"0001",调出相应的段码 SM_SEG 和位码 SM_BIT。数码管显示"4321"的工作时序如图 8.10.6 所示。

如图 8.10.6 所示,在时钟 CLK 的触发下,将数字"4321"的段码 SM_SEG 和其对应的位码 SM_BIT(千、百、十、个位)依次送至数码管,则数码管显示数字"4321"。

2. 数码管显示模块的功能描述

A/D 转换电路输出的数据为二进制形式,而根据数码管的显示原理,无法直接显示于数码管单元上。因此,需要进行数制转换,即将 12 位二进制数据转换为 BCD 码,之后调出相应的段码 SM_SEG 和位码 SM_BIT 驱动数码管显示。

第8章 实用设计与工程制作

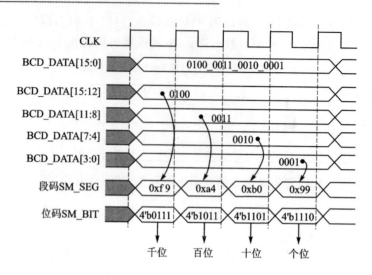

图 8.10.6 数码管显示"4321"的工作时序图

综上所述,数码管显示模块由以下两大单元组成,即数制转换单元和数码管驱动单元。设采集到的二进制数是 A,转换后的 BCD 码为 B_Q、B_B、B_S、B_G,其中 B_Q、B_B、B_S、B_G 分别表示数码管的千位、百位、十位和个位。数码管显示模块的功能描述如图 8.10.7 所示。

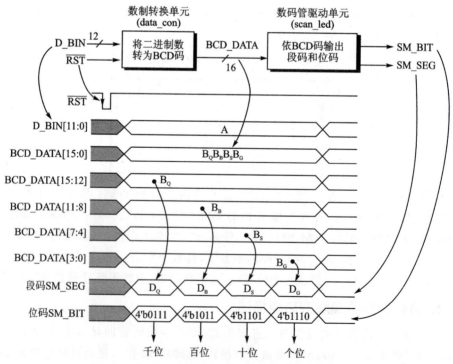

图 8.10.7 数码管显示模块的功能描述

由图 8.10.7 可知，数制转换单元 data_con 和数码管驱动单元 scan_led 的功能如下：

① 数制转换单元 data_con，将 AD9221 转换的二进制数据 A 采集到 FPGA 内部，并换算为数码管驱动单元所需的 16 位 BCD 码 B_Q、B_B、B_S、B_G。

② 数码管驱动单元 scan_led，根据 BCD 码 B_Q、B_B、B_S、B_G，调用相应的段码 SM_SEG 和位码 SM_BIT，驱动数码管显示。

3. 数制转换单元的功能描述

数制转换单元的逻辑电路如图 8.10.8 所示。

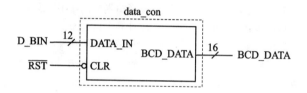

图 8.10.8　数制转换单元的逻辑电路图

图 8.10.8 中 $\overline{\text{RST}}$ 为该模块的复位端，DATA_IN 为 12 位二进制数据输入端口，BCD_DATA 为输出的 BCD 码。数制转换单元的程序流程如图 8.10.9 所示。

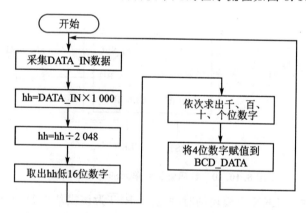

图 8.10.9　数制转换单元的程序流程图

数制转换单元 data_con 的 Verilog-HDL 描述(data_con.v)

```
module data_con (                    //模块名 data_con 及端口参数定义，
                                     //范围至 endmodule
    input    [11:0]  DATA_IN,        //输入 12 位数字信号端口定义
    output  reg  [15:0]  BCD_DATA    //数据转换后输出端口定义
    );
    reg  [23:0]  hh;                 //定义中间变量
    reg  [3:0]   gg;                 //定义中间变量
    reg  [15:0]  cc;                 //定义中间变量
```

```
        always @(*)
            begin
                hh = DATA_IN * 1000;           //将 DATA_IN 乘以 1 000 存储在中间变量 hh 中
                hh = hh>>11;                    //将 hh 除以 $2^{11}$,注意在二进制中除以 $2^n$ 等于
                                                //将其右移 n 位
                gg = hh[15:0]/1000;             //计算千位数
                cc[15:12] = gg;                 //将结果存储在中间变量 cc 的 16~13 位
                gg = (hh[15:0]%1000)/100;       //计算百位数
                cc[11:8] = gg;                  //将结果存储在中间变量 cc 的 12~9 位
                gg = (hh[15:0]%100)/10;         //计算十位数
                cc[7:4] = gg;                   //将结果存储在中间变量 cc 的 8~5 位
                gg = hh[15:0]%10;               //计算个位数
                cc[3:0] = gg;                   //将结果存储在中间变量 cc 的 4~1 位
                BCD_DATA = cc;                  //将中间变量 cc 赋值到 BCD_DATA
            end
    endmodule                                   //模块 data_con 结束
```

4. 数码管驱动单元的功能描述

数码管驱动单元的逻辑电路如图 8.10.10 所示。

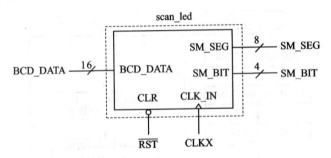

图 8.10.10 数码管驱动单元的逻辑电路图

图 8.10.10 中 CLKX 为模块的时钟输入,$\overline{RST}$为该模块的复位端,BCD_DATA 为输入到数码管驱动单元的 BCD 数据端口;SM_SEG 为数码管段码输出端口,SM_BIT 为数码管位码输出端口,程序流程如图 8.10.11 所示。

数码管驱动单元 scan_led 的 Verilog-HDL 描述(scan_led.v)

```
    module scan_led(                            //模块名 scan_led 端口参数定义,范围至 endmodule
        CLK_IN,
        CLR,
        SM_SEG,
        SM_BIT,
        BCD_DATA
        );
```

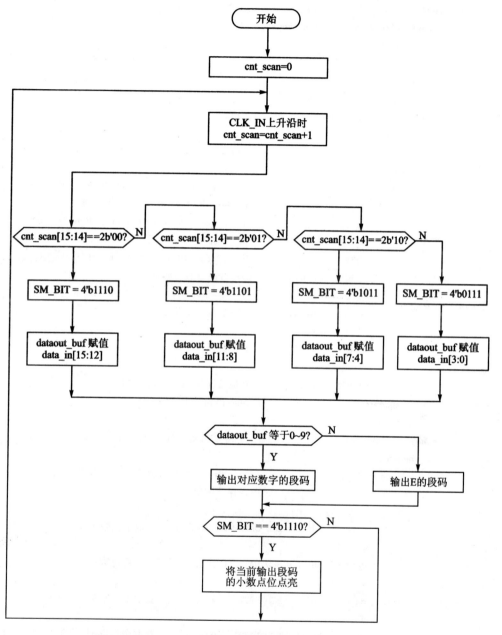

图 8.10.11 数码管驱动单元的程序流程图

```
input    CLK_IN,CLR;              //输入时钟(50 MHz)及复位端口定义
input    [15:0] BCD_DATA;         //显示数据输入端口定义
output reg [7:0] SM_SEG;          //数码管段选择输出
output reg [3:0] SM_BIT;          //数码管位码输出
reg      [36:0] cnt_scan;         //扫描频率计数器
```

第 8 章 实用设计与工程制作

```verilog
    reg [4:0] dataout_buf;           //输出数据寄存器
    always @(posedge CLK_IN or negedge CLR)
      begin
          if(!CLR)                   //当 CLR 为低电平时,cnt_scan 清零
              cnt_scan<=0;
          else
              cnt_scan<=cnt_scan+1'b1;  //寄存器 cnt_scan 加 1
      end
    always @(cnt_scan)               //当 cnt_scan 变化时,执行以下语句
      begin
          case(cnt_scan[15:14])      //判断 cnt_scan 的 16～15 位,为 SM_BIT 赋值,
                                     //cnt_scan 每计 $2^{15}$ 个数,SM_BIT 改变一次状态
              2'b00 :                //当 cnt_scan[15:14] = 2'b00 时,SM_BIT = 4'b0111
                SM_BIT = 4'b0111;    //即将数码管千位点亮
              2'b01 :                //当 cnt_scan[15:14] = 2'b01 时,SM_BIT = 4'b1011
                SM_BIT = 4'b1011;    //即将数码管百位点亮
              2'b10 :                //当 cnt_scan[15:14] = 2'b10 时,SM_BIT = 4'b1101
                SM_BIT = 4'b1101;    //即将数码管十位点亮
              2'b11 :                //当 cnt_scan[15:14] = 2'b11 时,SM_BIT = 4'b1110
                SM_BIT = 4'b1110;    //即将数码管个位点亮
              default :
                SM_BIT = 4'b0111;    //其他情况 SM_BIT 为 4'b0111
          endcase                    //case 语句结束
      end
    always @(SM_BIT)                 //当 SM_BIT 变化时,执行以下语句为
      begin
          case(SM_BIT)               //case 语句,根据 SM_BIT 的不同取值,为输出
                                     //寄存器赋值
              4'b0111:
                dataout_buf<=BCD_DATA[15:12];    //获取千位数据
              4'b1011:
                dataout_buf<=BCD_DATA[11:8];     //获取百位数据
              4'b1101:
                dataout_buf<=BCD_DATA[7:4];      //获取十位数据
              4'b1110:
                dataout_buf<=BCD_DATA[3:0];      //获取个位数据
          endcase
      end
    always @(dataout_buf)            //当 dataout_buf 变化时执行以下语句
      begin
          case(dataout_buf)          //case 语句,依据 dataout_buf 的值为 SM_SEG 赋值,
                                     //SM_SEG 为数码管段选控制端
```

```
            4'h0 : SM_SEG = 8'hc0;        //当 dataout_buf = 0 时,SM_SEG = 8'hc0,即
                                          //数码管显示"0"
            4'h1 : SM_SEG = 8'hf9;        //当 dataout_buf = 1 时,SM_SEG = 8'hf9,即
                                          //数码管显示"1"
            4'h2 : SM_SEG = 8'ha4;        //当 dataout_buf = 2 时,SM_SEG = 8'ha4,即
                                          //数码管显示"2"
            4'h3 : SM_SEG = 8'hb0;        //当 dataout_buf = 3 时,SM_SEG = 8'hb0,即
                                          //数码管显示"3"
            4'h4 : SM_SEG = 8'h99;        //当 dataout_buf = 4 时,SM_SEG = 8'h99,即
                                          //数码管显示"4"
            4'h5 : SM_SEG = 8'h92;        //当 dataout_buf = 5 时,SM_SEG = 8'h92,即
                                          //数码管显示"5"
            4'h6 : SM_SEG = 8'h82;        //当 dataout_buf = 6 时,SM_SEG = 8'h82,即
                                          //数码管显示"6"
            4'h7 : SM_SEG = 8'hf8;        //当 dataout_buf = 7 时,SM_SEG = 8'hf8,即
                                          //数码管显示"7"
            4'h8 : SM_SEG = 8'h80;        //当 dataout_buf = 8 时,SM_SEG = 8'h80,即
                                          //数码管显示"8"
            4'h9 : SM_SEG = 8'h90;        //当 dataout_buf = 9 时,SM_SEG = 8'h90,即
                                          //数码管显示"9"
    default:
            SM_SEG = 8'h86; //"e"          //如果出现 0~9 之外的数显示"E"表示出错
    endcase
    if(SM_BIT == 4'b1110)                 //如果当前显示最高位
        SM_SEG = SM_SEG &8'b0111_1111;    //将最高位小数点点亮
    end
endmodule                                 //模块 scan_led 结束
```

8.10.4 A/D 转换系统的 Verilog-HDL 描述

具有数码管显示单元的 A/D 转换系统的逻辑框图,如图 8.10.12 所示。

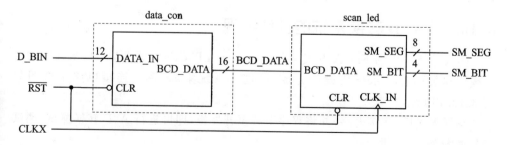

图 8.10.12 具有数码管显示单元的 A/D 转换系统的逻辑框图

具有数码管显示单元的 A/D 转换系统的 Verilog-HDL 描述(SegLed_DynamDisp.v)

```verilog
module SegLed_DynamDisp(          //模块名 SegLed_DynamDisp 及端口参数
                                  //定义,范围至 endmodule
    input     CLKX,               //输入时钟(50 MHz)端口定义
    input     RST,                //输入复位端口定义
    input     [11:0]  DATA_IN,    //输入 12 位数字信号端口定义
    output    [7:0]   SM_SEG,     //数码管段选择输出
    output    [3:0]   SM_BIT,     //数码管位码输出
    output    CLK                 //时钟输出端口定义
    );

    wire [15:0] BCD_DATA;         //线形中间变量定义
    data_con data_con (           //data_con 模块调用
        .DATA_IN(DATA_IN),
        .BCD_DATA(BCD_DATA)
    );
    scan_led scan_led(            //scan_led 模块调用
        .CLK_IN(CLKX),
        .CLR(RST),
        .SM_SEG(SM_SEG),
        .SM_BIT(SM_BIT),
        .BCD_DATA(BCD_DATA)
    );
    clk_div clk_div (             //clk_div 模块调用
        .CLK_IN(CLKX),
        S.CLR(RST),
        .CLK_OUT(CLK)
    );
endmodule                         //模块 SegLed_DynamDisp 结束
```

8.10.5 A/D 转换系统的硬件实现

本设计所采用的 FPGA 开发板是 Storm Ⅳ EP4CE6 开发板,A/D 采样时钟发生模块和数码管显示模块设计完成后,进行系统集成,系统连接电路示意图如图 8.10.13 所示。

编译无误后,连接电路,并将程序下载至开发板,即可进行 A/D 转换测试,测试场景如图 8.10.14 所示。

测试结果如图 8.10.15 所示。

由图 8.10.15 可知,基于 FPGA 的 A/D 转换功能已实现。

第8章 实用设计与工程制作

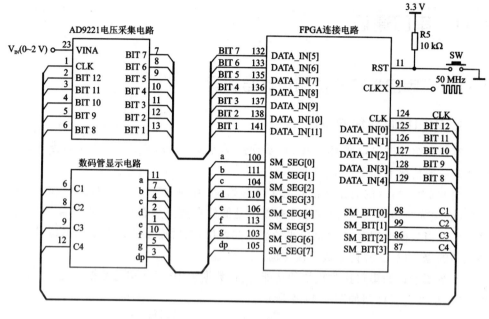

图8.10.13 系统连接电路示意图

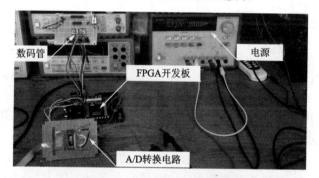

图8.10.14 A/D转换系统测试场景

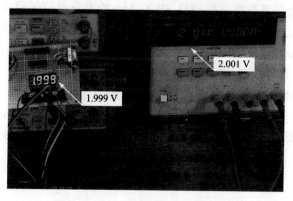

图8.10.15 A/D转换系统测试结果

8.11 串口通信

8.11.1 串口接收模块的设计与实现

1. 串口接收模块的设计

本节介绍通过串口通信(UART)实现数据传输。众所周知,UART 数据通信的帧格式一般情况下如图 8.11.1 所示。

图 8.11.1 所示的数据帧格式由 1 个起始位(必须为"0")、8 个数据位和 1 个停止位(必须为"1")组成,串行数据排列顺序是低位在前高位在后。当线路空闲时,呈高电平。当数据出现时,1 个低电平位表示起始位,之后连续传输 8 个数据位和 1 个高电平的停止位,这样便完成一次传输。

本节所设计的串口接收模块的功能为:将数据帧中 8 bit 串行数据转变为并行数据,该模块的逻辑框图如图 8.11.2 所示。

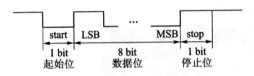
图 8.11.1 UART 数据帧格式

图 8.11.2 串口接收模块的逻辑框图

图 8.11.2 中,RXD 为传来的串行数据,rx_data 为转换后的 8 位并行数据,EOR 为接收完成的标志信号,串口接收模块的时序如图 8.11.3 所示。

由图 8.11.3 所示的时序图可知,RXD 中的 8 bit 数据 01010011(即 53H)在 CLK_bps 的作用下,转换为并行数据 rx_data[0]~rx_data[7](rx_data[8]仅作为缓冲,并不引出)。为保证数据正确转换,CLK_bps 的上升沿位于每位 RXD 信号的中间位置。当接收完成后,发出标志信号 EOR。由图 8.11.3 可知,实现串/并转换的关键在于 CLK_bps 信号的产生。因此,根据图 8.11.3 必须解决如下 3 个问题:

① CLK_bps 信号的产生时刻;

② CLK_bps 信号的停止时刻;

③ 使 CLK_bps 信号的上升沿处于每位 RXD 信号的中间位置。

由于所用开发板的时钟 CLK 频率为 50 MHz,而系统采用的串口通信波特率为 9 600 bps,故需对 CLK 进行分频。分频值 Q 的计算公式为

$$Q = \frac{f_{CLK}}{f_{bps}} \qquad (8.11.1)$$

式中,f_{CLK} 为系统时钟 CLK 的频率,单位 Hz;f_{bps} 为波特率。

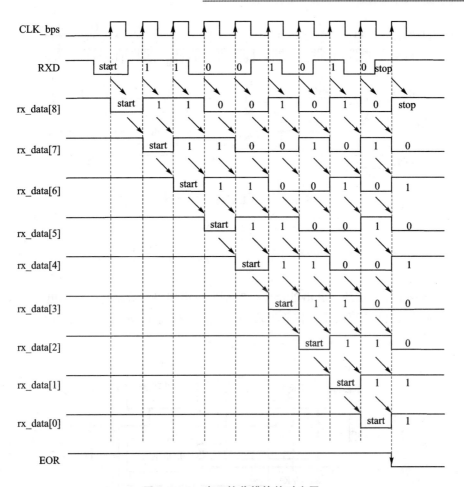

图 8.11.3　串口接收模块的时序图

1 bit 数据所需要的时间 t_w 为

$$t_w = \frac{1}{f_{bps}} \tag{8.11.2}$$

本例中波特率 $f_{bps}=9\,600$ bps，由式(8.11.1)知，$Q \approx 5\,208$。

综上所述，CLK_bps 的产生方法如图 8.11.4 所示。

由图 8.11.4 可知，CLK_bps 的产生方法如下：

① 当 RXD 的起始位到来时，启动电平识别脉冲序列 CLK_bps；

② 当 CLK_bps 的第 10 个上升沿到来时，引起接收完成标志信号 EOR 产生下跳，该下跳又引发 CLK_bps 停止；

③ 在串行数据 RXD 的每一位到来时，计数值 cnt 从零开始计数，计至 $\dfrac{Q}{2}$ 时，CLK_bps 的上跳沿到来，CLK_bps 与 Q 的关系为

第 8 章　实用设计与工程制作

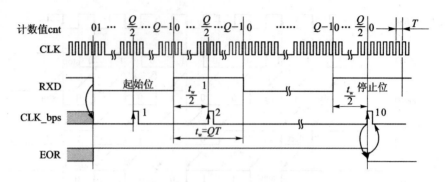

图 8.11.4　CLK_bps 的产生方法

$$\text{CLK\_bps} = \begin{cases} 1, & \text{cnt} = \dfrac{Q}{2} \\ 0, & \text{cnt} \neq \dfrac{Q}{2} \end{cases}, \quad 0 \leqslant \text{cnt} \leqslant Q \qquad (8.11.3)$$

④ 由 CLK_bps 的上升沿处及所处时刻即可得知串行数据每一位的电平状态。根据图 8.11.4 可将串口接收模块的功能再进行细化,如图 8.11.5 所示。

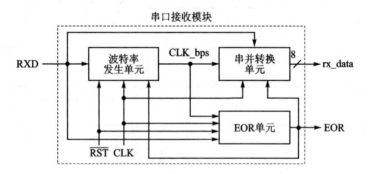

图 8.11.5　串口接收模块的功能框图

串口接收模块的各单元功能如下:

① 波特率发生单元,当 RXD 起始位到来时,启动电平识别脉冲序列 CLK_bps;当 EOR 出现下跳沿时,停止 CLK_bps 的发生。

② 串/并转换单元,在 CLK_bps 的作用下,依次读取 RXD 的串行数据位状态,并将其转换为并行数据 rx_data。

③ EOR 单元,当第 10 个 CLK_bps 到来时,产生接收完成标志信号 EOR。

(1) 波特率发生单元的设计

引入接收使能信号 RX_EN 作为 CLK_bps 产生的闸门信号,以控制 CLK_bps 在 RXD 的起始位到来时开始产生脉冲序列,并且在 EOR 的下降沿到来时停止产生,波特率发生单元的时序如图 8.11.6 所示。

在图 8.11.6 中,Q 为分频计数值,CLK_bps 产生的原理如下:

第 8 章 实用设计与工程制作

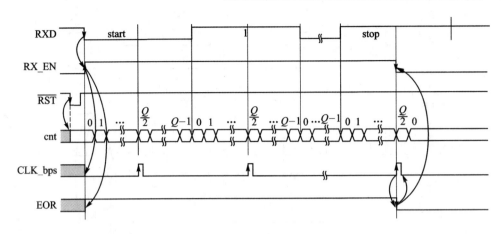

图 8.11.6 波特率发生单元的时序图

① 当 RXD 的起始位到来后,引发 RX_EN 的上跳;

② 当 RX_EN 有效时,计数器对 CLK 进行计数,当计至 $Q/2$ 时,CLK_bps 产生上跳,持续 1 个 CLK 周期;

③ 当 RX_EN 下跳时,CLK_bps 停止产生。

根据图 8.11.6 可得波特率发生单元的功能框图,如图 8.11.7 所示。

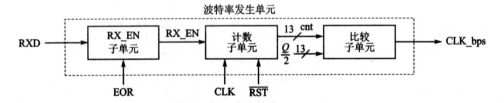

图 8.11.7 波特率发生单元的功能框图

波特率发生单元中的各子单元功能如下:

① RX_EN 子单元,在 RXD 和 EOR 的作用下形成接收使能信号 RX_EN;

② 计数子单元,在 RX_EN 有效时,对 CLK 进行计数;

③ 比较子单元,将 cnt 与 $Q/2$ 比较,相等时使 CLK_bps 产生上跳。

(2) EOR 单元的设计

根据 EOR 单元的功能需求,很容易设计出时序,如图 8.11.8 所示。

EOR 单元的要点如下:

① $\overline{RST}$ 首先对 num 清零;

② RXD 起始位引发 RX_EN 和 CLK_bps 动作;

③ CLK_bps 动作后,num 开始对 CLK_bps 计数;

④ 当计至第 10 个 CLK_bps 时,CMP 产生上跳;

⑤ 在 CMP 的上跳出现后,引发 EOR 下跳。

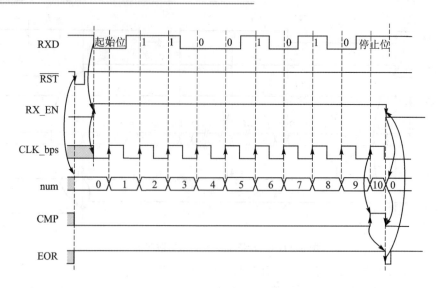

图 8.11.8　EOR 单元的时序图

⑥ EOR 的下跳引起 RX_EN 无效,进而又对 num 清零,同时使 CMP 产生下跳。由图 8.11.8 可得 EOR 单元的功能框图,如图 8.11.9 所示。

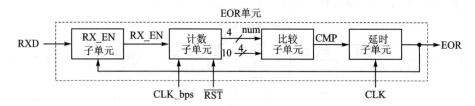

图 8.11.9　EOR 单元的功能框图

EOR 单元中的各子单元功能如下:

① RX_EN 子单元,在 RXD 和 EOR 的作用下,产生接收使能信号 RX_EN;

② 计数子单元,在 RX_EN 有效期间,对 CLK_bps 计数;

③ 比较子单元,将 num 与 10 比较,相等时使 CMP 产生上跳;

④ 延时子单元,在 CMP 的上升沿到来一段时间后,产生下跳脉冲 EOR。

(3) 串/并转换单元的设计

根据串/并转换单元的功能,设计其时序,如图 8.11.10 所示。

串/并转换单元的工作原理如下:

① 在 CLK_bps 的作用下,将 RXD 的数据进行移位,得到串/并转换过程的中间结果 tmp;

② 在 EOR 的作用下,将 tmp 的最终结果(即串/并转换数据 53H)存储到 rx_data 中。

由图 8.11.10 可得串/并转换单元的功能框图,如图 8.11.11 所示。

串/并转换单元中的各子单元功能如下:

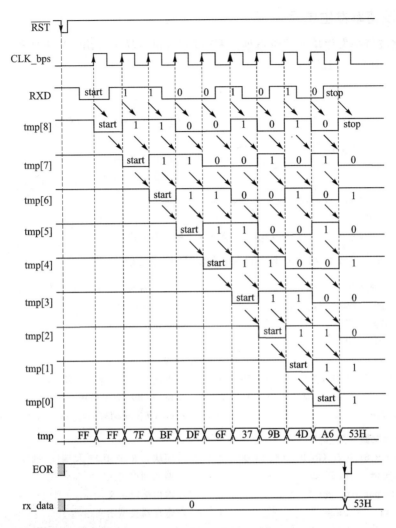

图 8.11.10 串/并转换单元的功能框图

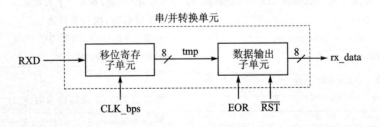

图 8.11.11 串/并转换单元的功能框图

① 移位寄存子单元,将 RXD 中的串行数据转换为并行数据 tmp;
② 数据输出子单元,在 EOR 的作用下,将 tmp 的最终数据输出,形成 rx_data。

2. 波特率发生单元

根据波特率发生单元的逻辑框图和时序图,很容易设计出 RX_EN 子单元的逻辑电路,如图 8.11.12 所示。

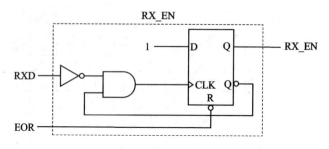

图 8.11.12　RX_EN 子单元的逻辑电路

(1) RX_EN 子单元 RX_EN 的 Verilog-HDL 描述(RX_EN.v)

```
module RX_EN(RXD, EOR, RX_EN);           //模块名 RX_EN 及参数定义
    input   RXD,EOR;                      //输入端口定义
    output  RX_EN;                        //输出端口定义
    wire    QB;                           //线网类型定义
    wire    F;                            //线网类型定义
    R_SY_D_FF U1(EOR, 1, F, RX_EN, QB);   //调用 R_SY_D_FF 子模块
    AND_G2    U2(~RXD, QB, F);            //调用 AND_G2 子模块
endmodule                                 //RX_EN 模块结束

/*D 触发器 R_SY_D_FF*/
module R_SY_D_FF (R, D, CLK, Q, QB);      //模块名 R_SY_D_FF 及端口参数定义
    input   R, D, CLK;                    //输入端口定义
    output  Q, QB;                        //输出端口定义
    reg     Q;                            //寄存器类型定义
    assign  QB = ~Q;                      //assign 语句,将 Q 取反后的值赋给 QB
    always  @(posedge CLK or negedge R)   //always 语句,在 CLK 上升沿或
                                          //R 下降沿时,执行下列语句
        Q <= (!R)? 0: D;                  //如果 R=0,Q=0,否则 Q=1
endmodule                                 //模块 R_SY_D_FF 结束

/*  2 inputs AND Gate */
module    AND_G2(A, B, F);                //模块名 AND_G2 及端口参数定义
    input    A, B;                        //输入端口定义
    output   F;                           //输出端口定义
    assign   F = A & B ;                  //assign 语句,将 A、B 取与后赋给 F
endmodule                                 //模块 AND_G2 结束
```

根据波特率发生单元的逻辑框图和时序图,很容易设计出计数子单元 EN_

DCNT_B 的逻辑电路,如图 8.11.13 所示。

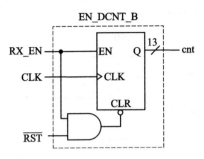

图 8.11.13 计数子单元的逻辑电路

(2) 计数子单元 EN_DCNT_B 的 Verilog-HDL 描述(EN_DCNT_B.v)

```
module EN_DCNT_B(RX_EN, CLK, RST, cnt);     //模块名 EN_DCNT_B 及参数定义
    input   RX_EN,CLK,RST;                  //输入端口定义
    output  [12:0]cnt;                      //输出端口定义
    wire    F;                              //线网类型定义
    AND_G2   U1(RX_EN, RST, F);             //调用 AND_G2 子模块
    EN_DCNT U2(RX_EN, CLK, F, cnt);         //调用 EN_DCNT 子模块
endmodule                                   //模块 EN_DCNT_B 结束

/* EN_DCNT */
module EN_DCNT (EN, CLK, CLR, Q);           //模块名 EN_DCNT 及参数定义
    input   EN,CLK,CLR;                     //输入端口定义
    output  [12:0]Q;                        //输出端口定义
    reg     [12:0]Q;                        //寄存器类型定义
    always @(posedge CLK or negedge CLR)    //always 语句,在 CLK 上升沿或下降沿
                                            //CLR 到来时,执行下列语句
        if(!CLR)                            //如果 CLR = 0
            Q <= 0;                         //Q = 0
        else if (EN)                        //当 EN = 1 时
            if(Q == 5207)                   //如果 Q = 5 207
                Q <= 0;                     //Q = 0
            else                            //如果 Q 不为 5 207
                Q <= Q+1;                   //Q 加 1
endmodule                                   //模块 EN_DCNT 结束

/*  2 inputs AND Gate */
module  AND_G2(A, B, F);                    //模块名 AND_G2 及端口参数定义
    input   A, B;                           //输入端口定义
    output  F;                              //输出端口定义
    assign  F = A & B;                      //assign 语句,将 A、B 取与后赋给 F
endmodule                                   //模块 AND_G2 结束
```

根据波特率发生单元的逻辑框图和时序图,很容易设计出比较子单元 COMP_B 的逻辑电路,如图 8.11.14 所示。

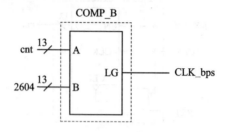

图 8.11.14 比较子单元的逻辑电路

(3) 比较子单元 COMP_B 的 Verilog-HDL 描述(COMP_B.v)

```
module COMP_B(A, EQ);              //模块名 COMP_B 及参数定义
    input   [12:0] A;              //输入端口定义
    output  EQ;                    //输出端口定义
    reg     EQ;                    //寄存器类型定义
    wire    [12:0]B;               //线网类型定义
    assign  B = 13'd2604;          //assign 语句,将 2 604 赋给 B
    always  @(A)                   //在 A 发生变化时
    if (A == B)                    //如果 A = B
        EQ = 1;                    //EQ = 1
    else                           //如果 A<B
        EQ = 0;                    //EQ = 0
endmodule                          //模块 COMP_B 结束
```

根据波特率发生单元的逻辑框图和各子单元的逻辑电路,可得波特率发生单元的逻辑电路,如图 8.11.15 所示。

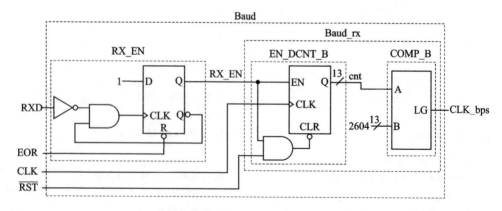

图 8.11.15 波特率发生单元的逻辑电路

(4) 波特率发生单元 Baud 的 Verilog-HDL 描述(Baud.v)

```verilog
module Baud (CLK,RST,RXD,EOR,RX_EN,CLK_bps,cnt);   //模块名 Baud 及端口参数定义
    input    CLK,RST,RXD,EOR;               //输入端口定义
    output   CLK_bps,RX_EN;                 //输出端口定义
    output   [12:0]cnt;                     //输出端口定义
    wire     [12:0]cnt;                     //线网类型定义
    wire     RX_EN;                         //线网类型定义
    RX_EN    U1(RXD, EOR, RX_EN);           //调用 RX_EN 子模块
    Baud_rx  U2(CLK,RST, RX_EN,CLK_bps,cnt);  //调用 Baud_rx 子模块
endmodule                                   //模块 Baud 结束

/* Baud_rx */
module Baud_rx(CLK,RST, RX_EN,CLK_bps,cnt);  //模块名 Baud_rx 及端口参数定义
    input    CLK,RST, RX_EN;                //输入端口定义
    output   CLK_bps;                       //输出端口定义
    output   [12:0]cnt;                     //输出端口定义
    wire     [12:0]cnt;                     //线网类型定义
    wire     RX_EN;                         //线网类型定义
    EN_DCNT_B  U1(RX_EN, CLK, RST, cnt);    //调用 EN_DCNT_B 子模块
    COMP_B     U2(cnt, CLK_bps);            //调用 COMP_B 子模块
endmodule                                   //模块 Baud_rx 结束
```

(5) Baud 单元的顶层模块(Baud_vlg_tst.v)

```verilog
`timescale  1ns/1ps                 //将仿真时延单位设为 1 ns,
                                    //时延精度设为 1 ps
module Baud_vlg_tst();              //测试模块名 Baud_vlg_tst,范围至 endmodule
reg CLK;                            //寄存器类型定义,输入端口定义
reg RST;                            //寄存器类型定义,输入端口定义
reg RXD;                            //寄存器类型定义,输入端口定义
reg EOR;                            //寄存器类型定义,输入端口定义
wire RX_EN;                         //线网类型定义,输入端口定义
wire [12:0]  cnt;                   //线网类型定义,输入端口定义
wire CLK_bps;                       //线网类型定义,输入端口定义
Baud i1 (                           //底层模块名,实例名及参数定义
    .cnt(cnt),
    .EOR(EOR),
    .CLK(CLK),
    .CLK_bps(CLK_bps),
    .RST(RST),
    .RXD(RXD),
    .RX_EN(RX_EN)
    );
```

```
        parameter    STEP = 20;                  //定义参数 STEP = 20
        always   #(STEP/2)  CLK = ~CLK;          //每隔 10 ns 后,CLK 翻转一次
        initial begin                            //从 initial 开始,输入波形变化
            RST = 1; CLK = 1; EOR = 1; RXD = 1;  //参数初始化
            #(STEP/10);                          //延时 2 ns
            #(STEP/10)    RST = 0;               //2 ns 后,RST = 0
            #(STEP);                             //延时 20 ns
            #(STEP)       RST = 1;               //20 ns 后,RST = 0
            #(5208 * 20);                        //延时 104.16 μs
            RXD = 0;                             //起始位 0 到来
            #(5208 * 20);                        //延时 5 208 * 20 ns,即 104.16 μs
            RXD = 1;                             //RXD = 1
            #(5208 * 20);                        //延时 104.16 μs
            RXD = 1;                             //RXD = 1
            #(5208 * 20);                        //延时 104.16 μs
            RXD = 0;                             //RXD = 0
            #(5208 * 20);                        //延时 104.16 μs
            RXD = 0;                             //RXD = 0
            #(5208 * 20);                        //延时 104.16 μs
            RXD = 1;                             //RXD = 1
            #(5208 * 20);                        //延时 104.16 μs
            RXD = 0;                             //RXD = 0
            #(5208 * 20);                        //延时 104.16 μs
            RXD = 1;                             //RXD = 1
            #(5208 * 20);                        //延时 104.16 μs
            RXD = 0;                             //RXD = 0
            #(5208 * 20);                        //延时 104.16 μs
            RXD = 1;                             //RXD 终止位 1 到来
            #(5208 * 10);                        //延时 52.08 μs
            EOR = 0;                             //EOR = 0
            #(5208 * 10);                        //延时 52.08 μs
            $finish;                             //仿真结束
        end
    endmodule                                    //模块 Baud_vlg_tst 结束
```

(6) 波特率发生单元 Baud 的仿真结果

波特率发生单元 Baud 的仿真结果如图 8.11.16 所示。

当 RXD 的起始位 0 到来后,RX_EN 上跳,CLK_bps 开始产生。当 cnt 为 2 604 时,CLK_bps 产生上跳,并保持一个周期。当 RXD 的终止位 1 到来后,RX_EN 产生下跳,CLK_bps 停止产生。

3. EOR 单元

根据 EOR 单元的逻辑框图和时序图,很容易设计出计数子单元 EN_DCNT_E

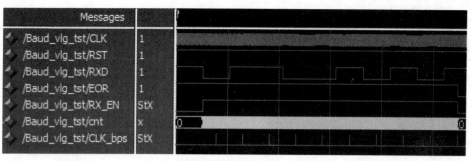

(a) 时序总体仿真图

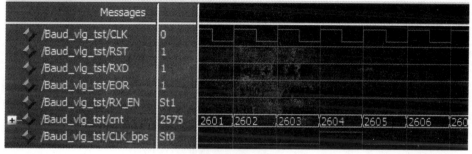

(b) 时序展开图

图 8.11.16　波特率发生单元的仿真结果

的逻辑电路,如图 8.11.17 所示。

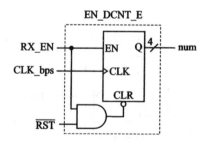

图 8.11.17　计数子单元的逻辑电路

(1) 计数子单元 EN_DCNT_E 的 Verilog-HDL 描述(EN_DCNT_E.v)

```
module EN_DCNT_E(EN, CLK, RST, num);    //模块名 EN_DCNT_E 及参数定义
    input  EN,CLK,RST;                   //输入端口定义
    output [3:0]num;                     //输出端口定义
    wire   F;                            //线网类型定义
    AND_G2   U1(EN, RST, F);             //调用 AND_G2 子模块
    EN_DCNT U2(EN, CLK, F, num);         //调用 EN_DCNT 子模块
endmodule                                //模块 EN_DCNT_E 结束
```

第 8 章 实用设计与工程制作

```
/* EN_DCNT10 */
module EN_DCNT10 (EN, CLK, CLR, Q);    //模块名 EN_DCNT10 及参数定义
    input   EN,CLK,CLR;                //输入端口定义
    output  [3:0]Q;                    //输出端口定义
    reg     [3:0]Q;                    //寄存器类型定义
    always @(posedge CLK or negedge CLR)  //always 语句,在 CLK 上升沿或
                                       //CLR 下降沿到来时,执行下列语句
        if(!CLR)                       //如果 CLR = 0
            Q <= 0;                    //Q = 0
        else if (EN)                   //当 EN = 1 时
            if(Q == 10)                //如果 Q = 10
                Q <= 0;                //Q = 0
            else                       //如果 Q 不为 10
                Q <= Q + 1;            //Q 加 1
endmodule                              //模块 EN_DCNT10 结束
/*  2 inputs AND Gate  */
module  AND_G2(A, B, F);               //模块名 AND_G2 及端口参数定义
    input   A, B;                      //输入端口定义
    output  F;                         //输出端口定义
    assign  F = A & B;                 //assign 语句,将 A、B 取与后赋给 F
endmodule                              //模块 AND_G2 结束
```

根据 EOR 单元的逻辑框图和时序图,很容易设计出比较子单元 COMP_E 的逻辑电路,如图 8.11.18 所示。

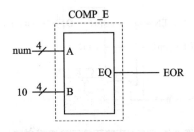

图 8.11.18 比较子单元的逻辑电路

(2) 比较子单元 COMP_E 的 Verilog-HDL 描述(COMP_E.v)

```
module COMP_E (A, EQ);                 //模块名 COMP_E 及参数定义
    input   [3:0] A;                   //输入端口定义
    output  EQ;                        //输出端口定义
    reg     EQ;                        //寄存器类型定义
    wire    [3:0]B;                    //线网类型定义
    assign  B = 4'd10;                 //assign 语句,将 10 赋给 B
    always  @(A)                       //在 A 发生变化时
```

```
    if (A == B)                    //如果 A = B
        EQ = 1;                    //EQ = 1
    else                           //如果 A<B
        EQ = 0;                    //EQ = 0
endmodule                          //模块 COMP_E 结束
```

根据 EOR 单元的逻辑框图和时序图,很容易构建出延时子单元的逻辑电路,如图 8.11.19 所示。

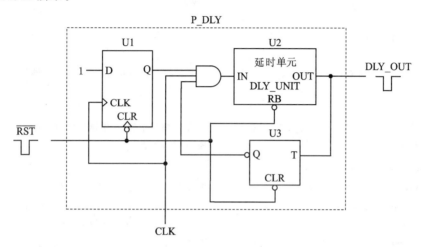

图 8.11.19 延时子单元的逻辑电路

(3) 延时子单元 P_DLY 的 Verilog-HDL 描述(P_DLY.v)

```
module  P_DLY(CLK, RB, DLY_OUT);        //模块名 P_DLY 及端口参数定义,范围至 endmodule
    input    CLK, RB;                   //输入端口定义
    output   DLY_OUT;                   //输出端口定义
    wire     Q, QB, CNT_CLK;            //线网定义,中间变量定义
    DFF_R   U1 (CLK, Q, RB);            //调用 D 触发器 DFF_R 模块
    assign   CNT_CLK = CLK & Q & QB;    //实现把三与门的输出赋给 CNT_CLK
    DELAY U2 (RB, CNT_CLK , DLY_OUT);   //调用延时单元 DELAY 模块
    TFF2    U3  (DLY_OUT, QB, RB);      //调用 T 触发器 TFF 模块
endmodule                               //模块 P_DLY 结束
/*   延时单元 DELAY    */
module  DELAY(RESET_B, CLK, DIV_CLK);   //模块名 DELAY 及端口参数定义
    input     RESET_B, CLK;             //输入端口定义
    output reg DIV_CLK;                 //输出端口定义,DLY_CLK 为延时后的脉冲输出端
    reg      [12:0] Q;                  //寄存器定义,中间变量定义
    always  @(posedge CLK or negedge RESET_B)
        //always 语句,当 CLK 的上升沿到来时或者当 RESET_B 为低电平时,执行以下语句
    if(!RESET_B)
```

```verilog
        begin
            Q <= 0;                         //当 RESET_B 为低电平时,Q = 0,即计数器清 0
            DIV_CLK <= 1;                   //DIV_CLK = 1
        end
    else if (Q == 13'b2300)
        begin
            Q <= 0;                         //当 Q = 2 300 时,使得 Q = 0,即计数器已满,清 0
            DIV_CLK <= 0;                   //DIV_CLK = 0
        end
    else
        begin
            Q <= Q + 1;                     //当 CLK 的上升沿到来时,Q = Q + 1,即计数器加 1
            DIV_CLK <= 1;                   //DIV_CLK = 1
        end
    assign DIV_CLK = ~(Q[2] & ~Q[1] & Q[0]); //赋值语句,产生延时后的脉冲输出 DIV_CLK
endmodule                                   //模块 DELAY 结束

/*   D 触发器 DFF_R    */
module DFF_R(CK, Q, RB);                    //模块名 DFF_R 及端口参数定义
    input   CK, RB;                         //输入端口定义,CK 为时钟端,RB 为复位端
    output  Q;                              //输出端口定义,Q 为 D 触发器的输出
    reg     Q;                              //寄存器定义
    always  @(posedge CK or negedge RB)     //always 语句,当 CK 的上升沿到来时或者
                                            //当 RB 的下降沿到来时,执行以下语句
    begin
    if(RB == 0)
        Q <= 0;                             //当 RB 的下降沿到来时,Q = 0,即 D 触发器清 0
    else
        Q <= 1;                             //当 CK 的上升沿到来时,Q = 1
    end
endmodule                                   //模块 DFF_R 结束

/* T 触发器 TFF2 */
module TFF2(T, QB, RB);                     //模块名 TFF2 及端口参数定义
    input   T, RB;                          //输入端口定义,T 为触发端,RB 为复位端
    output  QB;                             //输出端口定义,QB 为 T 触发器的输出
    reg     QB;                             //寄存器定义
    always  @(posedge T ornegedge RB)       //always 语句,当 T 的上升沿到来时或者
                                            //当 RB 为低电平时,执行以下语句
    begin
    if(RB == 0)
        QB <= 1;                            //当 R 为低电平时,QB = 1,即 T 触发器清 0
    else
```

```
        QB <= ~QB;                          //当 T 的上升沿到来时,QB = ~QB
    end
endmodule                                   //模块 TFF2 结束
```

由 EOR 单元的逻辑框图和各子单元的逻辑电路,可得 EOR 单元的逻辑电路,如图 8.11.20 所示。

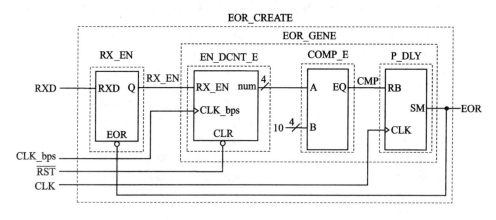

图 8.11.20　EOR 单元的逻辑电路

(4) EOR 单元 EOR_CREATE 的 Verilog-HDL 描述(EOR_CREATE.v)

```
module EOR_CREATE(CLK, RXD, CLK_bps, RST, CMP, EOR, num, RX_EN);
                                            //模块名 EOR_CREATE 及端口参数定义
    input   CLK,RXD,CLK_bps,RST;            //输入端口定义
    output  EOR,RX_EN,CMP;                  //输出端口定义
    output  [3:0]num;                       //输出端口定义
    wire    [3:0]num;                       //线网类型定义
    wire    RX_EN;                          //线网类型定义
    wire    CLK_bps;                        //线网类型定义
    wire    CMP;                            //线网类型定义
    RX_EN    U1(RXD, EOR, RX_EN);           //调用 RX_EN 子模块
    EOR_GENE U2(CLK, CLK_bps, RST, CMP, EOR, num, RX_EN);  //调用 EOR_GENE 子模块
endmodule                                   //模块 EOR_CREATE 结束
/* EOR_GENE */
module EOR_GENE(CLK, CLK_bps, RST, CMP, EOR, num, RX_EN);
                                            //模块名 EOR_GENE 及端口参数定义
    input   CLK,CLK_bps,RST,RX_EN;          //输入端口定义
    output  EOR,CMP;                        //输出端口定义
    output  [3:0]num;                       //输出端口定义
    wire    [3:0]num;                       //线网类型定义
    wire    RX_EN;                          //线网类型定义
    wire    CLK_bps;                        //线网类型定义
```

```verilog
    wire    CMP;                            //线网类型定义
    EN_DCNT_E   U1(RX_EN, CLK_bps, RST, num);//调用 EN_DCNT_E 子模块
    COMP_E      U2(num, CMP);               //调用 COMP_E 子模块
    P_DLY       U3(CLK, CMP, EOR);          //调用 P_DLY 子模块
endmodule                                   //模块 EOR_GENE 结束
```

(5) EOR_CREATE 产生子单元的顶层模块(EOR_CREATE_vlg_tst.v)

```verilog
`timescale 1ns/1ps                          //将仿真时延单位设为 1 ns,时延精度设为 1 ps
module EOR_CREATE_vlg_tst();                //测试模块名 EOR_CREATE_vlg_tst,范围至 endmodule
reg CLK_bps;                                //寄存器类型定义,输入端口定义
reg RST,CLK;                                //寄存器类型定义,输入端口定义
reg RXD;                                    //寄存器类型定义,输入端口定义
wire EOR;                                   //线网类型定义,输入端口定义
wire RX_EN,CMP;                             //线网类型定义,输入端口定义
wire [3:0] num;                             //线网类型定义,输入端口定义
EOR_CREATE i1 (                             //底层模块名,实例名及参数定义
    .CLK_bps(CLK_bps),
    .EOR(EOR),
    .RXD(RXD),
    .CLK(CLK),
    .RST(RST),
    .num(num),
    .CMP(CMP),
    .RX_EN(RX_EN)
            );
always  #10 CLK = ~CLK;                     //每隔 10 ns,CLK 翻转一次
initial begin                               //从 initial 开始,输入波形变化
    CLK_bps = 0;RST = 1;CLK = 0; RXD = 1;   //参数初始化
    #25    RST = 0;                         //25 ns 后,RST = 0
    #10;                                    //延时 10 ns
    RXD = 1;RST = 1;                        //RXD = 1,RST = 1
    #2005;                                  //延时 2 005 ns
    RXD = 0;                                //起始位 0 到来
    #(2604 * 20);                           //延时 2 604 * 20 ns,即 52.08 μs
    CLK_bps = 1;                            //CLK_bps = 1;
    #20;                                    //延时 20 ns,
    CLK_bps = 0;                            //CLK_bps = 0;
    #(2603 * 20);                           //延时 2 603 * 20 ns,即 52.06 μs
    RXD = 1;                                //RXD = 1
    #(2604 * 20);                           //延时 2 604 * 20 ns,即 52.08 μs
    CLK_bps = 1;                            //CLK_bps = 1;
    #20;                                    //延时 20 ns,
```

```verilog
CLK_bps = 0;
#(2603 * 20);            //CLK_bps = 0;
                         //延时 2 603 * 20 ns,即 52.06 μs
RXD = 1;                 //RXD = 1
#(2604 * 20);            //延时 2 604 * 20 ns,即 52.08 μs
CLK_bps = 1;             //CLK_bps = 1;
#20;                     //延时 20 ns,
CLK_bps = 0;             //CLK_bps = 0;
#(2603 * 20);            //延时 2 603 * 20 ns,即 52.06 μs;
RXD = 0;                 //RXD = 0
#(2604 * 20);            //延时 2 604 * 20 ns,即 52.08 μs
CLK_bps = 1;             //CLK_bps = 1;
#20;                     //延时 20 ns,
CLK_bps = 0;             //CLK_bps = 0;
#(2603 * 20);            //延时 2 603 * 20 ns,即 52.06 μs;
RXD = 0;                 //RXD = 0
#(2604 * 20);            //延时 2 604 * 20 ns,即 52.08 μs
CLK_bps = 1;             //CLK_bps = 1;
#20;                     //延时 20 ns,
CLK_bps = 0;             //CLK_bps = 0;
#(2603 * 20);            //延时 2 603 * 20 ns,即 52.06 μs;
RXD = 1;                 //RXD = 1
#(2604 * 20);            //延时 2 604 * 20 ns,即 52.08 μs
CLK_bps = 1;             //CLK_bps = 1;
#20;                     //延时 20 ns,
CLK_bps = 0;             //CLK_bps = 0;
#(2603 * 20);            //延时 2 603 * 20 ns,即 52.06 μs;
RXD = 0;                 //RXD = 0
#(2604 * 20);            //延时 2 604 * 20 ns,即 52.08 μs
CLK_bps = 1;             //CLK_bps = 1;
#20;                     //延时 20 ns,
CLK_bps = 0;             //CLK_bps = 0;
#(2603 * 20);            //延时 2 603 * 20 ns,即 52.06 μs;
RXD = 1;                 //RXD = 1
#(2604 * 20);            //延时 2 604 * 20 ns,即 52.08 μs
CLK_bps = 1;             //CLK_bps = 1;
#20;                     //延时 20 ns,
CLK_bps = 0;             //CLK_bps = 0;
#(2603 * 20);            //延时 2 603 * 20 ns,即 52.06 μs;
RXD = 0;                 //RXD = 0
#(2604 * 20);            //延时 2 604 * 20 ns,即 52.08 μs
CLK_bps = 1;             //CLK_bps = 1;
#20;                     //延时 20 ns,
```

```
            CLK_bps = 0;              //CLK_bps = 0;
            #(2603*20);               //延时 2 603 * 20 ns,即 52.06 μs;
            RXD = 1;                  //终止位 1 到来
            #(2604*20);               //延时 2 604 * 20 ns,即 52.08 μs
            CLK_bps = 1;              //CLK_bps = 1;
            #20;                      //延时 20 ns,
            CLK_bps = 0;              //CLK_bps = 0;
            #(2603*20);               //延时 2 603 * 20 ns,即 52.06 μs;
            #(5208*60);               //延时 5 208 * 60 ns
            $finish;
        end
endmodule                             //模块 EOR_CREATE_vlg_tst 结束
```

(6) EOR 单元 EOR_CREATE 的仿真结果

EOR 单元 EOR_CREATE 的仿真结果如图 8.11.21 所示。

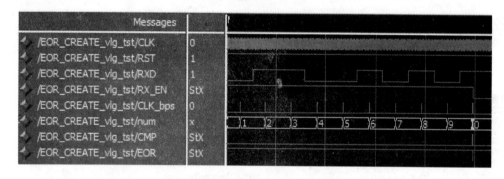

图 8.11.21　EOR 单元的仿真结果

当 RXD 的起始位 0 到来后,RX_EN 上跳,num 对 CLK_bps 上升沿进行计数,计至第 10 个时,EOR 产生下降沿。

4. 串/并转换单元

根据串/并转换单元的逻辑框图及时序图,进一步构建其逻辑电路。移位寄存子单元可由 9 位移位寄存器组成,移位寄存器由 9 个 D 触发器实现。移位寄存子单元的逻辑电路如图 8.11.22 所示。

(1) 移位寄存子单元 SHI_REG 的 Verilog-HDL 描述(SHI_REG.v)

```
module  SHI_REG(CLK_bps, RXD, tmp);    //模块名 SHI_REG 及参数定义
    input   CLK_bps;                   //输入端口定义
    input   RXD;                       //输入端口定义
    output  [7:0]tmp;                  //输出端口定义
    wire    Q0;                        //线网类型定义
    wire    Q1;                        //线网类型定义
    wire    Q2;                        //线网类型定义
```

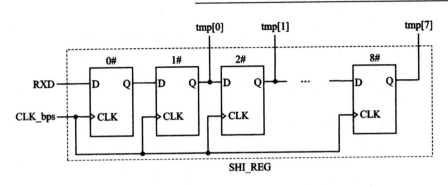

图 8.11.22 移位寄存子单元的逻辑电路

```
    wire    Q3;                          //线网类型定义
    wire    Q4;                          //线网类型定义
    wire    Q5;                          //线网类型定义
    wire    Q6;                          //线网类型定义
    wire    Q7;                          //线网类型定义
    wire    Q8;                          //线网类型定义
    SY_D_FF U0(RXD, CLK_bps, Q0);        //调用子模块 SY_D_FF
    SY_D_FF U1(Q0, CLK_bps, Q1);         //调用子模块 SY_D_FF
    SY_D_FF U2(Q1, CLK_bps, Q2);         //调用子模块 SY_D_FF
    SY_D_FF U3(Q2, CLK_bps, Q3);         //调用子模块 SY_D_FF
    SY_D_FF U4(Q3, CLK_bps, Q4);         //调用子模块 SY_D_FF
    SY_D_FF U5(Q4, CLK_bps, Q5);         //调用子模块 SY_D_FF
    SY_D_FF U6(Q5, CLK_bps, Q6);         //调用子模块 SY_D_FF
    SY_D_FF U7(Q6, CLK_bps, Q7);         //调用子模块 SY_D_FF
    SY_D_FF U8(Q7, CLK_bps, Q8);         //调用子模块 SY_D_FF
    assign tmp[7] = Q1;                  //assign 语句,将 Q1 赋值给 tmp 第 7 位
    assign tmp[6] = Q2;                  //assign 语句,将 Q2 赋值给 tmp 第 6 位
    assign tmp[5] = Q3;                  //assign 语句,将 Q3 赋值给 tmp 第 5 位
    assign tmp[4] = Q4;                  //assign 语句,将 Q4 赋值给 tmp 第 4 位
    assign tmp[3] = Q5;                  //assign 语句,将 Q5 赋值给 tmp 第 3 位
    assign tmp[2] = Q6;                  //assign 语句,将 Q6 赋值给 tmp 第 2 位
    assign tmp[1] = Q7;                  //assign 语句,将 Q7 赋值给 tmp 第 1 位
    assign tmp[0] = Q8;                  //assign 语句,将 Q8 赋值给 tmp 第 0 位
endmodule                                //SHI_REG 模块结束
/* D 触发器 SY_D_FF */
module SY_D_FF (D, CLK, Q);              //模块名 SY_D_FF 及端口参数定义
    input   D, CLK;                      //输入端口定义
    output  Q;                           //输出端口定义
    reg     Q;                           //寄存器类型定义
    always  @(posedge CLK)               //always 语句,在 CLK 上升沿到来时,执行
```

```
            Q <= D;                   //下列语句
                                      //将 D 赋给 Q
        endmodule                     //模块 SY_D_FF 结束
```

由串/并转换单元的逻辑框图及工作原理,设计数据输出子单元的程序流程,如图 8.11.23 所示。

根据数据输出子单元的程序流程图,可构建其逻辑电路,如图 8.11.24 所示。

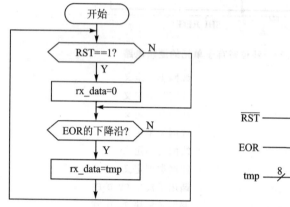
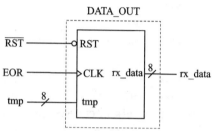

图 8.11.23　数据输出子单元的程序流程图　　图 8.11.24　数据输出子单元的逻辑电路

(2) 数据输出子单元的 Verilog-HDL 描述(DATA_OUT.v)

```
module DATA_OUT(CLK, RST, tmp, rx_data);    //模块名 DATA_OUT 及端口参数定义
    input   CLK,RST;                         //输入端口定义
    input   [7:0]tmp;                        //输入端口定义
    output  [7:0]rx_data;                    //输出端口定义
    reg     [7:0]rx_data;                    //寄存器类型定义
    always  @(negedge CLK or negedge RST)    //在 CLK 的下降沿或 RST 的下降沿到来时
                                             //执行下列语句
        if(!RST)                             //如果 RST = 0
            rx_data <= 8'b00000000;          //rx_data = 0
        else                                 //如果 RST = 1
            rx_data <= tmp;                  //将 tmp 的值赋给 rx_data
endmodule                                    //模块 DATA_OUT 结束
```

根据串/并转换单元各子单元的逻辑电路,可得串/并转换单元的逻辑电路,如图 8.11.25 所示。

(3) 串/并转换单元 S_P_CON 的 Verilog-HDL 描述(S_P_CON.v)

```
module S_P_CON(RXD, CLK_bps, RST, EOR, tmp, rx_data);  //模块名 S_P_CON 及参数定义
    input   RXD,CLK_bps,EOR,RST;                        //输入端口定义
    output  [7:0]rx_data;                               //输出端口定义
```

第8章 实用设计与工程制作

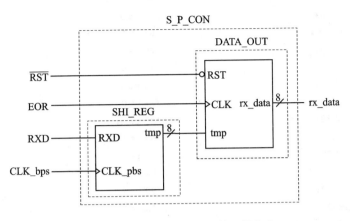

图 8.11.25 串/并转换单元的逻辑电路

```
    output [7:0]tmp;                              //输出端口定义
    wire   [7:0]tmp;                              //线网类型定义
    SHI_REG U1(CLK_bps, RXD, tmp);                //调用子模块 SHI_REG
    DATA_OUT U2(EOR, RST, tmp, rx_data);          //调用子模块 DATA_OUT
endmodule                                         //模块 S_P_CON 结束
```

(4) 串/并转换单元 S_P_CON 的顶层模块(S_P_CON_vlg_tst.v)

```
`timescale 1ps/1ps                               //将仿真时延单位设为 1 ns,时延精度设为 1 ps
module S_P_CON_vlg_tst();                        //测试模块名 S_P_CON_vlg_tst,范围至 endmodule
    reg    CLK_bps;                              //寄存器类型定义,输入端口定义
    reg    RXD,RST,EOR;                          //寄存器类型定义,输入端口定义
    wire   [7:0]tmp;                             //线网类型定义,输出端口定义
    wire   [7:0]rx_data;                         //线网类型定义,输出端口定义
    S_P_CON i1(                                  //底层模块名,实例名及参数定义
        .CLK_bps(CLK_bps),
        .RXD(RXD),
        .RST(RST),
        .tmp(tmp),
        .rx_data(rx_data)
        );
    always #10 CLK_bps = ~CLK_bps;               //每隔 10 ps,CLK_bps 翻转一次
    initial begin                                //从 initial 开始,输入波形变化
        CLK_bps = 0;RST = 0;EOR = 1;RXD = 1;     //参数初始化
        #10;                                     //10 ps 后
        RST = 1;                                 //RST = 1
        #25;                                     //25 ps 后
        RXD = 0;                                 //起始位 0 到来
        #20;                                     //20 ps 后
        RXD = 1;                                 //串行数据的 LSB 为 1
```

```
        #20;                    //20 ps 后
        RXD = 1;                //RXD = 1
        #20;                    //20 ps 后
        RXD = 0;                //RXD = 0
        #20;                    //20 ps 后
        RXD = 0;                //RXD = 0
        #20;                    //20 ps 后
        RXD = 1;                //RXD = 1
        #20;                    //20 ps 后
        RXD = 0;                //RXD = 0
        #20;                    //20 ps 后
        RXD = 1;                //RXD = 1
        #20;                    //20 ps 后
        RXD = 0;                //串行数据的 MSB 为 0
        #20;                    //20 ps 后
        RXD = 1;                //终止位 1 到来
        #22;                    //22 ps 后
        EOR = 0;                //EOR = 0
        #2;                     //2 ps 后
        EOR = 1;                //EOR = 1
        #15;                    //15 ps 后
        $finish;                //仿真结束
    end
endmodule                       //模块 S_P_CON_vlg_tst 结束
```

(5) 串/并转换单元 S_P_CON 的仿真结果

串/并转换单元 S_P_CON 的仿真结果如图 8.11.26 所示。

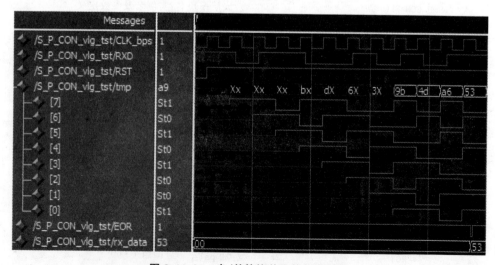

图 8.11.26 串/并转换单元的仿真结果

图中在 CLK_bps 的作用下，实现了将 RXD 的串行数据 53H 依次移位得到 rx_data。

5．串口接收模块的硬件实现

根据各单元的逻辑电路，可将串口接收模块的逻辑框图细化为如图 8.11.27 所示的串口接收模块的逻辑电路图。

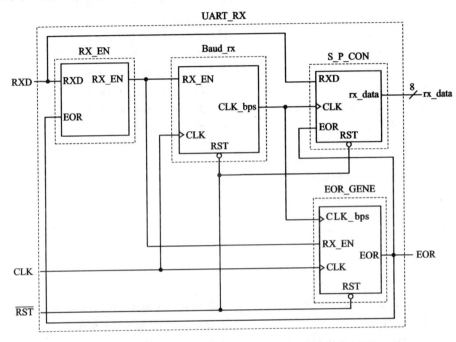

图 8.11.27 串口接收模块的逻辑电路图

(1) 串口接收模块 UART_RX 的 Verilog-HDL 描述(UART_RX.v)

```
module UART_RX(RXD, CLK, RST, EOR, rx_data,RX_EN,CLK_bps,num);
                                              //模块名 UART_RX 及参数定义

    input    RXD,CLK,RST;                     //输入端口定义
    output   EOR,RX_EN,CLK_bps;               //输出端口定义
    output   [7:0]rx_data;                    //输出端口定义
    output   [3:0]num;                        //输出端口定义
    wire     CLK_bps;                         //线网类型定义
    wire     RX_EN;                           //线网类型定义
    RX_EN      U1(RXD, EOR, RST, RX_EN);            //调用子模块 RX_EN
    Baud_rx    U2(CLK,RST,RX_EN,CLK_bps);           //调用子模块 Baud_rx
    EOR_GENE   U3(CLK, CLK_bps, RST, EOR, num, RX_EN); //调用子模块 EOR_GENE
    S_P_CON    U4(RXD, CLK_bps, RST, EOR, rx_data);   //调用子模块 S_P_CON
endmodule                                      //UART_RX 模块结束
```

(2) 串口接收模块的顶层模块(UART_RX_vlg_tst.v)

```verilog
`timescale 1ns/1ps              //将仿真时延单位设为1 ns,时延精度设为1 ps
module UART_RX_vlg_tst();       //测试模块名 UART_RX_vlg_tst,范围至 endmodule
    reg  CLK;                   //寄存器类型定义,输入端口定义
    reg  RXD;                   //寄存器类型定义,输入端口定义
    reg  RST;                   //寄存器类型定义,输入端口定义
    wire CLK_bps;               //线网类型定义,输入端口定义
    wire EOR;                   //线网类型定义,输出端口定义
    wire RX_EN;                 //线网类型定义,输出端口定义
    wire [3:0] num;             //线网类型定义,输出端口定义
    wire [7:0] rx_data;         //线网类型定义,输出端口定义
    UART_RX i1(                 //底层模块名,实例名及参数定义
        .CLK(CLK),
        .CLK_bps(CLK_bps),
        .EOR(EOR),
        .RST(RST),
        .RXD(RXD),
        .RX_EN(RX_EN),
        .num(num),
        .rx_data(rx_data)
    );
    always #10 CLK = ~CLK;      //每隔10 ns,CLK翻转一次,频率为50 MHz
    initial begin               //从 initial 开始,输入波形变化
        CLK = 0;RST = 0;RXD = 1;   //参数初始化
        #5;                        //5 ns 后
        RXD = 1;RST = 1;           //RXD = 1,RST = 1
        #200;                      //200 ns 后
        RXD = 0;                   //第一个数据 53H 的起始位 0 到来
        #(5208*20);                //104.16 μs 后
        RXD = 1;                   //串行数据的 LSB 为 1
        #(5208*20);                //104.16 μs 后
        RXD = 1;                   //RXD = 1
        #(5208*20);                //104.16 μs 后
        RXD = 0;                   //RXD = 0
        #(5208*20);                //104.16 μs 后
        RXD = 0;                   //RXD = 0
        #(5208*20);                //104.16 μs 后
        RXD = 1;                   //RXD = 1
        #(5208*20);                //104.16 μs 后
        RXD = 0;                   //RXD = 0
        #(5208*20);                //104.16 μs 后
```

```
            RXD = 1;                     //RXD = 1
            #(5208*20);                  //104.16 μs 后
            RXD = 0                      //串行数据的 MSB 为 0
            #(5208*20);                  //104.16 μs 后
            RXD = 1;                     //53H 的停止位到来
            #(5208*20);                  //104.16 μs 后
            RXD = 0;                     //第二数据 71 起始位 0 到来
            #(5208*20);                  //104.16 μs 后
            RXD = 1;                     //串行数据 LSB 为 1
            #(5208*20);                  //104.16 μs 后
            RXD = 0                      //RXD = 0
            #(5208*20);                  //104.16 μs 后
            RXD = 0                      //RXD = 0
            #(5208*20);                  //104.16 μs 后
            RXD = 0                      //RXD = 0
            #(5208*20);                  //104.16 μs 后
            RXD = 1;                     //RXD = 1
            #(5208*20);                  //104.16 μs 后
            RXD = 1                      //RXD = 1
            #(5208*20);                  //104.16 μs 后
            RXD = 1;                     //RXD = 1
            #(5208*20);                  //104.16 μs 后
            RXD = 0                      //串行数据 MSB 为 0
            #(5208*20);                  //104.16 μs 后
            RXD = 1;                     //71H 的停止位 1 到来
            #(5208*20);                  //104.16 μs 后
            RXD = 1;                     //RXD 保持 1
            #(5208*20);                  //104.16 μs 后
            $finish;
        end
    endmodule                            //模块 UART_RX_vlg_tst 结束
```

(3) 串口接收模块 UART_RX 的仿真结果

串口接收模块 UART_RX 的仿真结果如图 8.11.28 所示。

RXD 中的串行数据为 53H、71H,在每个数据的停止位到来后,EOR 产生了下降沿,并将数据存至 rx_data。

硬件测试时的测试场景如图 8.11.29 所示。

串口接收模块的测试方法:在 PC 中,使用串口助手发送数据 53H,通过 FPGA 开发板上的 LED 灯,观察接收到的数据是否正确。

串口接收模块的测试结果如图 8.11.30 所示。

使用串口助手发送数据 53H,以 FPGA 开发板上 LED 灯的亮灭表示"1"和"0",

则接收到的数据为 01010011，即 53H。经实测，串口接收模块的功能已实现。

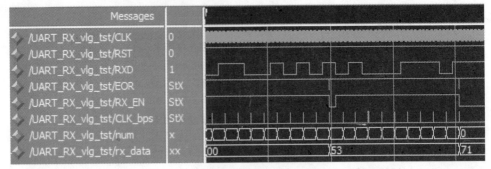

(a) 串口接收模块仿真结果总体图

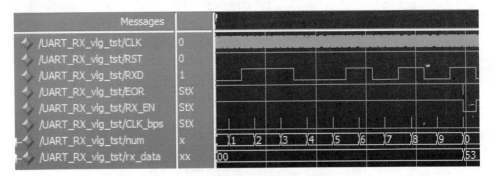

(b) 串口接收模块仿真结果局部图

图 8.11.28　串口接收模块的仿真结果

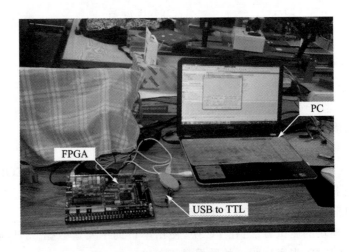

图 8.11.29　串口通信的测试场景

第 8 章　实用设计与工程制作

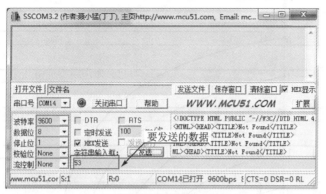

(a) 串口助手发送数据53H

(b) 接收到的数据

图 8.11.30　串口接收模块的测试结果

8.11.2　串口发送模块的设计与实现

1. 串口发送模块的设计

串口发送模块的功能为：当 TX_M 的上升沿到来时，将并行数据 tx_data 转换为数据帧中 8 bit 串行数据，串口发送模块的逻辑框图如图 8.11.31 所示。

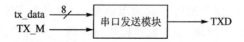

图 8.11.31　串口发送模块的逻辑框图

在图 8.11.31 中，tx_data 为待发送的并行数据，TX_M 为开始发送标志信号（可考虑由程序指令控制产生），TXD 为转换后的串行数据，其帧格式与串口接收模块一致。在此，以传输 55H 为例，介绍并/串转换原理，如图 8.11.32 所示。

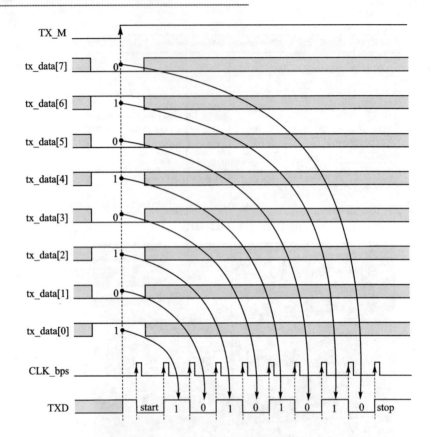

图 8.11.32 并/串转换的时序图

由图 8.11.32 可知,当 TX_M 的上升沿到来时,且在 CLK_bps 的作用下,并行数据转换为串行数据。因此,为实现图 8.11.32 所示的并/串转换功能,需解决如下问题:

① CLK_bps 信号的产生时刻;
② CLK_bps 信号的停止时刻;
③ CLK_bps 信号的周期。

根据串口发送模块的功能描述,在 TX_M 的上升沿到来时,脉冲序列 CLK_bps 启动,且数据按低位在前、高位在后的顺序开始发送。数据发送完成后,CLK_bps 随之停止,为此,引入 EOS 作为发送完成标志信号,且将 TX_EN 作为 CLK_bps 的闸门信号。根据波特率产生原理,串口发送模块每发送 1 bit 数据的时间都需靠波特率来实现。由于系统采用的波特率为 9 600 bps,所以分频值 $Q\approx 5\,208$。CLK_bps 的产生方法如图 8.11.33 所示。

由图 8.11.33 知,CLK_bps 的产生方法如下:

① 当 TX_M 的上升沿到来时,触发 TX_EN 上跳,CLK_bps 开始产生;
② 当 TX_EN 有效时,CLK_bps 的产生方法与串口接收模块中 CLK_bps 产生

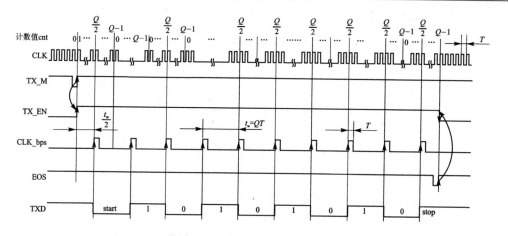

图 8.11.33　CLK_bps 的产生方法

方法一致,当第 10 个 CLK_bps 的上升沿到来时,发送完成标志信号 EOS 产生下跳;

③ 当 CLK_bps 的第 $Q-1$ 个上升沿到来时,EOS 自动产生回跳,触发 TX_EN 下跳,CLK_bps 停止。

由图 8.11.33 可得串口发送模块的功能框图如图 8.11.34 所示。

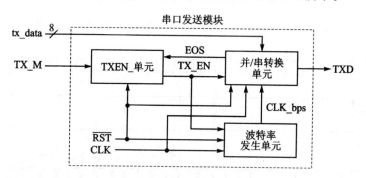

图 8.11.34　串口发送模块的功能框图

串口发送模块中各单元的功能如下:

① TX_EN 单元,当 TX_M 的上升沿到来时,触发 TX_EN 上跳;当 EOS 的上升沿到来时,触发 TX_EN 下跳。TX_EN 为 CLK_bps 的闸门信号。

② 波特率发生单元,当 TX_EN 上跳时,启动 CLK_bps;当 TX_EN 下跳时,CLK_bps 停止。

③ 并/串转换单元,在 TX_EN 有效期间,对 CLK_bps 计数,当第 10 个 CLK_bps 到来时,EOS 产生下跳;在 CLK_bps 的作用下,并行数据 tx_data 被转换为串行信号 TXD。

根据 TX_EN 单元的功能描述,可得 TX_EN 单元的时序,如图 8.11.35 所示。TX_EN 单元的原理如下:

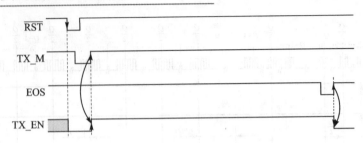

图 8.11.35　TX_EN 单元的时序图

① 脉冲 $\overline{RST}$ 使 TX_EN 单元复位；
② TX_M 的上升沿触发 TX_EN 上跳；
③ EOS 的上升沿触发 TX_EN 下跳。

根据图 8.11.35，可得 TX_EN 单元的功能框图，如图 8.11.36 所示。

图 8.11.36　TX_EN 单元的功能框图

波特率发生单元的功能描述，可用图 8.11.37 所示的时序来描述。

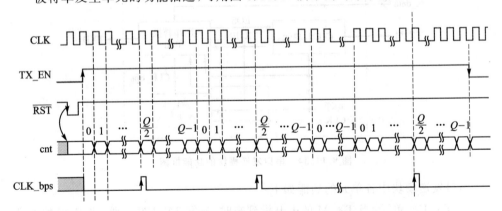

图 8.11.37　波特率发生单元的时序图

在图 8.11.37 中，Q 为分频计数值，CLK_bps 产生的原理如下：

① 在 TX_EN 有效期间，cnt 对 CLK 计数，当计数值为 $\dfrac{Q}{2}$ 时，CLK_bps 产生上跳，其脉宽为 1 个 CLK 周期，CLK_bps 与 cnt 的关系为

$$\text{CLK\_bps} = \begin{cases} 1, & \text{cnt} = \dfrac{Q}{2} \\ 0, & \text{cnt} \neq \dfrac{Q}{2} \end{cases}, \quad 0 \leqslant \text{cnt} \leqslant Q \qquad (8.11.4)$$

② TX_EN 的下跳使 CLK_bps 停止。
根据图 8.11.37,可得波特率发生单元的功能框图,如图 8.11.38 所示。

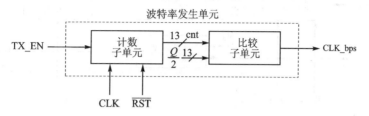

图 8.11.38 波特率发生单元的功能框图

波特率发生单元中各子单元的功能如下:
① 计数子单元,在 TX_EN 有效时,对 CLK 计数;
② 比较子单元,将 cnt 与 Q/2 比较,相等时使 CLK_bps 产生一个上跳脉冲。
根据并/串转换单元的功能,设计其时序如图 8.11.39 所示。

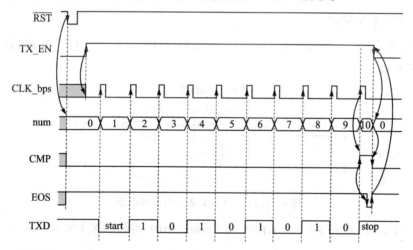

图 8.11.39 并/串转换单元的时序图

并/串转换单元的要点如下:
① 在 CLK_bps 出现后,num 对其进行计数;
② 当计至第 10 个 CLK_bps 时,CMP 产生上跳;
③ CMP 引起 EOS 的产生;
④ EOS 的回跳使 TX_EN 产生下跳,CLK_bps 停止产生;
⑤ TX_EN 的下跳又使 num 清零,同时使 CMP 产生下跳;
⑥ 在 CLK_bps 的作用下,产生串行数据 TXD。
根据并/串转换单元的时序关系,进一步描述其功能,如图 8.11.40 所示。
并/串转换单元中各子单元的功能如下:
① 计数子单元,在 TX_EN 有效时,num 对 CLK_bps 进行计数;

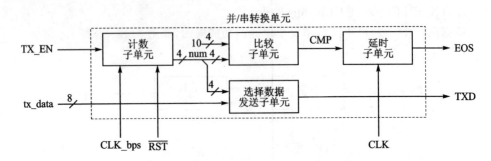

图 8.11.40 并/串转换单元的功能框图

② 比较子单元,将 num 与 10 比较,相等时使 CMP 为高电平;

③ 延时子单元,当 CMP 产生上跳后,延时一段时间使 EOS 产生下跳;

④ 选择数据发送子单元,在 num 的作用下,选择 tx_data 中的并行数据,将其转换为 TXD 中的串行数据。

2. TX_EN 单元

根据 TX_EN 单元的逻辑框图和时序图,可设计出 TX_EN_GENE 单元的逻辑电路,如图 8.11.41 所示。

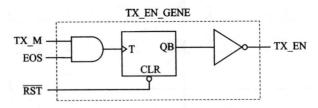

图 8.11.41 TX_EN 单元的逻辑电路

(1) TX_EN 单元 TX_EN_GENE 的 Verilog-HDL 描述(TX_EN_GENE.v)

```
module TX_EN_GENE(TX_M, EOS, TX_EN, RST);   //模块名 TX_EN_GENE 及参数定义
    input   RXD,EOR,RST;                     //输入端口定义
    output  TX_EN;                           //输出端口定义
    wire    T,QB;                            //线网类型定义
    AND_G2  U1(TX_M, EOS, T);                //调用 AND_G2 子模块
    TFF2    U2(T, QB, RST);                  //调用 TFF2 子模块

endmodule                                    //TX_EN_GENE 模块结束

/* T 触发器 TFF2 */
module TFF2(T, QB, RB);                      //模块名 TFF2 及端口参数定义
    input   T, RB;                           //输入端口定义
    output  QB;                              //输出端口定义
    reg     QB;                              //寄存器类型定义
```

```verilog
    always @(posedge T or negedge RB)begin    //always 语句,在 T 上升沿或 RB 下降沿时,
                                              //执行下列语句
        if (RB == 0)                          //如果 RB = 0
            QB <= 1;                          //QB = 1
        else                                  //如果 RB = 1
            QB <= ~QB;                        //QB 取反
end
endmodule                                     //模块 TFF2 结束
/*   2 inputs AND Gate */
module    AND_G2(A, B, F);                    //模块名 AND_G2 及端口参数定义
    input    A, B;                            //输入端口定义
    output   F;                               //输出端口定义
    assign   F = A & B ;                      //assign 语句,将 A、B 取与后赋给 F
endmodule                                     //模块 AND_G2 结束
```

(2) TX_EN 单元的顶层模块(TX_EN_GENE_vlg_tst.v)

```verilog
`timescale 1ns/1ps                            //将仿真时延单位设为 1 ns,时延精度设为 1 ps
module TX_EN_GENE_vlg_tst();                  //测试模块名 TX_EN_GENE_vlg_tst
reg EOS;                                      //寄存器类型定义,输入端口定义
reg TX_M;                                     //寄存器类型定义,输入端口定义
reg RST;                                      //寄存器类型定义,输入端口定义
wire TX_EN;                                   //线网类型定义,输入端口定义
TX_EN_GENE i1 (                               //底层模块名,实例名及参数定义
    .EOS(EOS),
    .TX_M(TX_M),
    .TX_EN(TX_EN),
    .RST(RST)
);
    initial begin                             //从 initial 开始,输入波形变化
        TX_M = 1;EOS = 1;RST = 0;             //参数初始化
        #2    RST = 1;                        //2 ns 后,RST = 1
        #20   TX_M = 0;                       //20 ns 后,TX_M = 0
        #200  TX_M = 1;                       //200 ns 后,TX_M = 1
        #200  EOS = 0;                        //200 ns 后,EOS = 0
        #20   EOS = 1;                        //20 ns 后,EOS = 1
        #100  $finish;                        //100 ns 后,仿真结束
    end
endmodule                                     //模块 TX_EN_GENE_vlg_tst 结束
```

(3) TX_EN 单元 TX_EN_GENE 的仿真结果

TX_EN 单元 TX_EN_GENE 的仿真结果如图 8.11.42 所示。

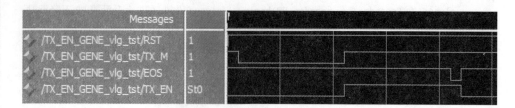

图 8.11.42 TX_EN 单元的仿真结果

当 TX_M 的上升沿到来时,TX_EN 产生上跳;当 EOS 的上升沿到来时,TX_EN 产生下跳。

3. 波特率发生单元

根据波特率发生单元逻辑框图和时序图,可设计出计数子单元 EN_DCNT_B 的逻辑电路,如图 8.11.43 所示。

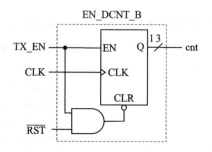

图 8.11.43 计数子单元的逻辑电路

(1) 计数子单元 EN_DCNT_B 的 Verilog-HDL 描述(EN_DCNT_B.v)

```
module EN_DCNT_B(TX_EN, CLK, RST, cnt);   //模块名 EN_DCNT_B 及参数定义
    input    TX_EN,CLK,RST;               //输入端口定义
    output   [12:0]cnt;                    //输出端口定义
    wire     F;                            //线网类型定义
    AND_G2   U1(TX_EN, RST, F);            //调用 AND_G2 子模块
    EN_DCNT  U2(TX_EN, CLK, F, cnt);       //调用 EN_DCNT 子模块
endmodule                                  //模块 EN_DCNT_B 结束
/* EN_DCNT */
module EN_DCNT (EN, CLK, CLR, Q);          //模块名 EN_DCNT 及参数定义
    input    EN,CLK,CLR;                   //输入端口定义
    output   [12:0]Q;                      //输出端口定义
    reg      [12:0]Q;                      //寄存器类型定义
    always @(posedge CLK or negedge CLR)   //always 语句,在 CLK 上升沿或 CLR 下降沿
                                           //到来时,执行下列语句
        if(!CLR)                           //如果 CLR = 0
```

```
            Q <= 0;                    //Q = 0
        else if(EN)                    //当 EN = 1 时
            if(Q == 5207)              //如果 Q = 5 207
                Q <= 0;                //Q = 0
            else                       //如果 Q 不为 5 207
                Q <= Q + 1;            //Q 加 1
endmodule                              //模块 EN_DCNT 结束

/*   2 inputs AND Gate */
module      AND_G2(A, B, F);           //模块名 AND_G2 及端口参数定义
    input   A, B;                      //输入端口定义
    output  F;                         //输出端口定义
    assign  F = A & B;                 //assign 语句,将 A,B 取与后赋给 F
endmodule                              //模块 AND_G2 结束
```

根据波特率发生单元的逻辑框图和时序图,可设计出比较子单元 COMP_B 的逻辑电路,如图 8.11.44 所示。

根据图 8.11.44 编写的比较子单元 COMP_B 的 Verilog-HDL 描述(COMP_B.v)与 8.11.1 小节中波特率发生单元中的 COMP_B.v 完全一致,在此不再赘述。

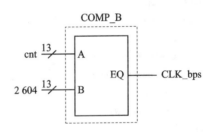

图 8.11.44 比较子单元的逻辑电路

根据波特率发生单元中各子单元的逻辑电路,可得波特率发生单元的逻辑电路,如图 8.11.45 所示。

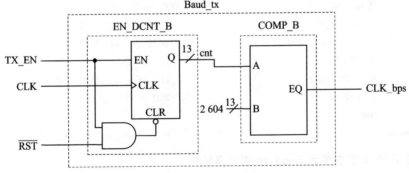

图 8.11.45 波特率发生单元的逻辑电路

(2) 波特率发生单元 Baud_tx 的 Verilog-HDL 描述(Baud_tx.v)

```
module Baud_tx(CLK,RST,TX_EN,CLK_bps,cnt);  //模块名 Baud_tx 及端口参数定义
    input   CLK,RST,TX_EN;                   //输入端口定义
    output  CLK_bps;                         //输出端口定义
    output  [12:0]cnt;                       //输出端口定义
```

```verilog
        wire [12:0]cnt;                         //线网类型定义
        wire TX_EN;                             //线网类型定义
        EN_DCNT_B  U1(TX_EN, CLK, RST, cnt);    //调用 EN_DCNT_B 子模块
        COMP_B     U2(cnt, CLK_bps);            //调用 COMP_B 子模块
    endmodule                                   //模块 Baud_tx 结束
```

(3) Baud_tx 单元的顶层模块(Baud_tx_vlg_tst.v)

```verilog
`timescale 1ns/1ps                          //将仿真时延单位设为 1 ns,时延精度设为 1 ps
module Baud_tx_vlg_tst();                   //测试模块名 Baud_tx_vlg_tst,范围至 endmodule
reg TX_EN;                                  //寄存器类型定义,输入端口定义
reg CLK;                                    //寄存器类型定义,输入端口定义
reg RST;                                    //寄存器类型定义,输入端口定义
wire [12:0]  cnt;                           //线网类型定义,输入端口定义
wire CLK_bps;                               //线网类型定义,输入端口定义
Baud_tx i1 (                                //底层模块名,实例名及参数定义
    .cnt(cnt),
    .CLK(CLK),
    .CLK_bps(CLK_bps),
    .RST(RST),
    .TX_EN(TX_EN)
);
    always #10   CLK = ~CLK;                //每隔 10 ns 后,CLK 翻转一次
    initial begin                           //从 initial 开始,输入波形变化
        CLK = 0;RST = 0;TX_EN = 0;          //参数初始化
        #25    RST = 1;                     //25 ns 后,RST = 1
        #10    TX_EN = 1;                   //10 ns 后,TX_EN = 1
        #(5208*20*10);                      //10 个 CLK_bps 周期后
        TX_EN = 0;                          //TX_EN = 0;
        #(5208*20);                         //104.16 μs 后,仿真结束
        $finish;                            //200 ns 后,仿真结束
    end
endmodule                                   //模块 Baud_tx_vlg_tst 结束
```

(4) 波特率发生单元 Baud_tx 的仿真结果

波特率发生单元 Baud_tx 的仿真结果如图 8.11.46 所示。

当 TX_EN 上跳有效时,CLK_bps 开始产生。当 cnt 为 2 604 时,CLK_bps 产生上跳,并保持一个周期。当 TX_EN 产生下跳时,CLK_bps 停止。

4. 并/串转换单元

根据并/串转换单元逻辑框图和时序图,可设计出计数子单元 EN_DCNT_E 的逻辑电路,如图 8.11.47 所示。

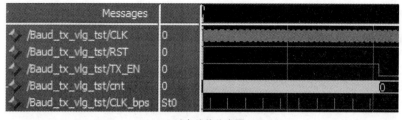

(a) 时序总体仿真图

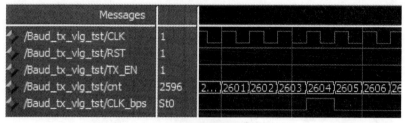

(b) 时序展开图

图 8.11.46　波特率发生单元的仿真结果

根据图 8.11.47 编写的计数子单元 EN_DCNT_E 的 Verilog-HDL 描述(EN_DCNT_E.v)与 8.11.1 小节中 EOR 单元中的 EN_DCNT_E.v 完全一致,在此不再赘述。

由并/串转换单元的逻辑框图和时序图,设计出比较子单元 COMP_E 的逻辑电路,如图 8.11.48 所示。

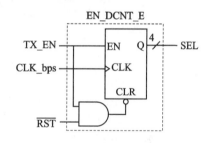

图 8.11.47　计数子单元的逻辑电路

根据图 8.11.48 编写的比较子单元 COMP_E 的 Verilog-HDL 描述(COMP_E.v)与 8.11.1 小节中 EOR 单元中的 COMP_E.v 完全一致,在此不再赘述。

延时子单元的设计与串口接收模块的 EOR 单元中的延时子单元完全一致,在此不再赘述。

根据并/串转换单元的逻辑框图和时序图,设计出选择数据发送子单元 SELE 的逻辑电路,如图 8.11.49 所示。

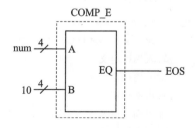

图 8.11.48　比较子单元的逻辑电路

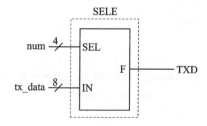

图 8.11.49　选择数据发送单元的逻辑电路

第8章 实用设计与工程制作

(1) 选择数据发送子单元 SELE 的 Verilog-HDL 描述(SELE.v)

```verilog
module SELE (IN, SEL, F);              //模块名 SELE 及参数定义
    input  [7:0]IN;                    //输入端口定义
    input  [3:0] SEL;                  //输入端口定义
    output F;                          //输出端口定义
    assign F = SEL16_1_FUNC (IN, SEL); //assign 语句,实现 function 函数调用
    function  SEL16_1_FUNC;            //function 函数及函数名,至 endfunction 为止
        input [7:0] tx_data;           //端口定义
        input [3:0] SEL;               //端口定义
        case (SEL)                     //case 语句,至 endcase
            0:SEL16_1_FUNC = 1;        //当 SEL = 0 时,返回 1
            1:SEL16_1_FUNC = 0;        //当 SEL = 1 时,发送起始位 0
            2:SEL16_1_FUNC = IN[0];    //当 SEL = 2 时,发送数据 IN[0]
            3:SEL16_1_FUNC = IN[1];    //当 SEL = 3 时,发送数据 IN[1]
            4:SEL16_1_FUNC = IN[2];    //当 SEL = 4 时,发送数据 IN[2]
            5:SEL16_1_FUNC = IN[3];    //当 SEL = 5 时,发送数据 IN[3]
            6:SEL16_1_FUNC = IN[4];    //当 SEL = 6 时,发送数据 IN[4]
            7:SEL16_1_FUNC = IN[5];    //当 SEL = 7 时,发送数据 IN[5]
            8:SEL16_1_FUNC = IN[6];    //当 SEL = 8 时,发送数据 IN[6]
            9:SEL16_1_FUNC = IN[7];    //当 SEL = 9 时,发送数据 IN[7]
            10:SEL16_1_FUNC = 1;       //当 SEL = 10 时,发送停止位
            11:SEL16_1_FUNC = 1;       //当 SEL = 11 时,发送 1
            12:SEL16_1_FUNC = 1;       //当 SEL = 12 时,发送 1
            13:SEL16_1_FUNC = 1;       //当 SEL = 13 时,发送 1
            14:SEL16_1_FUNC = 1;       //当 SEL = 14 时,发送 1
            15:SEL16_1_FUNC = 1;       //当 SEL = 15 时,发送 1
        endcase                        //case 语句结束
    endfunction                        //function 函数结束
endmodule                              //模块 SELE 结束
```

根据并/串转换单元中各子单元的逻辑电路,可得出并/串转换单元的逻辑电路,如图 8.11.50 所示。

(2) 并/串转换单元 P_S_CON 的 Verilog-HDL 描述(P_S_CON.v)

```verilog
module P_S_CON(CLK, tx_data, TX_EN, CLK_bps, RST, TXD, EOS, num, CMP);
                                       //模块名 P_S_CON 及端口参数定义
    input  [7:0]tx_data;               //输入端口定义
    input  CLK, TX_EN, CLK_bps, RST;   //输入端口定义
    output TXD, EOS, CMP;              //输出端口定义
    output [3:0]num;                   //输出端口定义
    wire   [3:0]num;                   //线网类型定义
    wire   CMP;                        //线网类型定义
```

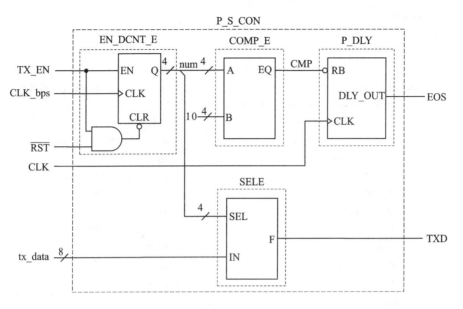

图 8.11.50 并/串转换单元的逻辑电路

```
EN_DCNT_E  U1(TX_EN, CLK_bps, RST, num);    //调用 EN_DCNT_E 子模块
COMP_E     U2(num, CMP);                     //调用 COMP_E 子模块
P_DLY      U3(CLK, CMP, EOS);                //调用 P_DLY 子模块
SELE       U4(tx_data, num, TXD);            //调用 SELE 子模块
endmodule                                     //模块 P_S_CON 结束
```

(3) P_S_CON 产生子单元的顶层模块(P_S_CON_vlg_tst.v)

```
`timescale  1ns/1ps              //将仿真时延单位设为 1 ns,时延精度设为 1 ps
module P_S_CON_vlg_tst();        //测试模块名 P_S_CON_vlg_tst,范围至 endmodule
reg CLK_bps;                     //寄存器类型定义,输入端口定义
reg RST;                         //寄存器类型定义,输入端口定义
reg TX_EN;                       //寄存器类型定义,输入端口定义
reg [7:0] tx_data;               //寄存器类型定义,输入端口定义
wire EOS;                        //线网类型定义,输入端口定义
wire TXD,CMP;                    //线网类型定义,输入端口定义
wire [3:0]num;                   //线网类型定义,输入端口定义
P_S_CON i1 (                     //底层模块名,实例名及参数定义
    .CLK_bps(CLK_bps),
    .EOS(EOS),
    .RST(RST),
    .TXD(TXD),
    .TX_EN(TX_EN),
    .tx_data(tx_data),
    .num(num),
```

第8章 实用设计与工程制作

```
        .CMP(CMP)
);
    always #10           CLK = ~CLK;              //每隔 10 ns,CLK 翻转
    always #(5208*10) CLK_bps = ~CLK_bps;         //每隔 52.08 μs,CLK_bps 翻转
    initial begin                                 //从 initial 开始,输入波形变化
        TX_M = 0;CLK_bps = 0;RST = 0;TX_EN = 0;CLK = 1;
        tx_data = 8'b01010101;                    //参数初始化
        #20    RST = 1;TX_EN = 1; ;               //20 ns 后,RST = 1,TX_EN = 1
        #20    TX_M = 1;                          //20 ns 后,TX_M = 1
        #(5208*20*10);                            //10 个 CLK_bps 周期后
        #(500*20);                                //500 个 CLK 周期后
        TX_EN = 0;                                //TX_EN = 0
        #(5208*20);                               //1 个 CLK_bps 周期后
        TX_M = 0;                                 //TX_M = 0
        #(5208*20);                               //104.16 μs 后
        $finish;                                  //仿真结束
    end
endmodule                                         //模块 P_S_CON_vlg_tst 结束
```

(4) 并/串转换单元 P_S_CON 的仿真结果

并/串转换单元 P_S_CON 的仿真结果如 8.11.51 所示。

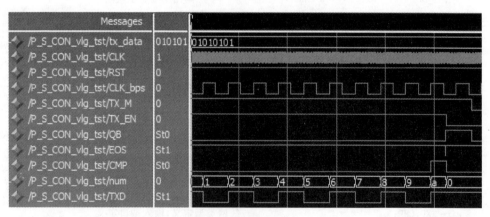

图 8.11.51 并/串转换单元的仿真结果

当 TX_EN 有效时,num 对 CLK_bps 的上升沿计数,并选择要输出的数据,计至 10 时,CMP 上跳,一段时间后 EOS 产生下跳。

5. 串口发送模块的硬件实现

根据串口发送模块各单元的逻辑电路,可构建串口发送模块的逻辑电路,如图 8.11.52 所示。

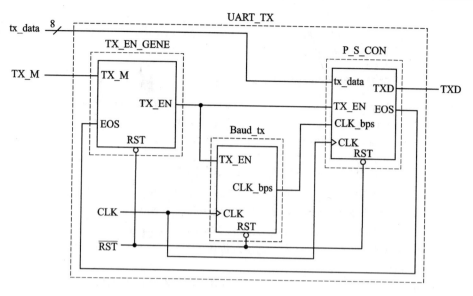

图 8.11.52 串口发送模块的逻辑电路

(1) 串口发送模块 UART_TX 的 Verilog-HDL 描述(UART_TX.v)

```
module UART_TX(TX_M, CLK, RST, tx_data, TXD, EOS);   //模块名 UART_TX 及参数定义
    input   TX_M,CLK,RST;                            //输入端口定义
    input   [7:0]tx_data;                            //输入端口定义
    output  TXD,EOS;                                 //输出端口定义
    wire    TX_EN,CLK_bps,EOS;                       //线网类型定义

    TX_EN_GENE U1(TX_M, EOS, TX_EN, RST);            //调用子模块 TX_EN_GENE
    Baud_tx    U2(CLK,RST,TX_EN,CLK_bps);            //调用子模块 Baud_tx
    P_S_CON    U3(CLK, tx_data, TX_EN, CLK_bps, RST, TXD, EOS);
                                                     //调用子模块 S_P_CON
endmodule                                            //UART_TX 模块结束
```

(2) 串口发送模块的顶层模块(UART_TX_vlg_tst.v)

```
`timescale 1ns/1ps                   //将仿真时延单位设为 1 ns,时延精度设为 1 ps
module UART_TX_vlg_tst();            //测试模块名 UART_TX_vlg_tst,范围至 endmodule
    reg  CLK;                        //寄存器类型定义,输入端口定义
    reg  TX_M;                       //寄存器类型定义,输入端口定义
    reg  RST;                        //寄存器类型定义,输入端口定义
    reg  [7:0] tx_data;              //线网类型定义,输出端口定义
    wire TXD;                        //线网类型定义,输出端口定义
    UART_TX i1(                      //底层模块名,实例名及参数定义
            .CLK(CLK),
            .RST(RST),
```

第8章 实用设计与工程制作

```
            .TXD(TXD),
            .TX_M(TX_M),
            .tx_data(tx_data)
            );
    always #10 CLK = ~CLK;            //每隔 10 ns,CLK 翻转一次,频率为 50 MHz
    initial begin                     //从 initial 开始,输入波形变化
        CLK = 0;RST = 0;              //参数初始化
        tx_data = 8'b01010101;TX_M = 1;
        #25;                          //25 ns 后
        RST = 1;                      //RST = 1
        #(5208*20)    TX_M = 0;       //104.16 μs 后,TX_M = 0
        #(5208*20)    TX_M = 1;       //104.16 μs 后,TX_M = 1
        #(5208*20*12);                //5 208*20*12 ns 后
        $finish;                      //仿真结束
    end
endmodule                             //模块 UART_TX_vlg_tst 结束
```

(3) 串口发送模块 UART_TX 的仿真结果

串口发送模块 UART_TX 的仿真结果如图 8.11.53 所示。

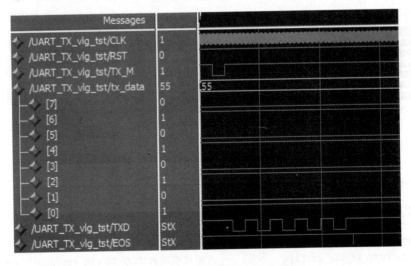

图 8.11.53　串口发送模块的仿真结果

如图 8.11.53 所示,tx_data 为 55H,TXD 上的数据为 0101010101,其中首位 0 为起始位,末位 1 为停止位。

硬件测试时的测试场景如图 8.11.54 所示。

串口发送模块的测试方法为:使用 FPGA 开发板上的拨码开关的状态作为要发送的数据,通过串口助手观察接收到的数据是否正确。

串口发送模块的测试结果如图 8.11.55 所示。

第 8 章　实用设计与工程制作

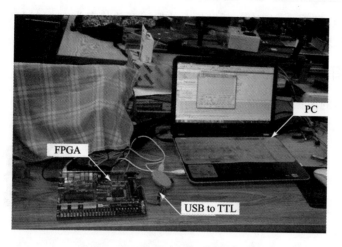

图 8.11.54　串口发送模块的测试场景

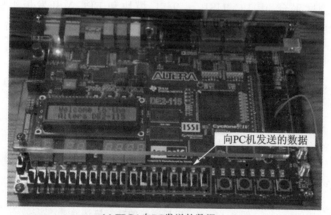

(a) FPGA 向 PC 发送的数据

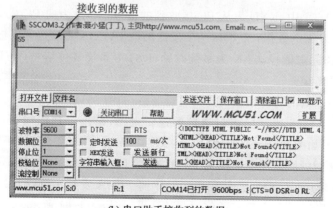

(b) 串口助手接收到的数据

图 8.11.55　串口发送模块的测试结果

如图 8.11.55 所示,FPGA 开发板上的拨码开关状态为 01010101(53H),串口助手接收到的数据为 55H。经实测,串口发送模块的功能已正确实现。

8.11.3 串口通信的硬件实现

串口通信的测试平台如图 8.11.56 所示。

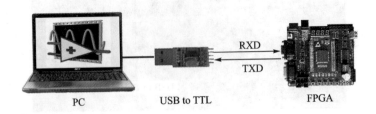

图 8.11.56　串口通信测试平台搭建

串口通信测试平台,由 PC、USB to TTL 模块和 FPGA 开发板组成。FPGA 通过串口从 PC 接收到数据,并向 PC 回发数据,其功能描述如图 8.11.57 所示。

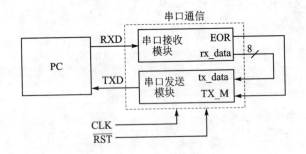

图 8.11.57　串口通信的功能描述

在图 8.11.57 中,RXD 为从 PC 接收到的信号,TXD 为向 PC 发送的信号,rx_data 为从 PC 发来的数据,tx_data 为要发送的数据,EOR 为发送完成标志信号,TX_M 为开始发送标志信号,CLK 为系统时钟,$\overline{\text{RST}}$ 为系统复位信号(由 FPGA 开发板上的一个按键实现)。

根据串口通信的功能描述构建其逻辑电路,如图 8.11.58 所示。

根据图 8.11.58 所示的串口通信的逻辑电路,采用原理图编写串口通信程序(UART.bdf),如图 8.11.59 所示。

硬件测试时的测试场景如图 8.11.60 所示。

串口通信的测试方法为:使用串口助手向 FPGA 发送字符,FPGA 将接收到的字符数据回发给计算机。串口通信的测试结果如图 8.11.61 所示。

如图 8.11.61 所示,串口助手向 FPGA 发送"Welcome to FPGA!",FPGA 接收到后,将其回发至 PC。经实测,串口通信的功能已正确实现。

第 8 章 实用设计与工程制作

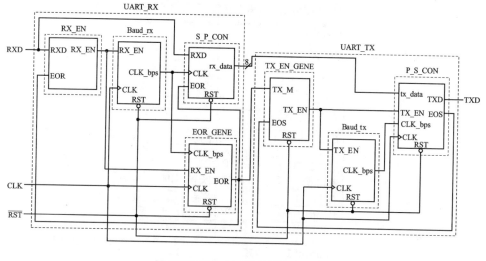

图 8.11.58 串口通信的逻辑电路

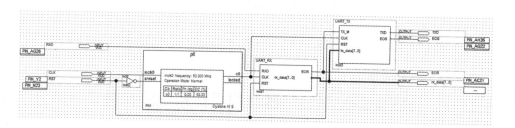

图 8.11.59 UART.bdf

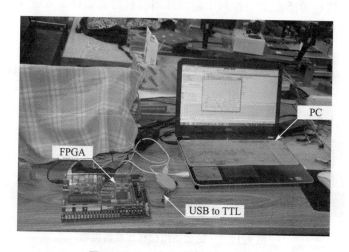

图 8.11.60 串口通信的测试场景

第8章 实用设计与工程制作

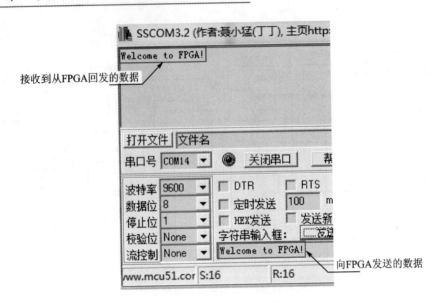

图 8.11.61　串口通信的测试结果

8.12　磁致伸缩位移传感器数据采集系统的应用设计与开发

8.12.1　磁致伸缩位移传感器数据采集系统的构建

1. 磁致伸缩位移传感器简介

磁致伸缩位移传感器是一种利用磁致伸缩材料的磁致伸缩效应及其逆效应实现位移测量的传感器,其实物如图 8.12.1 所示。

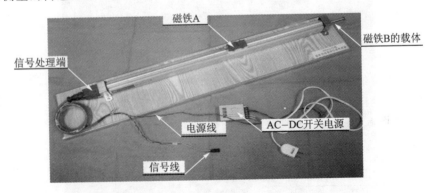

图 8.12.1　磁致伸缩位移传感器实物

图 8.12.1 中的 AC-DC 开关电源为 DC 24 V 输出,为传感器提供工作电压,磁铁 A 可以移动,磁铁 B 的载体亦可拉伸。磁致伸缩位移传感器的简化模型如图 8.12.2

所示。

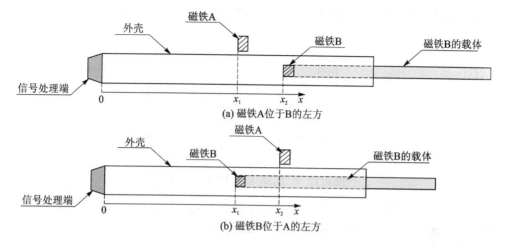

(a) 磁铁A位于B的左方

(b) 磁铁B位于A的左方

图 8.12.2　磁致伸缩位移传感器的简化模型

磁致伸缩位移传感器是一种可同时测量 2 个位移量的传感器。由于磁铁 A 和磁铁 B 均可移动，二者到信号处理端的距离均可自由变动，令距信号处理端较近的磁铁为 1♯磁铁，其位移为 x_1；距信号处理端较远的磁铁为 2♯磁铁，其位移为 x_2，二者之差用 $\Delta x(\Delta x = x_2 - x_1)$ 表示。

本例中的传感器有 6 个端子，其物理意义如表 8.12.1 所列。

表 8.12.1　磁致伸缩位移传感器各端子的物理意义

NO.	端子名称	线　色	物理意义
1	D_IN1	黄色	传感器激励信号
2	D_IN2	绿色	传感器激励信号
3	D_OUT1	紫色	传感器响应信号
4	D_OUT2	茶色	传感器响应信号
5	Vcc	红色	电源线
6	GND	黑色	地线

磁致伸缩位移传感器的激励脉冲示意图如图 8.12.3 所示。

磁致伸缩位移传感器的激励脉冲并不一定要同时产生，当产生 D_IN1 或 D_IN2 时，可产生如图 8.12.4 所示的响应信号。

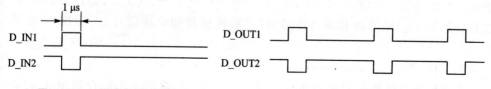

图 8.12.3　激励脉冲示意图　　　　　　图 8.12.4　响应信号

本书以 D_IN1(以下简称 D_IN)和 D_OUT2(以下简称 D_OUT)为例进行讨论，经实测，D_IN 和 D_OUT 之间差 $0.44\ \mu s$，二者关系如图 8.12.5 所示。

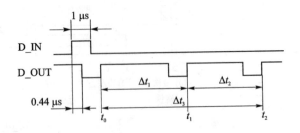

图 8.12.5　D_IN 和 D_OUT 的关系

如图 8.12.5 所示，t_0 时刻为基准时刻，t_1 时刻的响应脉冲由 1#磁铁引发，t_2 时刻的响应脉冲由 2#磁铁引发，则 Δt_1、Δt_2 与 Δt_3 之间的关系为

$$\begin{cases} \Delta t_1 = t_1 - t_0 \\ \Delta t_2 = t_2 - t_1 \\ \Delta t_3 = \Delta t_1 + \Delta t_2 \end{cases} \tag{8.12.1}$$

经实测，磁铁的位移 x 与 Δt 的关系满足

$$x = \frac{\Delta t}{3.52} - 6.89 \tag{8.12.2}$$

式中，x 为磁铁 A(或 B)的位移，单位 cm；Δt 为基准时刻到磁铁 A(或 B)引发响应脉冲的时间，单位 μs。

2. 系统方案的设计与时序分析

磁致伸缩位移传感器数据采集系统的示意图如图 8.12.6 所示。

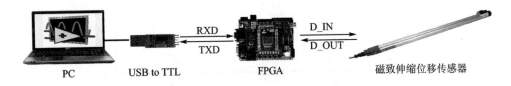

图 8.12.6　磁致伸缩位移传感器数据采集系统的示意图

磁致伸缩位移传感器数据采集系统包括 PC、USB to TTL 模块、FPGA 和磁致伸缩位移传感器。PC 经 USB to TTL 模块发出控制命令 RXD 至 FPGA，FPGA 产生激励脉冲 D_IN 并将其发至传感器；之后传感器的响应信号 D_OUT 回发至 FPGA，由 FPGA 对其进行处理，并将 Δt_1 和 Δt_2 传至 PC，PC 在 LabVIEW 环境下进行数据分析，并得出磁铁的位移信息。

在磁致伸缩位移传感器数据采集系统中，FPGA 端的工作流程如图 8.12.7 所示。

图 8.12.7　系统 FPGA 端的工作流程

根据系统示意图与 FPGA 工作流程，FPGA 工作原理可用如图 8.12.8 所示的时序图描述。

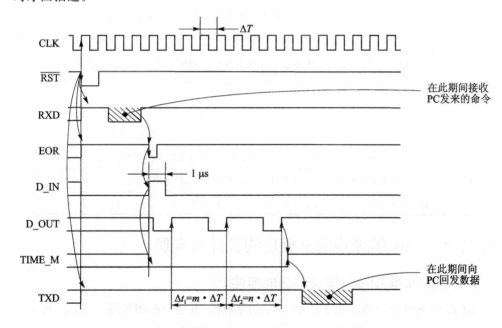

图 8.12.8　磁致伸缩位移传感器数据采集 FPGA 端的时序图

在图 8.12.8 中，CLK 为系统时钟信号，$\overline{RST}$ 为系统复位信号，该系统中 FPGA 的工作过程如下：

① 复位脉冲 $\overline{RST}$ 使系统复位；

② 当接收完 RXD 指令时，EOR 产生下跳；

③ EOR 的下降沿触发产生 1 μs 单脉冲 D_IN，为传感器提供激励信号；

④ 当收到响应信号 D_OUT 时，对数据进行处理，处理完毕后，标志信号 TIME_M 产生上跳；

⑤ 在 TIME_M 出现上跳沿的情况下，将数据 m, n 传至 PC。

3. 系统逻辑构建

根据 FPGA 工作时序,可构建其功能框图,如图 8.12.9 所示。

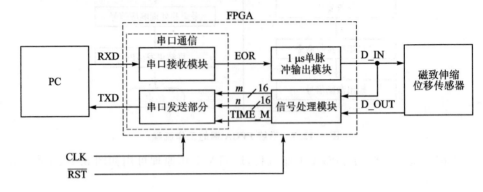

图 8.12.9 磁致伸缩位移传感器数据采集系统的功能框图

根据图 8.12.9 可得 FPGA 端各部分具体功能,如表 8.12.2 所列。

表 8.12.2 磁致伸缩位移传感器数据采集系统 FPGA 端各模块功能描述

NO.	名 称		功 能
1	串口通信	串口接收模块	(1) 接收到从 PC 发来的命令 RXD; (2) 产生 1 μs 单脉冲输出模块的复位脉冲 EOR
		串口发送部分	在 TX_M 出现上跳沿的情况下,向 PC 发送 m、n
2	1 μs 单脉冲输出模块		在 EOR 下降沿触发产生激励脉冲 D_IN
3	信号处理模块		对 D_OUT 进行处理得到 m、n

8.12.2　1 μs 单脉冲输出模块的设计与实现

1. 1 μs 单脉冲输出模块的功能描述

1 μs 单脉冲输出模块用于产生 1 μs 的单脉冲,其逻辑框图如图 8.12.10 所示。

图 8.12.10　1 μs 单脉冲输出模块的逻辑框图

由于实验用的开发板时钟 CLK 频率为 50 MHz(周期 $T=0.02$ μs),故欲输出 1 μs 的单脉冲,需要输入 50 个时钟脉冲 CLK。

1 μs 单脉冲输出模块的时序如图 8.12.11 所示。

如图 8.12.11 所示,1 μs 单脉冲输出模块的工作原理如下:

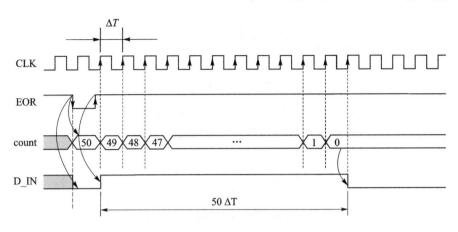

图 8.12.11　1 μs 单脉冲输出模块的时序图

① 系统复位脉冲 EOR 置 count 为 50，D_IN 为低电平；
② 在 EOR 的上升沿发生后，D_IN 为高电平，并启动计数器，计数值 count 开始自减；
③ 当 count 减为 0 时，D_IN 为低电平。

2. 1 μs 单脉冲输出模块的逻辑构建与仿真

根据 1 μs 单脉冲输出模块的逻辑框图和时序图构建其逻辑电路，如图 8.12.12 所示。

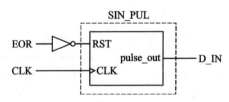

图 8.12.12　1 μs 单脉冲输出模块的逻辑电路

根据时序图及逻辑电路设计其流程图，如图 8.12.13 所示。

(1) 1 μs 单脉冲输出模块 SIN_PUL 的 Verilog-HDL 描述(SIN_PUL.v)

```
module  SIN_PUL(pulse_out,CLK,RST);    //模块名 SIN_PUL 及端口参数定义
    output   pulse_out;                //输出端口定义
    input    CLK,RST;                  //输入端口定义
    reg      pulse_out;
    reg      [7:0]count;               //寄存器定义
    always  @(posedge CLK or negedge RST)  //always 语句,当 CLK 上升沿或者 RST
                                       //下降沿到来时执行下列语句
    begin
        if(!RST)
```

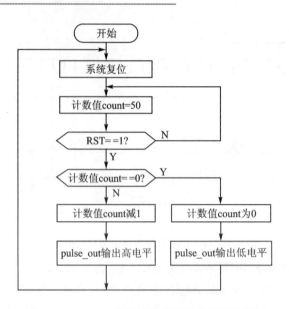

图 8.12.13　1 μs 单脉冲输出模块的程序流程图

```
            begin
                count <= 50;                    //如果 RST 为低电平
                pulse_out <= 'd0;               //将计数值 count 赋值为 50
            end                                 //输出 pulse_out 为 0
        else
            begin
                count <= count - 8'd1;          //count 减 1
                pulse_out <= 'd1;               //pulse_out 为高电平
                if(count == 8'd0)               //当 count 减为 0 时
                    begin
                        count <= 8'd0;          //count 置 0
                        pulse_out <= 'd0;       //pulse_out 为低电平
                    end
            end
        end
endmodule                                       //模块 SIN_PUL 结束
```

(2) 1 μs 单脉冲输出模块 SIN_PUL 的顶层模块(SIN_PUL_vlg_tst.v)

```
`timescale 1ns/1ps                              //将仿真时延单位设为 1 ns,精度设为 1 ps
module SIN_PUL_vlg_tst();                       //测试模块名 SIN_PUL_vlg_tst()
    reg CLK,RST;                                //寄存器类型定义,输入端口定义
    wire pulse_out;                             //线网类型定义,输出端口定义
    SIN_PUL SIN_PUL(pulse_out,CLK,RST);         //底层模块名,实例名及参数定义
```

```
always #10 CLK = ~CLK;              //每隔 10 ns,CLK 翻转一次
initial begin                        //从 initial 开始,输入波形变化
    CLK = 1; RST = 1;                //参数初始化
    #150    RST = 0;                 //150 ns 后,RST = 0
    #150    RST = 1;                 //150 ns 后,RST = 1
    #1100   $finish;                 //1 100 ns 后,仿真结束
end
endmodule                            //模块 SIN_PUL_vlg_tst 结束
```

(3) 1 μs 单脉冲输出模块 SIN_PUL 的仿真结果

1 μs 单脉冲输出模块 SIN_PUL 的仿真结果如图 8.12.14 所示。

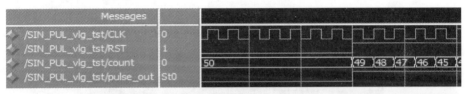

(a) 仿真结果局部展开图

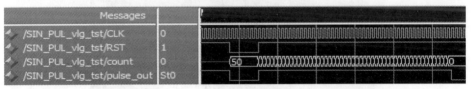

(b) 仿真结果整体图

图 8.12.14 1 μs 单脉冲输出模块的仿真结果

3. 硬件测试

FPGA 开发板 Cyclone Ⅳ EP4CE6E22C8 的引脚配置如表 8.12.3 所列。

表 8.12.3 引脚配置

NO.	信号名称	分配的引脚	方向
1	CLK	PIN_91	输入
2	RST	PIN_11	
3	pulse_out	PIN_84	输出

引脚配置完成后,进行编译和下载,1 μs 单脉冲输出模块的测试场景如图 8.12.15 所示。

用示波器对输出信号进行测试分析,结果如图 8.12.16 所示。

如图 8.12.16 所示,Cursor1 为 1.040 μs,Cursor2 为 40.00 ns,二者之差 Δ 为 1 μs。因此,1 μs 单脉冲输出模块功能已实现。

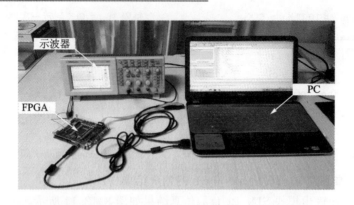

图 8.12.15　1 μs 单脉冲输出模块的测试场景

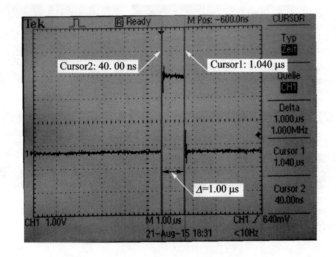

图 8.12.16　1 μs 单脉冲输出模块的测试结果

8.12.3　信号处理模块的设计与实现

1. 信号处理模块的功能描述

以磁致伸缩位移传感器的激励脉冲 D_IN 和响应信号 D_OUT 为例,设计信号处理模块,其具体功能为:在激励脉冲 D_IN 之后,对检测到传感器的响应信号 D_OUT 进行处理,得到时间信息 Δt_1、Δt_2,同时,产生时间信息输出标志信号 TIME_M,其逻辑框图如图 8.12.17 所示。

图 8.12.17　信号处理模块的逻辑框图

如图 8.12.17 所示的信号处理模块的工作原理可用图 8.12.18 所示的时序图描述。

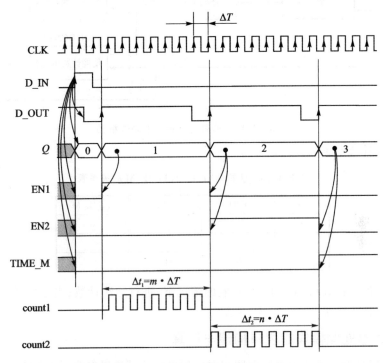

图 8.12.18　信号处理模块的时序图

信号处理模块的工作原理如下：

① D_IN 使模块复位，同时引发响应信号 D_OUT 的产生；

② 计数模块对 D_OUT 的上升沿加法计数，计数值为 Q；

③ 当 $Q=1$ 时，使能信号 EN1 有效，使能计数模块 1 进行加法计数，且当 EN1 的下降沿到来时，锁存计数结果 m，如 count1 所示；

④ 当 $Q=2$ 时，使能信号 EN2 有效，使能计数模块 2 进行加法计数，且当 EN2 的下降沿到来时，锁存计数结果 n，如 count2 所示；

⑤ 当 $Q=3$ 时，TIME_M 产生上跳。

根据信号处理模块的工作原理，可得出该模块的功能框图如图 8.12.19 所示。

信号处理模块中各单元的具体功能如下：

① 计数单元，在复位脉冲 D_IN 之后，对 D_OUT 的上升沿进行加法计数，计数值为 Q。

② 译码单元，对 Q 进行译码，Q 和 EN1、EN2、TIME_M 的对应关系如表 8.12.4 所列。

③ 使能计数单元 1，在 EN1 有效的情况下，进行加法计数；当 EN1 的下降沿到

第8章 实用设计与工程制作

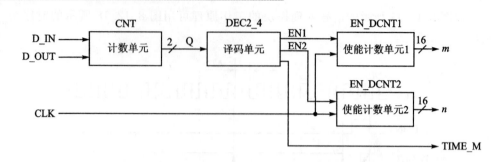

图 8.12.19 信号处理模块的功能框图

来时,锁存计数结果 m,则 $\Delta t_1 = m \cdot \Delta T$。

表 8.12.4 Q 和 EN1、EN2、TIME_M 的关系表

Q	EN1	EN2	TIME_M
1	1	0	0
2	0	1	0
3	0	0	1

④ 使能计数单元 2,在 EN2 有效的情况下,进行加法计数;当 EN2 的下降沿到来时,锁存计数结果 n,则 $\Delta t_2 = n \cdot \Delta T$。

2. 信号处理模块的逻辑构建与仿真

根据信号处理模块的逻辑框图和时序图可构建其逻辑电路,如图 8.12.20 所示。

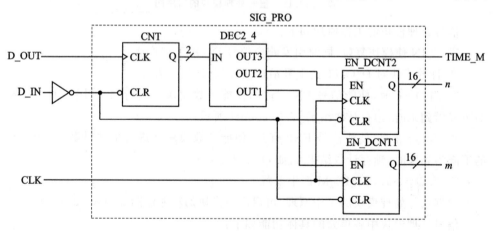

图 8.12.20 信号处理模块的逻辑电路

(1) 信号处理模块 SIG_PRO 的 Verilog-HDL 描述(SIG_PRO.v)

```
module SIG_PRO(CLK, D_IN, D_OUT, Q, EN1, EN2, m, n, TIME_M);
                                    //模块名 SIG_PRO 及端口参数定义
    input   CLK;                    //输入端口定义
```

```verilog
    input   D_IN;                          //输入端口定义
    input   D_OUT;                         //输入端口定义
    output  [1:0]Q;                        //输出数据 Q
    output  [15:0]m;                       //输出数据 m
    output  [15:0]n;                       //输出数据 n
    output  TIME_M;                        //输出信号 TIME_M
    wire    EN1,EN2,TIME_M;                //线网类型定义
    wire    [1:0]Q;                        //线网类型定义
    wire    [15:0]m;                       //线网类型定义
    wire    [15:0]n;                       //线网类型定义
    CNT U1(~D_IN, D_OUT, Q);               //调用 CNT 子模块
    DEC2_4 U2(Q, OUT0, EN1, EN2, TIME_M);  //调用 DEC2_4 子模块
    EN_DCNT1 U3(EN1, CLK, ~D_IN, m);       //调用 EN_DCNT1 子模块
    EN_DCNT2 U4(EN2, CLK, ~D_IN, n);       //调用 EN_DCNT2 子模块
endmodule                                  //主程序 SIG_PRO 结束

/* CNT */
module CNT (CLR, CLK, Q);                  //模块名 CNT 及端口参数定义
    input   CLR, CLK;                      //输入端口定义
    output  [1:0] Q;                       //输出端口定义
    wire    [1:0] QB;                      //线网定义

    R_SYDFF R_SYDFF0 (CLR, QB[0], CLK, Q[0], QB[0]),
    R_SYDFF1 (CLR, Q[1]^Q[0], CLK, Q[1], QB[1]); //2 个模块实例语句,实现在模块 CNT
                                           //中 2 次引用模块 R_SYDEF
endmodule                                  //模块 CNT 结束

/* R_SYDFF */
module R_SYDFF (RB, D, CLK, Q, QB);        //模块名 R_SYDEF 及端口参数定义
    input   RB, D, CLK;                    //输入端口定义
    output  Q, QB;                         //输出端口定义
    reg     Q;                             //寄存器定义

    assign  QB = ~Q;                       //assign 语句
    always  @(posedge CLK or negedge RB)   //always 语句,当 CLK 的上升沿到来或
                                           //RB 为低电平时,执行以下语句
        Q <= (!RB) ? 0: D;                 //当 RB 为低电平时,Q = 0;否则,当
                                           //CLK 的上升沿到来时,Q = D
endmodule                                  //模块 R_SYDEF 结束

/*** 二-四译码器 DEC2_4 ***/
`define OUT_0 4'b0001                      //编译时,将 OUT0 转换为 4 bit 的二进
                                           //制数 0001
`define OUT_1 4'b0010                      //编译时,将 OUT1 转换为 4 bit 的二进
```

```verilog
`define OUT_2 4'b0100           //编译时,将 OUT2 转换为 4 bit 的二进
                                //制数 0100
`define OUT_3 4'b1000           //编译时,将 OUT3 转换为 4 bit 的二进
                                //制数 1000
module DEC2_4 (IN, OUT1, OUT2, OUT3);   //模块名 DEC2_4 及端口参数定义
    input  [1:0] IN;            //输入端口定义
    output OUT1, OUT2, OUT3;    //输出端口定义
    wire   [3:0] OUT;           //线网类型定义
    assign OUT = FUNC_DEC(IN);  //assign 语句,实现 function 函数调用
    assign OUT1 = OUT[1];       //assign 语句,将 OUT 的第 1 位赋给
                                //OUT1
    assign OUT2 = OUT[2];       //assign 语句,将 OUT 的第 2 位赋给
                                //OUT2
    assign OUT3 = OUT[3];       //assign 语句,将 OUT 的第 3 位赋给
                                //OUT3
    function [3:0] FUNC_DEC;    //function 函数即函数名,至 endfunction
                                //结束
        input [1:0] IN;         //端口定义
        case (IN)               //case 语句,至 endcase
            2'b00: FUNC_DEC = `OUT_0;   //当 IN = 0 时,FUNC_DEC 返回 OUT_0
            2'b01: FUNC_DEC = `OUT_1;   //当 IN = 1 时,FUNC_DEC 返回 OUT_1
            2'b10: FUNC_DEC = `OUT_2;   //当 IN = 2 时,FUNC_DEC 返回 OUT_2
            2'b11: FUNC_DEC = `OUT_3;   //当 IN = 3 时,FUNC_DEC 返回 OUT_3
        endcase                 //case 语句结束
    endfunction                 //function 函数结束
endmodule                       //DEC2_4 模块结束

/* EN_DCNT1 */
module EN_DCNT1 (EN, CLK, CLR, Q);   //模块名 EN_DCNT1 及端口参数定义
    input  EN, CLK, CLR;        //输入端口定义
    output [15:0] Q;            //输出端口定义
    reg    [15:0] Q;            //寄存器定义
    always @ (posedge CLK or negedge CLR) //always 语句,当 CLK 的上升沿到来或
                                //RB 为电平时,执行以下语句
        if(!CLR)                //如果 CLR = 0
            Q <= 0;             //Q = 0
        else if (EN)            //如果使能信号 EN 为 1
            Q <= Q + 1;         //Q 加 1
endmodule                       //EN_DCNT1 模块结束
```

```verilog
/* EN_DCNT2 */
module EN_DCNT2 (EN, CLK, CLR, Q);            //模块名 EN_DCNT2 及端口参数定义
    input   EN,CLK,CLR;                       //输入端口定义
    output [15:0]Q;                           //输出端口定义
    reg    [15:0]Q;                           //寄存器定义
    always @ (posedge CLK or negedge CLR)     //always 语句,当 CLK 的上升沿到来或
                                              //RB 为低电平时,执行以下语句
        if(!CLR)                              //如果 CLR = 0
            Q <= 0;                           //Q = 0
        else if (EN)                          //如果使能信号 EN 为 1
            Q <= Q+1;                         //Q 加 1
endmodule                                     //EN_DCNT2 模块结束
```

(2) 信号处理模块 SIG_PRO 的顶层模块(SIG_PRO_vlg_tst.v)

```verilog
`timescale  1ns/1ns                           //仿真时延单位和时延精度都设为 1 ns
module SIG_PRO_vlg_tst();                     //测试模块名 SIG_PRO_vlg_tst
reg    CLK;                                   //寄存器类型定义 CLK
reg    D_IN;                                  //寄存器类型定义 D_IN
reg    D_OUT;                                 //寄存器类型定义 D_OUT
wire   [1:0]Q;                                //线网类型定义 Q
wire   [15:0]m;                               //线网类型定义 m
wire   [15:0]n;                               //线网类型定义 n
wire   TIME_M;                                //线网类型定义 TIME_M
parameter   STEP = 50;                        //定义 STEP = 50
  SIG_PRO i1 (CLK, D_IN, D_OUT, Q, EN1, EN2, m, n, TIME_M);
                                              //底层模块名,实例名及参数定义
    always  #(STEP/2)   CLK = ~CLK;           //每隔 25 ns,CLK 翻转一次
    initial   begin                           //从 initial 开始,输入波形变化
        D_IN = 1;CLK = 1; D_OUT = 0;          //参数初始化
            #(STEP/10)   D_IN = 1;            //5 ns 后,D_IN = 0
            #(STEP*25)   D_OUT = 0;           //1 250 ns 后,D_OUT = 1
            #(STEP*25)   D_IN = 0;            //延时 1 250 ns
            #(STEP*25)   D_OUT = 1;           //1 250 ns 后,D_OUT = 0
            #(STEP*50)   ;                    //延时 2 500 ns
            #(STEP*50)   ;                    //延时 2 500 ns
            #(STEP*50)   ;                    //延时 2 500 ns
            #(STEP)      D_OUT = 0;           //50 ns 后 D_OUT = 0
            #(STEP*50)   D_OUT = 1;           //2 500 ns 后,D_OUT = 1
            #(STEP*40)   ;                    //延时 2 000 ns
            #(STEP*50)   ;                    //延时 2 500 ns
            #(STEP)      D_OUT = 0;           //50 ns 后,D_OUT = 0
```

```
                #(STEP * 50)    D_OUT = 1;       //2 500 ns 后,D_OUT = 1
                #(STEP * 50)    ;                //延时 2 500 ns
                #(STEP * 50)    ;                //延时 2 500 ns
                #(STEP)         $finish;         //1 000 ns 后,结束
            end
    endmodule                                    //模块 SIG_PRO_vlg_tst 结束
```

(3) 信号处理模块的仿真结果

信号处理模块 SIG_PRO 的全部信号仿真结果如图 8.12.21 所示。

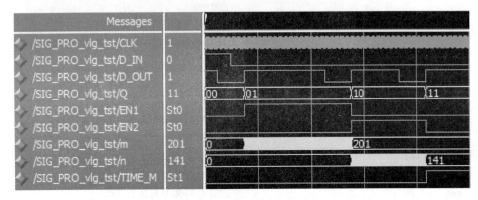

图 8.12.21　信号处理模块的全部信号仿真结果

如图 8.12.21 所示,在复位脉冲 D_IN 到来之后,系统复位。计数模块对 D_OUT 的上升沿进行计数,输出为 Q;当 $Q=1$ 时,EN1 有效,使能计数模块 1 对 CLK 的上升沿进行加法计数,计数值为 m;当 $Q=2$ 时,EN1 无效,EN2 有效,使能计数模块 2 对 CLK 的上升沿进行加法计数,计数值为 n;当 $Q=3$ 时,TIME_M 产生上跳。

8.12.4　串口发送部分的设计与实现

1. 串口发送部分的功能描述

串口发送部分的逻辑框图如图 8.12.22 所示。串口发送部分的功能为:当 TIME_M 的上升沿到来时,将 2 个 16 位并行数据 m、n 发送给 PC。

图 8.12.22　串口发送部分的逻辑框图

在图 8.12.22 中,m、n 表示由信号处理模块得到的时间信息,TIME_M 为由信号处理模块得到的时间标志信号,TXD 表示向 PC 发送的信号。由于 m、n 均为 16 位并行数据,但 UART 通信以 8 位为单位进行数据传输,故需将 m、n 这 2 个 16 位并行数据拆分为 4 个 8 位串行数据。因此,串口发送部分由数据拆分模块和串

口发送模块 2 个模块组成,其基本功能框如图 8.12.23 所示。

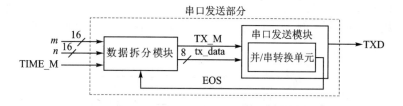

图 8.12.23　串口发送部分的基本功能框图

图 8.12.23 中的串口发送模块已在此前详细介绍,在此不再赘述。以 $m=$ 0XAABB,$n=$0XCCDD 为例,数据拆分模块的时序图如图 8.12.24 所示。

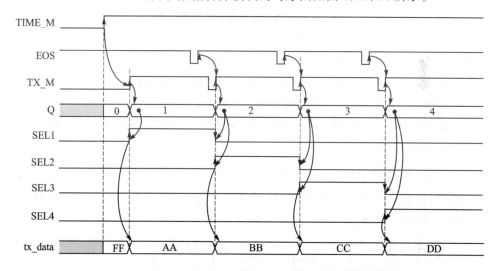

图 8.12.24　数据拆分模块的时序图

数据拆分模块的工作原理如下:

① TIME_M 的上升沿引起 TX_M 的第 1 次上跳;

② Q 对 TX_M 的上升沿进行加法计数,最大计数值为 4;

③ 对 Q 进行译码得到 SEL1~SEL4,Q 和 SEL1~SEL4 的对应关系如表 8.12.5 所列;

表 8.12.5　Q 和 SEL1~SEL4 的对应关系表

Q	SEL1	SEL2	SEL3	SEL4
1	1	0	0	0
2	0	1	0	0
3	0	0	1	0
4	0	0	0	1

④ 在 SEL1～SEL4 有效时，tx_data 依次为 m 的高 8 位，m 的低 8 位，n 的高 8 位，n 的低 8 位。

根据数据拆分模块的工作原理，得到数据拆分模块的功能框图如图 8.12.25 所示。

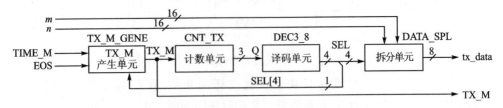

图 8.12.25　数据拆分模块的功能框图

数据拆分模块中各单元的功能如下：
① TX_M 产生单元，在 TIME_M、EOS 和 SEL[4]的作用下，产生 TX_M 信号；
② 计数单元，对 TX_M 进行计数，Q 表示发送数据的个数；
③ 译码单元，对计数模块的计数值进行译码，得到 SEL；
④ 数据拆分单元，在 SEL 的作用下，将 m 的高 8 位或低 8 位，n 的高 8 位或低 8 位作为 tx_data 输出。

2. 串口发送部分的逻辑构建

根据数据拆分模块的工作原理，可以设计出 TX_M 产生单元的逻辑电路，如图 8.12.26 所示。

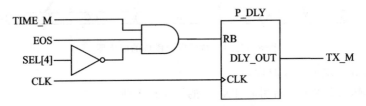

图 8.12.26　TX_M 产生单元的逻辑电路

P_DLY 模块的 Verilog-HDL 描述参见 8.11.1 小节中的 EOR 单元，在此不再赘述。

根据数据拆分模块的工作原理，可设计出计数单元的逻辑电路，如图 8.12.27 所示。

(1) 计数单元 CNT_TX 的 Verilog-HDL 描述(CNT_TX.v)

```
module CNT_TX (CLK, CLR, Q);           //计数模块 CNT_TX 及端口定义
    input    CLK,CLR;                  //输入端口定义
    output   [2:0]Q;                   //输出端口定义
    reg      [2:0]Q;                   //寄存器类型定义
```

```
        always @ (posedge CLK or negedge CLR)   //在 CLK 上升沿或 CLR 下降沿到
                                                //来时执行下列语句
            if(!CLR)                            //如果 CLR = 0
                Q <= 0;                         //Q = 0
            else                                //否则
                if(Q == 5)                      //如果 Q = 5
                    Q <= 0;                     //Q = 0
                else                            //如果 Q 不等于 5
                    Q <= Q + 1;                 //Q 加 1
endmodule                                       //CNT_TX 模块结束
```

根据数据拆分模块的工作原理,可得译码单元的逻辑电路,如图 8.12.28 所示。

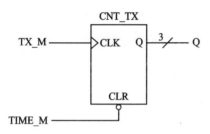
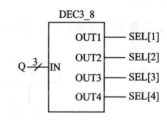

图 8.12.27 计数 CNT_X 的逻辑电路   图 8.12.28 译码单元 DEC3_8 的逻辑电路

(2) 译码模块 DEC3_8 的 Verilog-HDL 描述(DEC3_8.v)

```
`define OUT3_0 8'b00000001                      //定义 OUT3_0 为 8'b00000001
`define OUT3_1 8'b00000010                      //定义 OUT3_1 为 8'b00000010
`define OUT3_2 8'b00000100                      //定义 OUT3_2 为 8'b00000100
`define OUT3_3 8'b00001000                      //定义 OUT3_3 为 8'b00001000
`define OUT3_4 8'b00010000                      //定义 OUT3_4 为 8'b00010000
`define OUT3_5 8'b00100000                      //定义 OUT3_5 为 8'b00100000
`define OUT3_6 8'b01000000                      //定义 OUT3_6 为 8'b01000000
`define OUT3_7 8'b10000000                      //定义 OUT3_7 为 8'b10000000
module DEC3_8 (IN, OUT1, OUT2, OUT3, OUT4);     //模块名 DEC3_8 及输入端口定义
    input    [2:0] IN;                          //输入端口定义
    output   OUT1, OUT2, OUT3, OUT4;            //输出端口定义
    wire     [7:0] OUT;                         //线网类型定义
    assign   OUT = FUNC_DEC(IN);                //定义函数 FUNC_DEC
    assign   OUT1 = OUT[1];                     //将 OUT[1]赋给 OUT1
    assign   OUT2 = OUT[2];                     //将 OUT[2]赋给 OUT2
    assign   OUT3 = OUT[3];                     //将 OUT[3]赋给 OUT3
    assign   OUT4 = OUT[4];                     //将 OUT[4]赋给 OUT4
    function [7:0] FUNC_DEC;                    //函数 FUNC_DEC
```

```
    input [2:0] IN;                          //输入端口
    case (IN)                                //case 语句
        3'b000: FUNC_DEC = 'OUT3_0;          //IN = 000 时,输出 OUT3_0
        3'b001: FUNC_DEC = 'OUT3_1;          //IN = 001 时,输出 OUT3_1
        3'b010: FUNC_DEC = 'OUT3_2;          //IN = 010 时,输出 OUT3_2
        3'b011: FUNC_DEC = 'OUT3_3;          //IN = 011 时,输出 OUT3_3
        3'b100: FUNC_DEC = 'OUT3_4;          //IN = 100 时,输出 OUT3_4
        3'b101: FUNC_DEC = 'OUT3_5;          //IN = 101 时,输出 OUT3_5
        3'b110: FUNC_DEC = 'OUT3_6;          //IN = 110 时,输出 OUT3_6
        3'b111: FUNC_DEC = 'OUT3_7;          //IN = 111 时,输出 OUT3_7
    endcase                                  //case 语句结束
endfunction                                  //函数结束
endmodule                                    //模块 DEC3_8 结束
```

根据数据拆分模块的工作原理,可设计出拆分单元的程序流程图,如图 8.12.29 所示。

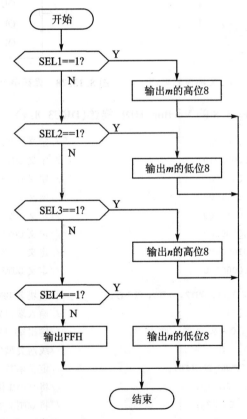

图 8.12.29 拆分单元的程序流程图

根据程序流程图构建拆分单元的逻辑电路,如图 8.12.30 所示。

第 8 章 实用设计与工程制作

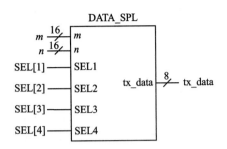

图 8.12.30　拆分单元 DATA_SPL 的逻辑电路

(3) 拆分单元 DATA_SPL 的 Verilog-HDL 描述(DATA_SPL.v)

```
module DATA_SPL(m, n, SEL1, SEL2, SEL3, SEL4, tx_data);  //模块名 DATA_SPL 及端口定义
input     [15:0]m;                                        //输入端口定义
input     [15:0]n;                                        //输入端口定义
input     SEL1, SEL2, SEL3, SEL4;                         //输入端口定义
output    [7:0]tx_data;                                   //输出端口定义
reg       [7:0]tx_data;                                   //寄存器类型定义
wire      [7:0]ml;                                        //线网类型定义
wire      [7:0]mh;                                        //线网类型定义
wire      [7:0]nl;                                        //线网类型定义
wire      [7:0]nh;                                        //线网类型定义
assign    ml[0] = m[0];                                   //将 m[0]赋给 ml[0]
assign    ml[1] = m[1];                                   //将 m[1]赋给 ml[1]
assign    ml[2] = m[2];                                   //将 m[2]赋给 ml[2]
assign    ml[3] = m[3];                                   //将 m[3]赋给 ml[3]
assign    ml[4] = m[4];                                   //将 m[4]赋给 ml[4]
assign    ml[5] = m[5];                                   //将 m[5]赋给 ml[5]
assign    ml[6] = m[6];                                   //将 m[6]赋给 ml[6]
assign    ml[7] = m[7];                                   //将 m[7]赋给 ml[7]
assign    mh[0] = m[8];                                   //将 m[8]赋给 mh[0]
assign    mh[1] = m[9];                                   //将 m[9]赋给 mh[1]
assign    mh[2] = m[10];                                  //将 m[10]赋给 mh[2]
assign    mh[3] = m[11];                                  //将 m[11]赋给 mh[3]
assign    mh[4] = m[12];                                  //将 m[12]赋给 mh[4]
assign    mh[5] = m[13];                                  //将 m[13]赋给 mh[5]
assign    mh[6] = m[14];                                  //将 m[14]赋给 mh[6]
assign    mh[7] = m[15];                                  //将 m[15]赋给 mh[7]

assign    nl[0] = n[0];                                   //将 n[0]赋给 nl[0]
assign    nl[1] = n[1];                                   //将 n[1]赋给 nl[1]
assign    nl[2] = n[2];                                   //将 n[2]赋给 nl[2]
assign    nl[3] = n[3];                                   //将 n[3]赋给 nl[3]
```

```verilog
assign nl[4] = n[4];            //将 n[4]赋给 nl[4]
assign nl[5] = n[5];            //将 n[5]赋给 nl[5]
assign nl[6] = n[6];            //将 n[6]赋给 nl[6]
assign nl[7] = n[7];            //将 n[7]赋给 nl[7]
assign nh[0] = n[8];            //将 n[8]赋给 nh[0]
assign nh[1] = n[9];            //将 n[9]赋给 nh[1]
assign nh[2] = n[10];           //将 n[10]赋给 nh[2]
assign nh[3] = n[11];           //将 n[11]赋给 nh[3]
assign nh[4] = n[12];           //将 n[12]赋给 nh[4]
assign nh[5] = n[13];           //将 n[13]赋给 nh[5]
assign nh[6] = n[14];           //将 n[14]赋给 nh[6]
assign nh[7] = n[15];           //将 n[15]赋给 nh[7]
always @(SEL1 or SEL2 or SEL3 or SEL4)  //在 SEL1 或 SEL2 或 SEL3
                                        //或 SEL4 变化时
if(SEL1)                        //如果 SEL1 为 1
    tx_data = mh;               //输出数据为 m 的高 8 位
else if(SEL2)                   //如果 SEL2 为 1
    tx_data = ml;               //输出数据为 m 的低 8 位
else if (SEL3)                  //如果 SEL3 为 1
    tx_data = nh;               //输出数据为 n 的高 8 位
else if (SEL4)                  //如果 SEL4 位 1
    tx_data = nl;               //输出数据为 n 的低 8 位
else                            //否则
    tx_data = 8'b11111111;      //输出数据为 8'b11111111
endmodule                       //模块 DATA_SPL 结束
```

串口发送模块的逻辑电路如图 8.12.31 所示。

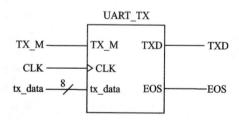

图 8.12.31 串口发送模块 UART_TX 的逻辑电路

串口发送模块 UART_TX 的 Verilog-HDL 程序参见 8.11.2 小节,在此不再赘述。

根据各模块的逻辑电路构建串口发送部分的逻辑电路,如图 8.12.32 所示。

采用原理图方式编程实现,所编写的原理图如图 8.12.33 所示。

在实验中,为方便硬件测试,给 m、n 相同的数据。

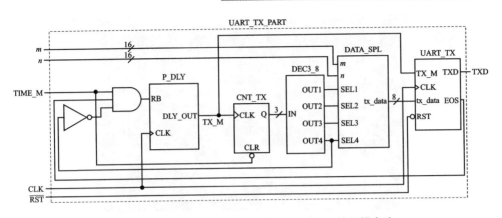

图 8.12.32　串口发送部分 UART_TX_PART 的逻辑电路

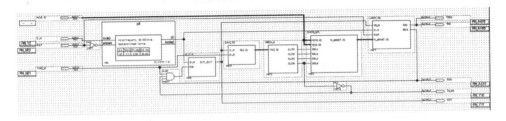

图 8.12.33　UART_TX_PART 的原理图

3. 串口发送部分的硬件测试

串口发送部分的硬件测试方法：使用 FPGA 开发板上的开关 SW[0]~SW[15] 的状态作为发送的数据，使用按键 KEY1 作为 TIME_M，每按下一次按键，串口助手应当收到 4 个数据。测试场景如图 8.12.34 所示。

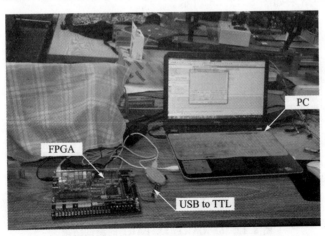

图 8.12.34　UART_TX_PART 的测试场景

FPGA 向 PC 发送的数据用开发板上开关状态的表示，如图 8.12.35 所示。

第 8 章　实用设计与工程制作

图 8.12.35　FPGA 向 PC 发送的数据

FPGA 开关状态如表 8.12.6 所列。

表 8.12.6　FPGA 开关状态

开关名称	SW15	SW14	SW13	SW12	SW11	SW10	SW9	SW8
二进制	0	0	1	0	1	1	0	0
十六进制	2				C			
开关名称	SW7	SW6	SW5	SW4	SW3	SW2	SW1	SW0
二进制	1	1	0	0	1	0	0	0
十六进制	C				8			

由表 8.12.6 可知，FPGA 的开关状态为 0010 1100 1100 1000（即 2CC8H）。串口助手接收到的结果如图 8.12.36 所示。

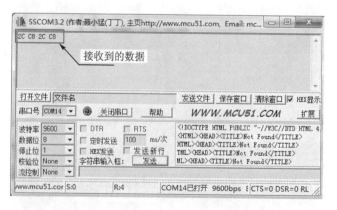

图 8.12.36　UART_TX_PART 的测试结果

串口助手收到 4 个数据"2C C8 2C C8"，与开关状态吻合，UART_TX_PART 的功能已实现。

8.12.5 系统集成及功能实现

1. 系统集成

LabVIEW 程序的流程图如图 8.12.37 所示。

根据图 8.12.37 所示的程序流程图所编写的 LabVIEW 程序前面板如图 8.12.38 所示。

如图 8.12.38 所示,"串口号"用于选择串口,"连续采集"和"单次采集"按钮用于选择采集模式,"停止"按钮用于停止程序的运行;"1#磁铁"和"2#磁铁"用于显示传感器当前两个磁铁的位置。

磁致伸缩位移传感器数据采集系统的逻辑电路如图 8.12.39 所示。

如图 8.12.39 所示,RXD 表示上位机发来的命令,TXD 为 FPGA 向上位机发送的数据,D_IN 表示给传感器的激励脉冲,D_OUT 表示传感器接收到激励后输出的响应信号,CLK 为系统时钟,$\overline{RST}$ 为系统复位信号(由 FPGA 开发板上的一个按键实现),采用原理图编写程序,如图 8.12.40 所示。

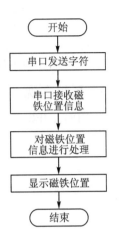

图 8.12.37 LabVIEW 程序的流程图

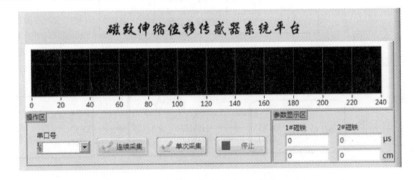

图 8.12.38 LabVIEW 程序前面板

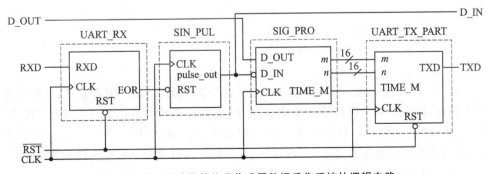

图 8.12.39 磁致伸缩位移传感器数据采集系统的逻辑电路

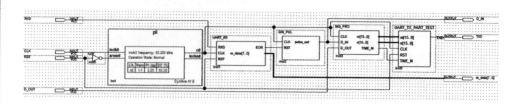

图 8.12.40　磁致伸缩位移传感器数据采集系统的原理图

2. 系统实现

对 FPGA 开发板 Cyclone Ⅳ E:EP4CE115F29C7 进行引脚配置,如表 8.12.7 所列。

表 8.12.7　引脚配置

NO.	信　号	引脚分配	方　向
1	CLK	PIN_Y2	输入
2	RST	PIN_M23	
3	D_OUT	PIN_AH23	
4	RXD	PIN_AG26	
5	D_IN	PIN_AF20	输出
6	TXD	PIN_AH26	

本实验的硬件连接示意图如图 8.12.41 所示。

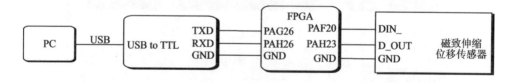

图 8.12.41　磁致伸缩位移传感器数据采集系统的硬件连接示意图

将编好的程序下载到 FPGA 开发板内,运行程序,实验场景如图 8.12.42 所示。连接好硬件后,实验的具体操作步骤如下:

① 在 LabVIEW 程序中选择串口。

② 运行 LabVIEW 程序。

③ 单击"单次采集"或"连续采集"按钮:"单次采集",LabVIEW 向 FPGA 发送单次数据,FPGA 向传感器输出单次单脉冲,并将采集到的数据发送给 LabVIEW;"连续采集",LabVIEW 向 FPGA 发送连续数据,FPGA 向传感器输出连续的单脉冲,并将采集到的数据发送给 LabVIEW,该种模式可以实时显示磁铁位置。

④ 单击"停止"按钮,停止运行程序。

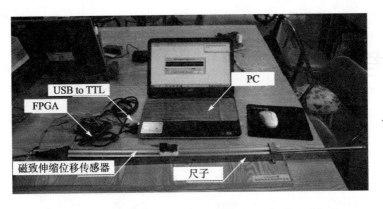

图 8.12.42　磁致伸缩位移传感器数据采集系统的实验场景

实验结果如图 8.12.43 所示。

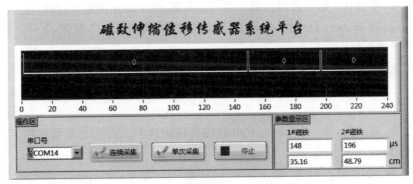

(a) 结果一

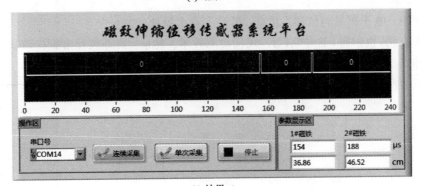

(b) 结果二

图 8.12.43　磁致伸缩位移传感器数据采集系统结果举例

由图 8.12.43 可知,磁致伸缩位移传感器数据采集系统的功能已实现。

参考文献

[1] 夏宇闻. 复杂数字电路与系统的 Verilog HDL 设计技术. 北京:北京航空航天大学出版社,1998.
[2] 刘明业,蒋敬旗,刁岚松. 硬件描述语言 Verilog. 北京:清华大学出版社,2001.
[3] 王金明,杨吉斌. 数字系统设计与 Veriog HDL. 北京:电子工业出版社,2002.
[4] 王永军,李景华. 数字逻辑与数字系统. 北京:电子工业出版社,2002.
[5] Thompson Robert D. 数字电路简明教程. 马爱文,赵霞,李德良,等译. 北京:电子工业出版社,2003.
[6] 新世纪英汉计算机词典编委会. 英汉计算机词典. 北京:电子工业出版社,2001.
[7] [美] Bhasker J. Verilog-HDL 硬件描述语言. 徐振林,等译. 北京:机械工业出版社,2000.
[8] 周立功,夏宇闻,等. 单片机与 CPLD 综合应用技术. 北京:北京航空航天大学出版社,2003.
[9] 夏宇闻. Verilog-HDL 数字系统设计教程. 北京:北京航空航天大学出版社,2003.
[10] 徐洁. 电子测量与仪器. 北京:机械工业出版社,2004.
[11] 周杏鹏,仇国富,王寿荣,等. 现代检测技术. 北京:高等教育出版社,2004.
[12] 林占江. 电子测量技术. 北京:电子工业出版社,2003.
[13] 王金明. Verilog HDL 程序设计教程. 北京:人民邮电出版社,2004.